정보혁명

정보혁명 시대,

문화와 생명의

새로운 패러다임을 찾다

정보혁명
information revolution

최무영·최인령·장회익·이정민·김재영·이중원·문병호·홍찬숙·조관연·김민옥 지음

Humanist

차례

I부 정보와 생명, 그리고 앎

정보혁명 시대, 문화와 생명의 새로운 패러다임을 찾다

19세기 말 원자 개념을 정립하고 통계역학을 만들어낸 볼츠만의 통찰에 이어서 20세기 중반 슈뢰딩거가 정보를 생명의 핵심적 요소로 시사한 지 70여 년이 흘렀다. 슈뢰딩거의 선구적 언명 이후 정보는 물리학에서 물질과 에너지에 이어 자연현상의 해석에 근원적인 구실을 하게 되었고, 공학, 사회과학 및 인문학 등 여러 학문 분야에 영향을 끼쳤다. 20세기 후반, 정보에 대한 학문적 인식이 진보하면서 인간이 일구어낸 문화 전반을 정보 중심으로 바꾼 이른바 '정보혁명'이 일어나서 인간의 삶을 범지구적 차원에서 총체적으로 변화시키고 있다. 정보혁명은 인간의 삶을 구성하는 조건인 자연과 생명, 인간, 사회, 문화의 존재 양식을 정보 중심으로 변화시키고 있으며, 오늘날 이는 지능정보사회라는 진화된 형태로 진행되고 있다.

정보혁명은 온 세계를 정보통신망을 통해 연결하고 정보 생산과 교류를 실시간으로 가능하게 함으로써 과거에 경험하지 못했던 새로운 형식의 편리함을 인간의 삶에 제공하고 있다. 그러나 한편으로는 감시와 통제, 정보 접근성 격차로 인한 양극화, 유전 정보 조작과 생태계 파괴의 가속화, 문화의 획일화 등 많은 문제점을 낳고 있다. 정보화는 특히 20세기 후반에 세계화와 결합되면서 경제적 양극화를 전 지구에 걸쳐 계층적이고 구조적으로 심화시켰다. 자동화와 함께 최근 관심을 모으고 있는 인공지능이 대량실업을 유발하고 인간의 고유한 지위를 지속적으로 박탈하리라는 우려는 정보혁명이 드리우는 어두운 그림자이다. 이러한 현실은 자연-인간-사회 사이의 관계와 이로부터 형성되어 전승되는 문화, 그리고 이들의 근원에 있는 생명에 대한 본원적인 성찰을 요구하고 있다.

따라서 정보혁명에 대한 진지한 인식과 성찰은 자연과학과 인문·사회과학을 융합하는 융합연구의 필요성을 제기한다. 앞서 지적했듯이 여러 학문 분야에 많은 영향을 끼쳤을 뿐만 아니라 정보혁명의 근원이 되는 정보란 개념은 현대물리학의 중요한 방법론인 통계역학 및 양자역학에 대한 심층적인 이해 없이는 제대로 규명될 수 없기 때문이다.

이러한 인식에서 물리학과 철학, 언어학, 문화인류학, 사회학의 전공자들로 구성된 연구모임이 만들어졌으며, 이 모임은 문화와 생명의 새로운 패러다임을 창출하려는 목표를 갖고 연구를 진행하고 있다. 정보혁명이 유발하는 부정적 결과를 극복하고 자연-인간-사회가 서로 화해하여 평화롭게 공존하면서 문화가 살아 숨 쉬고 생명의 가치가 더욱 고양되는 가능성을 실현할 수 있는 새로운 패러다임의 모색과 창출은 더 이상 미룰 수 없는 절실한 과제라고 생각했기 때문이다.

새로운 패러다임의 모색을 위해서 우리는 생명과 관련하여 정보의 의미와 지평을 확장하고, 생명체는 궁극적인 복잡계이고 생명이란 그 구성원들 사이의 협동현상에 의한 떠오름이라는 견지를 도입하였다. 이는 환경과의 교류가 근본적으로 중요함을 드러내며 전일론적 시각에서 '온생명' 개념과 자연스럽게 연결된다. 우리는 여기서 나아가 물질과 생명, 그리고 사회 현상을 하나의 틀로 아울러 해석하는 통합적 관점의 가능성을 추구하고자 하였다. 이러한 관점은 정보혁명을 온전하게 이해하는 데에도 유용하다. 특히 분야별 조각내기를 극복하고 한 단계 위에서 물질, 생명, 인간, 그리고 사회와 문화의 존재 형식에 정보혁명이 초래한 영향을 전체적으로 이해하는 데 기여하리라 기대한다.

이 책은 크게 I부와 II부로 나뉘고 이에 앞서 서론의 성격을 지니는 최무영·최인령의 「정보혁명 시대, '온문화' 패러다임 모색」으로 시작된다. 이 첫 번째 글은 정보혁명 시대에 생명과 문화에 대한 근원적인 성찰의 필요성을 제기하고, '문화란 거대한 생명체와 같다'라는 제안으로부터 출발하여, 복잡계 물리와 정보교류 관점으로 생명과 문화에 대한 새로운 해석을 시도하고 있다. 나아가 온생명 개념에 기초하여 정보혁명이 유발한 부정적인 결과들의 극복을 위해 자연-인간-사회가 유기적으로 연결되고 화해하는 문화 형식으로서 온문화 패러다임을 제시하고 있다.

먼저 I부는 정보와 생명, 그리고 앎에 관한 다섯 편의 글로 이루어져 있다. 첫 번째 장회익의 「'온전한 앎'의 틀에서 본 생명과 문화」에서는 대상물의 존재론적 성격이 이를 서술할 바탕 개념의 틀에 의존하게 되고, 그 바탕 개념의 틀이 그 안에 놓일 각종 존재자들의 성격을 상호 규정해 내는 일종의 자체 완결성을 지녀야 함에 주목하였다. 이러한 자체 완결성을 구현한 개념의 틀 곧 '온전한 앎'의 틀이 어떤 것인지를 밝히고, 이 안에서 '생명'이라는 개념과 '문화'라는 개념이 어떻게 자리 잡고 있는지를 살핌으로써 생명과 문화에 대한 새로운 패러다임을 추구하고 있다.

두 번째로 이정민의 「생명의 이해: 물리적 관점에서 정보적 관점으로」
는 '생명이란 무엇인가'의 문제에 대해 영향력 있는 접근인 엔트로피 개
념에 기초한 물리적 관점의 한계를 지적하고 정보적 관점을 새롭게 제시
하고 있다. 정보적 관점은 생명의 유전과 발달 과정의 이해에 필수적이
며, 생명 정보의 의미는 생명이 진화해 온 역사에 의해 만들어진다. 이에
더해서 정보를 물리적으로 이해하려는 시도를 비판하고 생명을 지배하
는 규칙성은 물리 법칙과는 다르게 이해되어야 함을 논의하고 있다.

세 번째 글인 김재영의 「사이버네틱스에서 바라본 생명」은 몸과 기계
의 경계를 사이버네틱스와 인공생명, 그리고 온생명의 맥락에서 논의하
고 있다. 이를 위해 프로스테시스의 문제를 소개하고 사이버네틱스와 자
체생성성이 갖는 함의를 다루고 인공생명의 접근을 검토하였다. 나아가
의식에 대한 철학적 논의와 현대 신경과학의 접점에서 좀비 논변과 확장
된 좀비 논변을 통해 몸-마음 문제에서 데카르트적 틀이 부적합함을 논
의하고 현상학적 사유의 전통을 수용하여 의식에 관해 더 풍부한 철학적
논의의 가능성을 제시하고 있다.

네 번째로 이중원의 「인공지능 시대, 철학은 무엇을 할 것인가」에서는
21세기가 인간과 기계의 탈경계 시대, 이성이나 감성 등 그동안 인간에
게만 고유한 것으로 인식됐던 능력들이 기계에서도 구현되는 포스트휴
먼 시대가 될 것이고 인공지능 로봇의 출현은 그동안 인간이 겪지 못했
던 새로운 문제들을 야기하리라 지적하고 있다. 이에 따라 인공지능에
관한 존재론적, 윤리학적, 인간학적 관점에서의 체계적인 철학적 연구,
곧 포스트휴먼 시대의 인공지능 철학에 대한 연구가 필요함을 역설하고
있다.

마지막으로 최무영의 「인공지능과 창의성: 과학과 교육」은 인공지능

을 비롯한 과학과 기술의 발전에 대비한 교육의 방향 정립은 지능정보사회에서 창의성을 지니고 주도적으로 발전을 이끄는 세대를 육성하는 데 매우 중요함을 지적하고 있다. 과학적 관점에서 인공지능의 정확한 현황과 전망을 살펴보고, 이로부터 얻어지는 교훈을 바탕으로 바람직한 교육의 방향을 논의하였다. 특히 과학과 사회, 그리고 인문학의 만남의 중요성을 지적하고 통합학문의 보편적 접근 방법으로서 복잡계 관점을 제시하고 있다.

Ⅱ부는 사회와 문화, 그리고 언어에 대한 네 편의 글로 이루어져 있다. 먼저 문병호의 「잘못된 전체에서 참된 전체로」는 개인과 전체 사이의 관계에서 볼 때 인류 역사는 잘못된 전체로서 작동되는 사회의 전개사라는 주장에서 출발하고 있다. 이에 근거하여 잘못된 전체에 대한 개념을 규정하고, 그 속성과 본질을 논의하였다. 나아가 잘못된 전체와 참된 전체에 대한 논의를 학문사적으로 조명하고, 참된 전체의 모색에 복잡계 과학의 패러다임이 기여할 수 있는 가능성을 언급하고 있다.

두 번째 글 홍찬숙의 「근대적 사회의 '떠오름emergence'에 대하여」에서는 진화론의 영향으로 애초부터 '떠오름'이 사회학에서 핵심적인 문제였음을 지적하고 그것을 복잡계와 유사한 방식으로 설명한 루만의 이론과 이를 선형적 진화론에서 탈피하지 못했다고 비판한 벡의 관점을 소개하였다. 나아가 이 두 독일 사회학자 중 누구의 관점이 복잡계 과학의 설명에 더 근접한지 가늠해보고 두 사람 사이의 이론적 차이가 사회학 연구방법론과 관련하여 어떤 차이로 이어지는가에 대해서도 논의하고 있다.

세 번째로 조관연·김민옥의 「초기 온라인 커뮤니티 형성과 통신문화」는 한국에서 온라인 커뮤니티가 민주화 투쟁과 맞물려 표현의 자유와 평등, 연대, 그리고 공유 등 사회적 가치가 반영되어 시작되었음에 주목하고 있다. 초기 이용자의 온라인 공동체 문화는 1990년대 초중반 PC통신 동호회 문화로부터 오늘날 인터넷 포털 사이트에서 나타나는 '커뮤니티' 나 '카페' 중심의 네티즌 문화로 이어졌다. 이러한 초기 온라인 공동체는 한국 인터넷 특성의 하나인 '온라인 커뮤니티'의 공동체 문화 형성에 기여했고, 또한 이용자 손수 제작(UGC, UCC)과 같은 참여 문화를 형성해서 현재까지 한국의 인터넷 문화의 주요 특성으로 자리 잡고 있음을 지적하고 있다.

마지막으로 최인령의 「온문화와 언어: 파리·퀘벡·서울의 언어풍경을 중심으로」에서는 인류가 축적해 온 최고의 지적 문화유산인 언어를 통해 정보혁명의 부정적 측면을 고찰하고 있다. 구체적으로 이 글은 인류의 소통이 인터넷 기반 가상공간으로 빠르게 이동하고 세계화의 시대적 상황에서 영어의 언어 지배력이 급격하게 늘어나고 있음을 지적한다. 지금도 급격히 진행되고 있는 수많은 생물종의 소멸로 인해 '온생명'의 생태계가 파괴되고 있듯이, 영어의 쏠림 현상으로 인한 수많은 언어의 상실은 문화 다양성의 보존과 공존을 추구하는 '온문화'의 건강한 패러다임을 위협한다고 볼 수 있다. 이에 따른 한글문화의 위기를 서울의 언어풍경의 급속한 변화를 중심으로 살펴보고, 프랑스와 퀘벡의 언어정책의 사례 연구를 통해 '한글이 돋보이는 언어풍경'의 조성을 위한 언어정책 차원의 대안을 제시하고 있다.

온생명의 부분에 해당하는 인간의 모든 일이 그렇듯이 이 책도 여러 분들의 도움으로 나올 수 있게 되었다. 그동안 융합연구모임에 참여해서 발표하고 논의해주신 분들, 그리고 연합으로 학술발표회를 열어서 보다 깊이 있는 학문적 논의를 가능하게 해주신 양자철학연구모임에 참여하신 분들께 감사드린다. 특히 양자철학연구모임을 학문적·정신적으로 이끌어주시고 온생명 개념으로 융합연구모임도 가능하게 해주신 장회익 선생님께 존경과 고마움을 표한다. 아울러 어려운 현실에서 출판을 맡아주시고 멋진 책을 만들어주신 휴머니스트 관계자 분께도 깊이 감사드린다.

이 책이 계기가 되어 문화와 생명에 대한 학제 간 융합연구가 활성화되기를 바라며, 나아가 지능정보사회에 대응하는 새로운 복잡성 패러다임을 구축하고 확산시켜서 우리 삶과 인류의 미래에 기여하게 되기를 희망한다.

2017년 4월
관악산 기슭에서
최무영

정보혁명 시대, '온문화' 패러다임 모색
: 정보교류 동역학과 온생명 개념에 기초하여*

최무영·최인령

I. 정보혁명과 초연결사회

1960년대부터 진행되고 있는 정보혁명은 범지구적 차원에서 초연결사회hyper-connected society를 추동하며 인간의 삶을 총체적으로 변화시키고 있다. 정보혁명 시대에 인간의 삶을 구성하는 조건들인 자연, 생명, 사회, 문화의 존재 양식이 정보 중심으로 구조화되고 있다. 과거에 전혀 경험하지 못했던 정보 중심의 존재 양식과 함께 진행되는 사회변동은 생명과 문화에 대한 근원적인 성찰을 요구하며 학문영역에서 새로운 패러다임 모색의 필연성을 제기한다.

  본질적으로 생명의 핵심요소는 정보라 할 수 있다. 정보혁명은 자연에 대한 정보 축적 및 교류의 가속화·체계화, 그리고 관리와 지배의 총체화를 추동함으로써 인간을 포함한 생명체의 실존을 근원적으로 가능하게 하는 자연을 정보에 종속시키는 위력을 보이고 있다. 또한 정보혁명은

---

* 이 글은 『열린정신 인문학연구』(2017 18집 1호: 180-210)에 게재되었다.

인간의 삶에서 정보가 차지하는 비중을 절대적인 수준으로 끌어 올렸으며, 그 비중은 계속 늘어나고 있다. 세계 최고 수준의 기사와 바둑을 두어 승리한 알파고의 등장으로 관심이 점증되는 인공지능을 비롯하여 트랜스휴먼, 포스트휴먼처럼 인간과 생명에 대해 근원적인 성찰을 요구하는 새로운 현상의 출현도 바로 정보혁명의 산물이다. 나아가 정보혁명은 사회의 작동방식을 총체적으로 정보 중심으로 바꾸어 놓음으로써 정보사회라는 새로운 사회형식을 산출하였다. 자연, 인간, 사회의 존재 형식을 이처럼 근원적으로 변화시킨 정보혁명이 인간에 의해 역사적으로 창출된 것의 총체로 이해될 수 있는 문화의 존재 형식을 농경문화와 산업문화와는 전혀 다른 형식으로 변동시키고 있음은 자명하다.

정보혁명 시대에서 근원적이고도 총체적으로 변화된 자연, 인간, 사회, 문화의 존재 형식은 긍정적인 측면과 더불어 부정적인 양상도 보여준다. 공간의 제약을 받지 않고 실시간으로 정보를 양방향이나 여러 방향으로 검색하고 교류할 수 있는 가능성과 정보 소비의 극대화는 과거의 인류가 경험하지 못한 삶의 편리함과 물질적 풍요를 제공한다. 일반적으로 정보혁명은 수평적인 소통 가능성을 열어 놓았으며, 정치의 영역에서 전자민주주의의 작동은 민주주의의 확산과 심화에 긍정적으로 기능한다고 볼 수 있다. 전자상거래와 같은 유통과 이를 통한 소비의 편리함은 정보혁명이 경제 영역에서 인간에게 제공하는 혜택이라 평가할 만하다. 그 밖에도 정보혁명이 제공하는 여러 가지 긍정적인 변화들을 논의할 수 있다.

한편 정보혁명은 자연, 인간, 사회, 문화의 존재 형식에 부정적인 영향도 미치게 된다는 점에 주목할 필요가 있다. 거대자료big data의 정보를 이용한 과도한 개발의 체계화·가속화는 생태계 파괴와 환경오염 문제를 악화시킨다. 정보에 의한 개인의 통제·감시·관리의 총체화, 개인의 사생활 침해, 퇴영적 자료의 범람 등으로 인한 삶의 질 저하도 정보혁명 시대의 어두운 실상이다. 정보화는 심지어 대규모 여론조작을 쉽게 수행할 수 있는 위험도 야기한다. 정보화는 1980년대부터 세계화와 결합하면서 정보 격차에 의한 경제적 양극화를 지구촌 전체에 걸쳐 계층적이고 구조적으로 심화시킴으로써 지구촌에 사는 대다수 무력한 사람들의 삶의 질을 도리어 낮추고 있다. 정보화 주도 국가가 담보하는 우월적인 권력과 언어의 독점적 지위, 거대 문화 기업에 의한 소수 민족의 전통문화 파괴 등으로 문화의 획일화가 진행되고 있는 것이다. 심지어 유전자가 상거래의 대상이 되는 현상에서 확인되듯이 생명의 가치를 경제 가치에 종속시키는 현상 등도 정보혁명이 유발한 부정적인 결과이다. 이러한 부정적인 측면은 확대 재생산되어 결국 자연과 인간 사이의 조화로운 공존, 그리고 인간과 인간 사이의 공동체적인 협력과 이를 통해 실현될 수 있는 인간과 사회 사이의 평화로운 공존을 가로막게 된다. 이는 맹목적으로 번식해서 생명체를 구성하는 세포들의 자연스러운 고유 기능을 막아서 전체적인 평화와 균형을 깨고, 이에 따라 생명현상을 파괴하는 암세포에 비유될 수 있다.

정보혁명으로 인한 모든 변화의 중심에는 정보가 위치한다. 따라서 정보혁명이 잉태한 부정적인 결과물을 지양하기 위해서는 정보 개념 자체와 본질에 대한 정확한 이해와 해석, 그리고 새로운 패러다임의 도입이 절대적으로 필요하다. 말하자면 패러다임의 전환이 필수적인 것으로서 주로 인문·사회과학적 관점에서 정보의 개념과 본질을 논의하는 패러다임을 학제 간 융합연구의 패러다임으로 변환시켜야 한다. 이를 위해 우리는 정보의 의미와 지평을 확장하고(Dretske 1983; von Baeyer 2003), 생명현상을 궁극적인 협동현상의 떠오름으로 보는 관점, 특히 생명을 복잡계complex system 물리의 관점에서 고찰하는 새로운 차원의 이해를 모색하는 정보교류 동역학의 관점을 채택함으로써 "물질, 생명, 사회 현상을 하나의 틀로 아울러 해석하는 통합과학의 가능성"을 추구하려 한다(김민수·최무영 2013). 이러한 관점을 도입하면 자연과 사회의 다양한 현상을 복잡계에서 복잡성complexity의 떠오름emergence으로 파악하고, 사회와 불가분의 관계에 있는 문화도 복잡계에서 구성원 사이의 협동을 통해 떠오르는 현상으로 이해할 수 있게 된다.[1]

이러한 맥락에서 우리는 '문화란 거대한 생명체와 같다'라는 제안으로 출발한다. 문화는 형성·보존·전승되는 본질을 가지고 있지만, 동시에 생활공동체·민족·국가로 이루어지는 문화형성 단위의 내부와 외부에서 추동되는 자극에 의해 끊임없이 변화하는 '살아 있는 생명체'에 가깝다. 문화는 문화형성 단위에 속한 사람들의 협동현상에 의해 떠오르는 거대한 복잡계라 할 수 있다. 인류의 삶의 양상을 근원적으로 변화시키고 있는 새로운 정보통신 매체는 이에 대한 입증 가능성을 높이고 있다. 이러한 시대적 환경에서 우리는 자연-인간-사회의 평화로운 공존 가능성을 모색하는 새로운 패러다임을 위해 자연현상에 대한 보편지식 체계를 추구하는 이론과학, 특히 복잡계 물리에 기반을 두고 논의를 진행한다. 먼저 복잡계 물리의 관점에서 궁극적인 복잡계로서의 생명체의 본질과 속성, 그리고 장회익의 온생명global life 체계(장회익 2008; 2014a)를

---

1) 떠오름을 몇 가지로 분류한 프롬Fromm(2005)에 따르면 문화는 강한 떠오름에 속한다. 이 경우에 언어와 문자는 사람들 사이의 상호작용을 활성화하는 소통의 수단이 된다.

살펴보고, 최종적으로 자연·인간·사회의 관계가 정보교류를 통해 거대한 복잡계로 떠오르는 '온문화global culture'[2] 패러다임을 제시하고, 이러한 시각에서 인류가 앞으로 지향해야 할 삶의 새로운 패러다임을 모색하고자 한다.

II. 복잡계와 정보교류: 생명과 문화, 그 새로운 해석의 토대

자연-인간-사회를 유기적 관계로 보는 온문화의 새로운 패러다임을 제시하기 위해서 먼저 복잡계 물리의 이론적 토대를 살펴보려 한다. 이어서 전통적인 생명관을 넘어 복잡계 물리의 새로운 시각으로 생명현상을 정보교류로 설명하고, 태양-지구를 하나의 생명 단위로 보는 온생명 체계에 대한 논의로 옮겨간다. 그리고 정보통신기술의 진화에 따라 자연-인간-사회관계[3]의 복잡성이 증대하고 있는 문화현상에 대한 연구로 시각을 확장하고자 한다.

1. 복잡계와 복잡성: 생명·사회·문화

복잡계란 물질, 생명, 사회를 포함하여 세상에서 다양하게 나타나는 복

---

2) 온문화는 세계화 문화와는 다른 개념으로서 독자성과 고유성을 바탕으로 한 낱문화(단일문화)individual culture들이 서로 조화와 균형을 견지하며 연결되어 있음을 뜻한다. 이는 뒤에서 보다 자세히 설명할 것이다.
3) 자연-인간-사회의 관계에 대해서는 문병호(2009)를 참조할 수 있다.

잡한 현상을 보편지식의 관점에서 해석하는 틀로서 20세기 후반에 물리학에서 시작되어 사회과학과 인문 및 예술 분야로 확장되고 있는 개념이다. 복잡계는 '복잡성을 지닌 뭇알갱이계many-particle system'를 뜻한다. 뭇알갱이계란 상호작용하는 많은 수의 구성원으로 이루어진 대상을 가리키며, 실제로 자연에서 인간이 감각기관으로 경험하는 모든 대상은 많은 수의 원자나 분자 등의 구성원들로 이루어진 뭇알갱이계이다. 복잡성이란 뭇알갱이계에서 구성원 사이의 '비선형 상호작용'을 통해서 떠오르는 높은 '변이성variability'을 가리키는데, 구성원 하나하나의 성질과는 관계없이 협동현상에 의해 새롭게 생겨나는 집단성질이라는 점을 강조해서 떠오름이라는 표현을 쓴다. 곧 복잡성은 개개 구성요소의 수준에서는 볼 수 없다가 전체의 집단성질로서 떠오르게 되는 것이다.[4]

복잡계의 특성은 다음과 같이 정리할 수 있다(최무영·박형규 2007). 첫째, 복잡계는 많은 구성원으로 이루어진 뭇알갱이계이고, 그 구성원들은 비선형 형태로 상호작용하여 복잡성을 떠오르게 한다. 복잡계를 촘촘히 또는 성기게 들여다보면 각 단계마다 새로운 상세함과 다양성이 존재하며 모든 크기의 구조들이 스스로 짜여 있다. 복잡계의 둘째 특성은 열려 있다는 점이다. 닫혀 있는 계는 외부 세계와 단절되어 평형상태에 이르게 되는 반면에 복잡계는 이른바 열린 흩어지기 구조open dissipative structure를 지녀서 주변 환경과 끊임없이 교류하며 이러한 교류를 통해 스스로 짜이고 복잡해질 수 있다. 셋째로 복잡계는 질서와 무질서 사이에서 고

---

4) 이러한 복잡성의 떠오름은 계 자체의 되먹임feedback 고리에 의해 정해지므로 이른바 스스로 짜임self-organization이라 할 수 있다(Lawhead 2015).

비성criticality을 보일 수 있는데, 이는 변이성을 가져와서 구조를 비교적 안정시킬 수 있는 형식을 구축하며 동시에 새로운 가능성을 탐구해 나가는 유동성을 지니게 한다. 또 다른 특성으로 복잡계는 기억을 지니고 변화에 적응하며 나이를 먹기도 한다. 마지막으로 복잡계는 비평형상태에서 동역학적 거동이 중요하다. 복잡계는 일반적으로 환경의 변화에 적응하며 끊임없이 변화하므로, 거시변수가 변화하지 않는 평형상태에서는 복잡계의 특성이 제대로 나타나지 않는다.

19세기의 전통적인 생명관에서 벗어나 복잡계 물리의 관점을 따르는 생물물리biological physics는 생명현상의 핵심을 생명체를 이루는 생체분자와 같은 개개의 요소가 아니라 그 분자들의 짜임새로부터 찾으려 한다(Nelson 2008). 이러한 관점에서 보면 생명은 생명체를 이루는 구성원 사이의 협동현상으로 떠오르는 집단성질이며, 궁극적으로 생명체는 복잡성을 지닌 복잡계의 전형으로 볼 수 있다(김민수·최무영 2013). 이는 생명현상을 분자 수준에서 고찰하는 환원론reductionism적 관점(고인석 2000; 2005)을 비판하고 전체론holism적 관점에서 집단성질을 살펴봄으로써 생명현상을 올바르게 이해하려는 시도이며 유기체론organicism의 범주에 속한다.

궁극적인 복잡계 현상이라 할 수 있는 생명현상을 분석하면, 생명체는 세포로 이루어져 있고 세포는 많은 수의 단백질 분자 등으로 이루어진 것인데, 분자 하나하나에는 생명현상이 존재하지 않는다. 그런데 그와 같은 분자들이 많이 모여서 세포라는 뭇알갱이계를 형성하면 생명이라고 부르는 신비로운 현상이 생겨나게 된다. 이처럼 떠오르는 개개의 생명체는 낱생명이 되고 개개의 낱생명들은 각자 자율성을 지니면서 서로 정보를 교류하며 연결되어 온생명을 이룬다.[5] 실제로 생명이란 생체

분자에서 시작해서 지구라는 생태권에 이르기까지 다양한 수준과 차원에 걸쳐 있고, 그것들은 서로 밀접하게 연결되어 있다.

이와 비슷하게 사회는 많은 수의 구성원, 곧 여러 개인들로 이루어진 뭇알갱이계이다. 정치, 경제, 종교, 교육 등의 영역에서 출현하는 다양한 사회적 현상들도 역시 사회를 구성하는 개개인의 성질로 환원될 수 없으며 개인들 사이의 상호작용에 따라 집단성질로서 떠오르게 된다. 이처럼 사회현상을 복잡계의 틀로 해석하려는 시도에서는 사회를 개인들이 모여서 이루는 뭇알갱이계로 간주하고, 개인들 사이의 상호작용에 의한 협동현상으로 사회의 집단성질이 떠오른다는 관점에서 사회현상의 복잡성을 연구한다(최무영 2011). 예를 들면 지역의 분화와 도시의 성장, 교통과 통신, 금융 등 시장에서 전개되는 다양한 형식의 활동을 들 수 있으며, 이들은 개별적으로 복잡계의 관점에서 연구된 바 있다(김용학 2011; Goh et al. 2012; 2014; Johnson 2007; Ko et al. 2014).

과학에서는 모든 현상의 실체로서 물질을 상정하며, 물질의 구성요소들과 그것들 사이의 상호작용으로 모든 현상이 일어난다는 이른바 물리주의physicalism를 전제한다. 이러한 관점에서 물질이 일으키는 현상을 다루는 물리과학과 생명을 다루는 생명과학이 연구되어왔는데 이러한 자연과학의 연구 시각은 예컨대 콩트A. Comte의 경우에서처럼 사회에도 직접적으로 적용되어 사회학을 비롯한 사회과학의 탄생을 가져왔다. 19세기에 이르러 학문의 분화가 심화되고 분과학문 사이의 소통이 어려워지면서 사회적 현상들에 대한 총체적인 이해와 해석이 이루어지지 못한다는

---

5) 온생명은 다음 절에서 구체적으로 설명한다.

자각이 대두되었다. 특히 물질, 생명, 사회, 그리고 정신 사이에 서로 중첩되는 관계에 대한 고찰의 필요성과 학문적 통합의 요구가 날로 높아가고 있다. 이러한 시각을 정리하면 다음 그림과 같다.

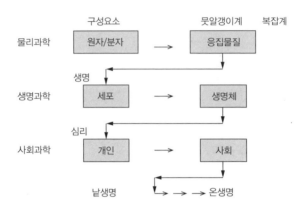

그림 1 학문적 계층 구분과 통합적 시각

이러한 논의는 인류의 지적 문화유산 가운데에서 으뜸으로 꼽히는 언어에도 새로운 시각을 제공한다. 언어란 자음과 모음이 모여 음절이 되고, 음절이 모여 낱말이 되는데, 자음과 모음이라는 음의 단위에서는 의미 또는 개념이 없으나 그 음들의 조합으로 이루어진 낱말 단위에서는 의미라고 하는 신비로운 현상이 떠오른다. 이는 원자나 분자들이 모여 새로운 생명현상을 빚어내는 세포와 비슷한 현상으로 볼 수 있다. 또한 세포들이 모여서 만들어진 조직이나 기관은 낱말들의 조합에 의한 절이나 문장에, 이러한 조직과 기관이 모여서 형성된 생명체나 유기체는 절이나 문장들이 모여 떠오르는 복잡한 형상물인 시나 소설, 수필 등에 비교될 수 있다. 좋은 시나 소설의 경우 구성요소들 사이의 상호작용에 따라 다양한 해석이 떠오를 수 있는데, 이러한 해석의 변이가능성은 곧 복잡계에서 복잡성에 해당한다(최인령·최무영 2013). 일반적으로 복잡성은 아름다움의 필수적인 요소라 할 수 있으며, 실제로 음악이나 그림도 각각의 구성 요소들의 상호작용에 의해 떠오르는 복잡성을 지닌 복잡계로 볼 수 있다. 언어, 문학, 예술의 구분과 통합적 시각은 다음 그림처럼 요약하여 나타낼 수 있다.

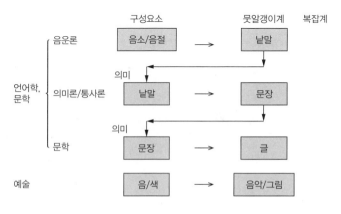

그림 2 언어·문학·예술의 구분과 통합적 시각

따라서 사회에서 구성원들의 상호작용의 결과로 나타나는 사회현상이나 인간의 상상력에 의해 창조되는 문학과 예술도 생명과 마찬가지로 복잡계 현상으로 간주하고, 복잡계 물리의 관점에서 각 단계에서 떠오르는 복잡성을 분석할 수 있다. 이렇게 볼 때, 복잡계는 생명, 사회, 예술, 그리고 이들을 모두 포함하는 문화도 하나의 틀로 해석하는 통합과학의 새로운 가능성을 시사한다.

2. 복잡성과 정보교류

물리학에서 복잡성의 떠오름을 이해하는 방식으로 '스스로 짜인 고비성', '확률방정식', '정보교류 동역학' 등의 접근 방법이 제시되었다. 그 가운데서 우리는 복잡계에 대한 보편지식 체계를 구축하려는 목적으로 최근에 제시된 정보교류 동역학 개념에 관심을 집중한다. 이러한 관점에서, 궁극적인 복잡계라 할 수 있는 생명과 나란히 사회현상, 그리고 문학과 예술, 나아가 이 모두를 포함하는 문화 영역으로 연구의 범위를 확장할 수 있는 이론적 토대를 마련하고자 한다. 정보교류 동역학은 기본적으로 물리학에서 말하는 대상 계와 환경 사이의 정보교류에 초점을 맞춘다(Choi et al. 2005; Kim et al. 2013). 복잡성과 정보교류의 관점에서 생명을 이해하려는 시도가 생명의 본질에 대한 새로운 이해를 줄 수 있듯이, 우리는 이러한 시도가 문화의 새로운 해석에 토대를 제공할 수 있을 것으로 기대한다.

지구에서 생명이 살아 있기 위해서는 자유에너지, 곧 에너지와 정보를 해를 비롯한 환경으로부터 얻어야 한다. 이러한 사실에 따라 생명의 본질을 정보로 간주하면 복잡계 현상으로서 생명을 '정보교류'의 관점으로 설명할 수 있다. 슈뢰딩거E. Schrödinger는 『생명이란 무엇인가What is life?』라는 저서에서 생명의 핵심 개념으로 네겐트로피negentropy와 코드, 두 가지를 들었는데(Schrödinger 1944), 네겐트로피는 음(-)의 엔트로피로서 정보에 해당하고 코드는 정보를 저장하는 디엔에이DNA를 가리킨다. 결국 네겐트로피와 코드는 모두 본질적으로 정보이고, 이는 생명의 핵심적 요소가 정보임을 뜻한다. 특히 정보교류의 관점에서 보면, '생명체의 살아 있음과 진화'란 스스로의 '정보를 축적하는 과정'이다(김민수·최무영

2013). 나아가 우주에서 정보의 탄생이 곧 생명의 탄생이고, 이후 생태계에서 진화란 끊임없이 정보를 생성해가는 과정으로 볼 수도 있다(이정민 2015). 실제로 지구 생태권의 모든 생명체는 에너지와 정보를 담고 있는 자유에너지를 해로부터 받아서 생명을 유지하는데, 이는 생명체가 자연 환경과 서로 영향을 주고받으면서 살아간다는 사실을 의미한다.

여기서 'in'과 'formation'이 결합해서 만들어진 정보information의 어원을 살펴보면 흥미롭다. 형성 및 구성을 뜻하는 formation은 형상forme에서 파생된 낱말이므로 정보는 '형상의 주입infusion'이라는 뜻으로 이해할 수 있다. 요컨대 정보는 형상이 없는 존재에 형상을 부여함으로써 물질적인 것과 추상적인 것, 실재적인 것과 관념적인 것을 매개한다(von Baeyer 2003). 이에 따라 정보를 물질과 정신의 접점으로 보면 전통적으로 내려오는 물질과 관념의 이분법을 넘어서 존재론과 인식론의 통합적 사고의 기초가 될 수 있고, 이것이 생명에 대한 새로운 해석과 연결되지 않을까 기대하게 된다.

생명과 정보의 관계에 한 걸음 더 들어가보자. 인간을 포함한 모든 생명체가 지니고 있는 정보는 일반적으로 '상속정보inherited information'와 '획득정보acquired information'로 나누어진다. 세대를 걸쳐 전달되는 상속정보는 유전을 통해 주어지는 '생물학적 정보biological information'로서 진화과정에서 (완벽하지는 않지만) 비교적 안정적으로 복제되는 정보이다. 이와 달리 획득정보는 생명체가 성장 과정에서 주변 환경과의 상호작용을 통해 얻어지는 정보를 가리킨다. 개체의 생물학적 상속정보와 획득정보, 그리고 환경 전체의 정보는 서로 교류하여 영향을 주고받을 수 있다. 개체가 지니고 있는 정보가 상속정보와 획득정보의 합으로 주어진다면 정보교류 동역학에서 대상 계는 자신이 지니고 있는 정보의 양을 늘리려는 지향적 개체이며 자신을 둘러싸고 있는 환경의 정보에 응답하며 '살아가는 과정'에 놓인다.

생명현상의 속성은 크게 다섯 가지로 정리할 수 있는데, 각 속성을 분석해보면 그 근본에 정보가 있다(최무영 2008: 476). 이러한 정보와 생명의 밀접한 관계는 문화에도 적용될 수 있다. 첫째, 생명체와 마찬가지로 문화도 유기적으로 잘 짜여 있는 복잡계이다. 생명에서는 구조 자체가 정보를 최대화하는 과정을 통해 잘 짜여 이루어졌다. 그러나 잘 짜여 있음이란 완벽한 질서를 뜻하지 않으며, 일반적으로 질서와 무질서의 사이에서 복잡성을 띠고 있어서 정보의 양이 매우 많다는 뜻에서 잘 짜인 구조이다. 이러한 복잡성의 구조는 질서정연한 구조와 달리 생명이 환경의 변화에 유연하게 응답할 수 있도록 허용하며, 개체의 삶의 과정에서 경험을 통해 얻어진 정보가 구조에 영향을 줄 여지가 존재한다. 따라서 잘 짜인 계로서의 생명은 구성요소가 전체 계의 정보량을 최대화하는 과정에 놓여 있다고 할 수 있다. 복잡계가 유지될 수 있도록 각 구성요소는 적절한 자율성을 지니면서 동시에 전체 계를 위해 일하고, 전체 계는 구성요소들을 포함하여 조직이 살아 있을 수 있도록 항상성을 유지한다. 문화형성 단위인 생활공동체나 민족, 그리고 국가도 질서와 무질서 사이에서 복잡성을 지니고 있을 때 문화의 자율성과 항상성이 유지된다. 즉 다양한 생각들이 자유롭게 표현될 여지가 인정되어 상호작용이 활발하게 펼쳐질 때 학문과 예술도 창의성을 발휘하고 이 모두를 포함하는 문화는 더욱 풍부해진다. 이와 달리 전체의 획일적 질서를 위해 개개인의 자율성을 억제하거나 탄압하고 일방적인 이념만을 강요하는 사회는 닫힌계에 해당하며, 이러한 사회에서 복잡성은 훼손되고 문화는 퇴행하게 된다. 인류는 이러한 퇴행의 경우를 예컨대 독일 나치즘에서 경험했다.

한국에서도 유신독재에서 이와 유사한 상황이 발생하였으며, 21세기의 현 정권에서 문화예술계의 이른바 블랙리스트도 그 연속선 위에 놓인다고 할 수 있다.

둘째, 생명체가 신진대사metabolism를 하듯 문화도 신진대사를 한다. 생명현상의 중요한 특징인 신진대사란 주변 환경에서 에너지와 정보를 받아들이고 이를 이용하여 생명에 필요한 여러 생화학 반응을 수행하는 과정이다. 따라서 신진대사는 에너지대사라 부르기도 한다. 전체 생태계에서의 신진대사를 정보의 흐름으로 보면, 환경으로부터 얻은 정보를 생물학 정보에 알맞게 처리하는 과정으로 해석할 수 있다. 이로부터 생명현상에서 정보교류와 처리의 중요성이 명백하게 드러난다. 열린계로서 개체인 각 생명체는 서로 정보를 주고받으며 비교적 많은 자율성을 가지고 있어서 정보교류가 효과적으로 이루어지게 한다. 생명체에서 신진대사가 주변으로부터 에너지와 정보를 받아 이루어진다면, 문화에서의 신진대사는 생활공동체, 민족, 국가에 속한 개인들 사이의 정보교류를 통해, 그리고 정신적 공감대를 통해 이루어진다. 이런 까닭에서 '문화는 소통이다'라는 주장이 설득력을 얻을 수 있다(이기상 2012).

셋째, 살아 있기 위해서는 균형을 잘 유지해야 하며 이러한 성질을 항상성homeostasis이라 부른다. 이에 따라 환경이 바뀌면 생명체는 그 변화에 적절히 응답하는데, 문화도 마찬가지로 환경의 변화에 응답한다. 외부 문화의 접촉에 적극적으로 응답하면 문화변동이 일어난다. 지난 1세기 동안 한국의 문화가 그 보기에 해당한다. 환경의 변화에 맞추어 생명체가 적응하듯이 문화의 형성 단위 및 그 구성원들도 외부 환경에 적응한다. 이처럼 대상 계가 환경으로부터 정보를 얻으면 계는 그것이 지니고 있는 정보에 따라 응답한다. 앞에서 언급하였듯이, 생명체는 두 가지

정보, '상속정보'와 '획득정보'를 지니고 있는데, 환경과 정보교류 과정에서 환경변화에 대한 생물학적 정보의 즉각적 응답이 본능에 해당한다면, 획득정보의 응답은 학습에 따른 응답으로 해석할 수 있다. 나아가 생명체가 전달받은 정보를 계의 구조 또는 기능에 축적시키는 과정이 동반되어야 항상성이 유지될 수 있다. 이러한 점에서 결국 정보를 최대화하는 과정 자체가 환경변화에 대한 응답을 의미한다고 볼 수 있다.

넷째, 생명체가 번식하듯이 문화도 번식한다. 다시 말해서 생명체가 그것과 비슷한 생명체를 만들어내는 것처럼 문화도 전승을 통해 비슷한 문화를 이어간다. 비슷한 생명체란 생명체가 지닌 정보가 비슷함을 의미하며, 이를 유전이라 부른다. 따라서 번식이란 세대 사이에서 정보의 전달이라 할 수 있다. 이러한 번식에서 개체가 축적한 정보는 유전 현상을 통해 다음 세대로 전달된다. 여기서 생물학적 정보로서의 구조는 비교적 안정되게 전달되는데, 얻어진 획득정보도 세대에 걸쳐 전달될 수 있는지 여부는 아직 논란의 여지가 있다. 획득정보가 구조에 영향을 미치고 최종적으로는 생물학적 정보의 일부가 되어 전달되는 후성유전epigenetics은 대체로 매우 느리게 이루어진다. 그런데 인간의 경우에는 문화현상을 기록하고 후손에게 전승하는 데 획기적으로 기여하는 '언어'를 발명함으로써 획득정보의 전달에서 커다란 변화가 일어났다. 이는 인간 진화 과정에서 매우 획기적인 사건이다. 획득정보를 생물학적 매체가 아니고 다른 매체를 이용하여 다음 세대로 전달할 수 있게 되었기 때문이다(Avery 2003). 획득정보가 구조 속에 축적되어 생물학적 정보의 일부가 되는 시간 눈금, 곧 유전자의 진화 속도는 실제 환경 변화의 속도보다 많이 느리기 때문에 획득정보가 언어를 통해서 빠르게 전달될 수 있다는 점은 중요한 의미를 갖는다. 더욱이 인쇄술을 넘어서 인터넷을 통한 정보교류의 대중화는 문화의 전달을 가속시키고 온문화[6]에 대한 이해를 증대시킨다.

다섯째, 생명체가 진화하는 것처럼 문화도 진화한다. 정보교류 동역학을 기반으로 한 진화 모형에 관한 연구에 따르면, 정보의 교류가 진화에서도 핵심적인 구실을 한다(Choi et al. 2005). 이 모형은 진화라는 긴 시간 눈금의 생명현상에서도 정보교류가 핵심적인 구실을 한다는 사실을 보여주며, 생명은 단순히 유전자의 자기보존을 위한 그릇의 수준을 넘어서 다른 개체와의 상호작용을 통해 전체 계의 정보를 늘리고자 하는 정보 지향 객체임이 드러난다. 이러한 변이와 선택의 기전은 문화의 진화에도 일부 적용된다고 할 수 있다. 이를 극단적으로 표현한 개념이 밈meme, 곧 문화유전자이다(Dawkins 1989; Sterelny 2001).

앞에서 본 것처럼, 생명의 속성은 그 자체로 문화의 속성이 될 수 있고, 변이와 진화를 거듭하는 문화의 생명력을 입증한다. 이러한 속성들이 표면적으로 드러나는 성격이라면, 생명의 핵심은 정보이며 디엔에이는 이른바 '코드'로서 정보를 저장하는 도구이다.[7] 이렇게 볼 때, 문화의 본질적 핵심은 정보이고, 인간은 문화 생성과 변동의 주체이며 그러한 인간의 사고를 담아 전달하고 그 정보를 기억하는 주된 도구인 언어가 문화의 형성과 전파에 결정적인 구실을 한다는 사실은 자명하다(최인령·오정호 2009). 나아가 인간이 한 객체로서 홀로 살 수 없고 환경과 끊임없이 교류하며 자유에너지를 얻어 생명을 유지하듯이 인간이 만든 문화도

---

6) 온문화는 다음 절에서 자세히 다룬다.
7) 여기서 코드는 언어학적 용어로는 기호에 해당한다.

뭇사람들끼리 상호교류를 통해 자유에너지를 얻어 확산된다. 곧 자연계의 생명체에게 해가 자유에너지의 근원이라면 인간이 이룩한 문화계에서 자유에너지의 근원은 정신적 공감대라 할 수 있으며 정보교류를 통해 문화는 확산되고 전승된다. 도킨스R. Dawkins가 문화유전자 밈과 관련하여 말한 '모방'이라는 기제도 정신적 공감대라는 큰 범주에 속한다고 볼 수 있다.

이처럼 정보교류에 구심점을 둔 생명에 대한 최무영의 새로운 해석은 문화 연구에도 유용하다. 프랑스 인류학자이자 언어학자인 스페르베(D. Sperber 1996: 8)는 그의 저서 『생각의 전염Contagion des Idées』에서 "문화를 설명한다는 것은 어떤 생각들이 어떻게 전달되는가를 설명하는 것이다"라는 주장을 펴는데, 그에 따르면 한 개인의 뇌 속에서 탄생된 생각이 타인들의 뇌 속으로 전달되고, 그 생각은 또 무수한 후손들에게 전달되면서 점진적으로 퍼져나간다. 전파력이 강한 생각들은(신앙, 요리법, 과학의 가설 등)은 다소 변형되면서 지속적으로 민중 전체로 확산된다. 문화는 이러한 전염적인 생각들로 만들어진다. 또한 문화는 지역 환경을 공유하는 집단 구성원에게 전파된 모든 행위(말, 의례, 기술적 몸짓 등)와 생산물(기록, 작품, 기구 등)로 만들어진다. 이처럼 생각의 전파로 이루어진 문화 형성에 대한 그의 통찰에서도 문화의 핵심은 정보교류에 있음을 알 수 있다.

언어는 인류가 축적해온 최고의 지적 문화유산이며 언어예술로서 문학작품은 정신문화의 정수라 할 수 있다. 시와 소설은 복잡성이 돋보이는 인간의 창작물(최인령·최무영 2013)이고 때로는 음악이나 미술, 무대예술 등과 결합하여 가곡(Choi 2001; 최인령 2007; 2009), 오페라, 뮤지컬, 영화와 같은 복합적인 형식을 갖는 새로운 예술형식으로 진화하기도 한다. 시나 소설은 언어라는 기호를 사용해서 정보를 담아내고, 짜임새가 있는 표상체계이며, 외부의 에너지를 받아들이고 번식도 하면서 외부자극에 응답하여 변화하기도 한다. 이처럼 생명의 다섯 가지 속성을 지닌 문학 및 예술 작품은 문화라는 거대한 복잡계 속의 작은 복잡계로 볼 수 있으며, '문화는 거대한 생명체와 같다'는 우리의 제안은 타당성을 지닌다고 판단된다.

　다음 절에서 우리는 문화를 거대한 생명체와 같은 복잡계로 보고 정보 사회의 문제점을 극복할 수 있는 새로운 패러다임을 모색하고자 한다.

III. 온생명에서 온문화로: 새로운 패러다임 모색

위에서 보았듯이, 물리학적 해석에 따르면 살아 있는 생명체가 엔트로피가 늘어나지 않아서 흐트러지지 않고 적절한 질서를 유지할 수 있음은 개체와 환경 사이에 에너지와 정보의 교류가 있기 때문이다. 이러한 해석은 생명을 물리학적으로 해석함과 동시에 철학적으로 인식론과 결합하여 정초한 장회익의 온생명의 관점에서 더욱 명백하게 나타난다(장회익 2008; 2014a; 2014b; 소흥렬 1999; 정대현 2016: 566-571). 우리는 온생명의 개념에 기초하여 자연-인간-사회의 화해를 추구하는 문화 형식으로서 온문화를 새로운 패러다임으로 제시하고자 한다.

　장회익은 '생명이란 무엇인가', 그리고 '생명의 진정한 단위는 무엇인가'라는 물음 제기로부터 출발한다. 여기서 생명이란 우리 눈에 보이는 존재론적 개체가 아니라, '살아 있음'을 나타내는 개념이다. 그는 "우주의 빈 공간 안에서 생명현상을 외부의 아무런 도움 없이 자족적으로 지탱해 나갈 수 있는 최소 여건을 갖춘 물질적 체계"(장회익 2008: 78), 곧 해와 지구 사이에서 나타나는 생명현상의 전체 체계를 생명의 단위로 보아야 한다는 주장을 편다. 이 체계를 '전부의, 모두의'를 뜻하는 관형사 '온'을 붙여서 '온생명'이라 이름 지었다. 온생명의 체계 안에서 발생하는 각 단계의 개체들은 온생명과 구분하여 '낱생명'이라고 부른다. 낱생명은 독자적으로 살아갈 수 없고 살아 있기 위해서는 온생명 안에서 해로부터 나온 자유에너지와 주변의 도움이 반드시 필요한데, 낱생명에게 필요한 이러한 주변 여건을 '보생명'이라 이른다. 이렇듯 온생명은 생명을 유지하는 데 필요한 여러 요소들이 서로 얽혀 있는 그물얼개의 전체가 하나의 실체로 파악되는 것을 말하며, 낱생명과 이를 가능하게 하는 여건인 보생명을 모두 포함하는 단위이다. 결국 온생명은 붙박이별인 해와 떠돌이별인 지구가 하나의 자족적 단위로 작동하는 전체 체계이며, 이 체계에서 보생명은 환경의 진정한 의미가 되고, 낱생명은 온생명에 의존해서만 살아갈 수 있는 의존적 존재이다. 정리하면 장회익의 온생명은 낱생명(개체)과 보생명(그 개체를 제외한 나머지 생명체들을 포함한 환경)을 합해서 이루어진 것으로서 해와 지구를 포함한 전역적 유기체이며 동심원적 구조를 지닌다.

　이처럼 정교한 체계를 갖춘 온생명은 당연히 물리법칙을 따른다. 곧 열역학 두 번째 법칙에 따라 뜨거운 해에서 상대적으로 차가운 지구로 에너지가 전달되고, 지구에 있는 개체들은 그 에너지를 자신에게 필요한 자유에너지로 전환시켜 사용하며 생명을 유지해간다. 이러한 온생명의 관점에서 볼 때, 인간을 비롯한 모든 개체는 보생명 없이는 절대로 존재할 수 없고 해로부터 자유에너지를 받아 살아간다. 개체가 환경과 정보를 교류하면서 생명을 유지할 수 있다는 사실은 그 개체는 다른 개체와도 연결되고, 다시 그 개체는 또 다른 개체와 연결됨을 의미한다. 이렇게 지구에 존재하는 모든 개체는 환경을 포함하여 서로 연결되어서 온생명을 이룬다. 앞 절에서 논의한 개체와 환경 사이의 정보교류의 관점과 온생명의 개념을 통합적으로 정리하면 다음 그림과 같다.

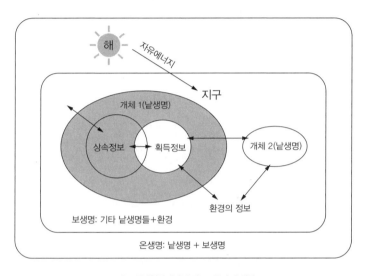

그림 3 생명현상에서의 정보교류와 온생명

온생명 안에 존재하는 '나'라는 낱생명은 결과적으로 지구에 생명체가 나타난 40억 년 이래로 변이와 선택이라는 다윈의 진화 기전mechanism에 따라 형성된 개체이다. 다시 말해서 낱생명은 40억 년의 온생명적 진화과정이 축적된 최종 결정체라 할 수 있다.

　나아가 온생명은 온의식을 가진 주체로 등장한다(정대현 2016: 569). 인간이 '나'라는 주체 의식을 가지듯이 온생명도 온의식을 지닐 수 있다. 생명의 단위가 낱생명에서 온생명으로 확장되는 것처럼, 의식의 단위도 개개인의 의식에서 온의식의 단위로 확장될 수 있으며, 이는 인간의 집단지성에 의해 가능하다는 것이다. 여기서 물질과 의식/마음이 분리되어 있다고 보는 서구의 오랜 전통인 이원론적 전제에서 벗어나 몸과 마음이 한 가지 대상의 다른 두 측면이라는 일원이측면론을 견지하는 입장에서 "의식이 물질을 바탕으로 일어난다."(장회익 2008: 22)는 점에 주목한다. 의식은 두뇌에서 발생하고 그 두뇌에는 내적·외적 정보를 처리하고 통제할 수 있는 중추신경계가 있다.

앞 절에서 언급하였듯이, 인간은 진화 과정에서 획득정보를 탁월하게 높일 수 있는 도구, 즉 언어나 문자, 인터넷과 같은 미디어를 발명하였고, 이는 다른 생명체들과 달리 인간만이 가진 특수성이다. 이러한 정보 기술은 날로 발전해서 시공간을 초월하여 실시간에 동시다발적으로 사람과 사람, 사람과 사물, 나아가 사물과 사물 사이를 연결하는 초연결 시대를 가져왔고 이른바 4차 산업혁명이라는 용어가 제기되기도 하였다.

21세기 정보통신망은 두뇌의 신경그물얼개neural network와 유사한 방식으로 진화했고, 맥루언M. McLuhan이 일찍이 20세기 중반에 예견한 대로 인간의 확장인 미디어가 지구촌 전체를 정보통신망으로 이어주고 있다(McLuhan 1964).[8] 이러한 점에서, 온생명의 온의식은 온 지구촌 사람들이 정보통신망에 의해 연결되는 정보론적 온의식에서 시작하게 되며, 이는 두뇌의 신경그물얼개의 소통과 흡사하다. 장회익(2008: 87)에 따르면, "전 지구적 의사소통기구를 포함하는 인간의 문명을 바탕으로 그 위에 집합적 의미의 인간 의식이 형성되어 이 온생명을 하나의 유기적 단위로

---

8) 윤지영(2014: 7)은 "미디어는 관계를 만드는 매개체다"라는 주장을 펴며 '오가닉 미디어' 개념을 제안한다.

인식하게 될 때, 명실상부한 우리 온생명의 자의식이 출현한 것으로 해석할 수 있다." 오늘날 지구촌 전체를 실시간으로 연결하는 정보통신망에 힘입어서 생명이 지구에 출현한 지 40억 년 만에 최초로 온생명은 통합적 의식을 가질 수 있게 된 셈이다. 이처럼 정보를 매개로 해서 성립하는 의식 모형에서 '나'는 가족으로, 나아가 국가나 민족 단위의 공동체로, 궁극적으로는 인류 공동체로 점점 확대되어 '가장 큰 나'에 이르게 되고, "온생명의 유기적 조직에 대응하는 정보적 온의식에 닿을 수 있다"(정대현 2016: 570).

이렇게 볼 때, 장회익의 온생명 체계에서 인간의 문명은 온생명의 두뇌가 되고, 이것의 정신적 측면인 통합적 문화는 온생명의 정신이 되고, 그 안에 나타나는 인간의 집합적 의식이 온생명의 자기의식이 된다(장회익 2008: 88). 이렇듯 인간을 통해 의식주체로 태어난 온생명과 더불어 삶의 주체로서 '나'가 지니고 있는 개념의 범주도 확장된다. 곧 개체로서의 작은 단위의 '나'에서 공동체적 삶에서의 '좀 더 큰 나', 그리고 궁극적으로 온생명으로서의 '나'가 함께 의식의 주체로 떠올라 우리의 삶을 다차원적으로 이끌어나가게 된다는 것이다. 이 경우 세계 도처에서 벌어지고 있는 전쟁이나 굶주림, 이주민 문제와 같은 인류의 참사, 그리고 환경 파괴와 온난화로 인한 지구의 생태적 변화는 더 이상 나와 상관없는 일이 아니고, 내 몸의 일부가 상처를 입는 것처럼 민감할 수밖에 없게 된다.

이처럼 생명의 단위가 정보적 온의식을 지닌 온생명으로 확장됨에 따라 '온문화'의 새로운 패러다임의 모색이 당면한 필연적인 과제로 떠오른다. '인간은 문화를 일구었다'라는 표현이 단적으로 보여주는 것처럼 문화는 인간 이외의 다른 생명체에서는 볼 수 없는 인간의 고유 영역이다. 문화를 뜻하는 culture라는 단어는 땅의 경작이나 농작물의 재배를 뜻하는 라틴어의 cultura에서 유래해서 먼저 인간이 토지를 비옥하게 만드는 작업을 의미했고, 점차 정신을 비옥하게 만들기 위한 노력을 뜻하는 비유적 의미로 발전한다. "모든 것이 문화이다"라는 슬로건이 나올 정도로 20세기에 들어 문화는 공동체가 일군 삶의 총체, 즉 물질적 기술 문명과 정신적 획득을 모두 포함하는 넓은 의미로 이해하게 되고, '문화는 다양하며 인간의 의식과 가치관은 문화에 따라 다르다'라는 문화상대주의 견해가 지지를 얻는다.[9] 이는 공동체마다 고유한 문화를 갖고 있음을 강조한다. 이에 우리는 문화형성 단위인 생활공동체, 민족, 국가가 일구어낸 단일문화를 낱생명에 비견되는 낱문화individual culture로 부르기로 한다.

여기서 문화와 자연의 관계에 대한 동양과 서양의 사상적 전통에 차이가 있음에 주목할 필요가 있다. 이분법적 사고가 강한 서구의 전통에서 정신과 물질을 분리하여 생각했던 것처럼 문화도 일반적으로 자연에 대비되는 범주로 인식했다. 그러나 동양에서는 인간도 자연에 속한다고 보는 자연-인간의 지속성 세계관을 이어왔고(정대현 2016: 340), 우리는 그러한 입장에서 자연과 유기적으로 연결되는 문화의 새로운 패러다임을 모색하고자 한다. 이를 위해서 우리는 온생명의 개념에 기초하여 온문화 개념을 다음처럼 정의한다. "온문화란 인류의 유구한 역사에서 사람이 자연자원을 활용하며 이룩한 인류 집단의 삶의 총체로서 환경과 끊임없이 상호작용하며 스스로 변화하는 생명체에 가깝다."

---

9) 1930년대 미국 인류학자 베네딕트R. Benedict(2008)와 허스코비츠M.J. Herskovits(1972)를 참조하라.

여기서 말하는 온문화란 온 지구적 문화로서의 획일화를 뜻하지 않으며, 앞서 언급한 문화상대주의를 견지하는 입장에서 바라본 개념이다. 지구의 모든 생명체가 각각 낱생명으로 적절한 자율성을 유지하면서 보생명을 통해 서로 연결되어 온생명을 이루듯이, 온문화는 인류의 모든 크고 작은 낱문화들이 각각 독자성과 고유성을 견지하면서 동시에 서로 정보교류를 통해 연결되어 조화로운 온전함을 이루게 됨을 뜻한다.[10] 이렇게 될 때, 인류는 경쟁과 전쟁이라는 대립적 상황 대신에 협력과 평화라는 건강하고 풍요로운 온문화를 기대할 수 있을 것이다.[11] 최종적으로 온문화 패러다임이 추구하는 가치는 정보혁명 시대에서 자연-인간-사회의 화해와 균형을 통한 온 인류의 행복한 삶이다.

IV. 온문화의 학제 간 융합연구 모형

21세기에 접어든 오늘날 과학과 첨단기술, 특히 정보통신망의 급속한 발달로 지구촌 전체가 연결되고 교류하면서 문화는 그 의미를 정의하기 어려울 정도로 풍성해지고 동시에 복잡해져서 다원적이고 다차원적으로 확대된다. 이러한 변화는 동시에 심각한 부작용을 드러낸다. 자연과학은

---

10) 각주 1)을 참조하라.

11) 이와 대조적인 예로서 언어의 경우를 보면, 오늘날 세계는 영어 쏠림현상에 의해 소수민족의 언어들이 사라졌거나 사라질 위험에 놓임으로써 언어 다양성의 상실이 심각한 현실이 되고 있다. 이러한 점에서 영어는 온문화의 건강한 가치를 위협하는 암세포로 전략할 수 있음을 시사한다. 이 책의 「온문화와 언어: 파리·퀘벡·서울의 언어풍경을 중심으로」(최인령 2017)를 참조할 수 있다.

신비로운 자연현상을 이해하려는 시도로서 본질적으로 정신문화의 성격을 지닌다(최무영 2008: 19). 그런데 현대과학에서는 이러한 정신문화로서의 본질은 퇴색되고 전자기술이나 유전공학 등의 물질문명만이 강조되고 있다. 과학이 낳은 첨단기술은 정신문화를 외면한 채 자본주의 및 신자유주의와 결탁하여 물질과 정신의 조화로운 발전을 저해하고, 나아가 자연 파괴를 지속적으로 추동함으로써 지구 생태계를 위협하고 있다. 이는 인류가 지구 생태계에서 암적 존재로 전락할 수 있음을 보여준다.

다른 한편으로 문화는 정치와 결탁하여 문화정치가 되는가 하면(Djian 2011), 자본과 결탁하여 문화산업이 되는 등 고유의 의미를 벗어나서 도구화되기도 한다. 더욱이 자본을 앞세운 강대국의 문화제국주의에 의해 소수 민족의 문화가 그 고유성을 잃고 사라졌거나 사라질 위험에 놓임으로써 세계 문화는 획일화되어가는 경향이 뚜렷하다. 이에 따른 문화의 다양성 상실은 생물종의 급격한 소멸을 보여주는 자연파괴와 비견될 수 있는 위험이다.

문화의 의미와 위상이 이처럼 확장되고 있는 한편, 문화가 위협에 처해 있다는 사실은 문화에 대한 인식의 전환을 요구한다. 이에 따라 다학제적 연구의 필요성도 날로 높아가고 있다. 문화를 집중적으로 연구하는 학문 분과인 문화인류학의 경우 수백 가지에 이르는 문화에 대한 개념 정의가 있고, 오늘날에는 인문학과 사회과학(Smith 2001)뿐 아니라 자연과학에 이르기까지 거의 모든 분야에서 문화와 관련된 연구를 수행하고 있다.

이러한 시대 상황에서 우리는 온문화에 대한 학제 간 융합연구의 모형을 제안하고자 하며, 한 가지 보기로서 문화생태학자 네팅(R. Netting 1965; 1977)의 문화현상의 분석 틀에 주목한다. 그는 '문화란 관념과 조직과 기술로 구성된 현상'이고, 사람이 일군 문화현상을 분석하기 위한 틀로서 이 세 가지 축으로 구성된 문화 모형을 제안했다.[12] 여기서 조직, 기술, 관념은 서로 유기적으로 연결되어 있으나, 문화현상을 연구하기 위하여 편의상 각각 분리하여 접근할 수 있고, 그중에서 어느 측면으로부터 접근하든지 세 가지 축을 통합적으로 아우를 수 있다는 점이 우리의 인식 관심에 상응한다.

문화에 접근하는 첫 번째 축인 '조직'은 사회과학의 주요 연구 대상으로서, 문화공동체의 다양한 구성원들 사이의 관계로 이루어지는 조직체계의 관찰과 분석에 해당하며 가족이나 친구, 정치집단, 시장구조 등이 이에 속한다. 두 번째 축인 '기술'[13]은 문화공동체가 소유하고 있는 제작 방식이나 도구, 각종 물건들을 포함하는 기술 문명에 대한 고찰인데, 주로 자연과학, 특히 응용과학과 공학 분야의 연구 대상이다. 세 번째 축인 '관념'은 문화공동체의 관념, 곧 정신세계에 접근하는 방법으로서 인문학의 주요 연구 분야이며 문화 연구에서 가장 중요한 분야이다. 이는 신앙, 사상, 가치관, 상징, 의례, 윤리, 금기 등의 믿음의 행위에 대한 고찰이나 역사, 문학, 예술, 자연에 대한 고찰을 통해 이루어진다.

세 개의 축은 분과학문별로 독립적으로 연구될 수도 있다. 그러나 이 시도에서는 주제에 따라 학문 사이의 융합적 연구, 곧 인문학-사회과학의 협업이나 사회과학-자연과학의 협업, 자연과학-인문학의 협업, 또는

---

12) 네팅의 문화 분석틀은 문화생태학이 문화연구에 기여한 공로로 꼽힌다(전경수 2000: 221-234). 또한 최인령·노봉수(2012)도 참조할 수 있다.

13) 여기서 기술은 기계나 공구가 쓰이기 위해 구조화되는 것과 그것을 가능하게 하는 기술을 지칭한다. 다시 말해서 기술을 조직화하는 합리성과 효율성, 그리고 그 가치들에 대한 조정의 의미를 담고 있다(전경수 2000: 309).

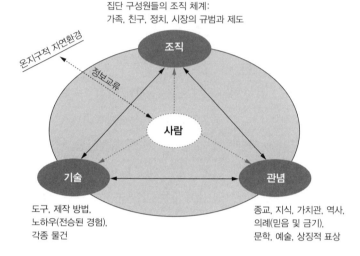

온문화의 정의: 인류의 유구한 역사 속에서 자연자원을 활용하며 이룩한 인류 집단의 삶의 총체로서 환경과 끊임없이 상호작용하며 스스로 변화하는 생명체에 가깝다.

집단 구성원들의 조직 체계:
가족, 친구, 정치, 시장의 규범과 제도

온지구적 자연환경

정보교류

조직

사람

기술

관념

도구, 제작 방법,
노하우(전승된 경험),
각종 물건

종교, 지식, 가치관, 역사,
의례(믿음 및 금기),
문학, 예술, 상징적 표상

그림 4 온문화의 학제 간 융합연구 모형

세 학문의 공동 연구를 통해서 거대한 생명체와 같은 온문화에 대한 심층적이고도 본질적인 이해와 독창적이면서도 보편적인 학문적 인식의 도출을 기대할 수 있다는 사실이 중요한 점이다. 예를 들어 자연과학은 앞서 언급하였듯이 본질적으로 정신문화라는 측면으로 보아 관념의 축에서 다룰 수 있지만 동시에 그 응용으로 개발된 전자통신, 생명공학, 인공지능 등은 기술의 축에서 접근할 수 있고, 이러한 새로운 기술로 인한 사회변동은 조직 축에서 연구할 수 있다. 따라서 이 모두를 포함하는 문화는 거대한 복잡계를 이룬다는 점에서 학제 간 융합연구의 필연성을 제기한다.

이러한 인식에서 앞서 고찰한 온 지구적 자연환경과 사람 사이의 정보교류 관점을 강조하여 자연-인간-사회를 유기적 관계로 보는 온문화의 인문·사회·자연과학의 학제간 융합연구 모형을 제안하며, 그림 4처럼 도식화하여 나타내본다. 이 그림의 가운데에 위치한 '사람'은 문화의 형성·보존·전승의 주체이다. 사람이 모여 사회의 '조직'을 형성하고 '기술'을 개발하며 발전시켜 물질문명을 이루고, 동시에 그 문화공동체의 고유한 정신세계를 이루어간다.

IV. 나가며

이 연구는 정보혁명이 지구촌 전체를 연결하며 인간의 삶을 정보 중심으로 총체적으로 변화시키고 있음에 대한 인식의 관점에서 생명과 문화에 대한 근원적인 성찰의 필요성을 제기하고, '문화란 거대한 생명체와 같다'라는 제안으로부터 출발했다. 그리고 정보교류 동역학과 온생명 개념에 기초하여 정보혁명이 유발한 부정적인 결과들을 극복하고 자연-인간-사회가 화해하는 문화 형식으로서 온문화 패러다임을 제시했다.

이를 위해서 우리는 먼저 복잡계 물리에 토대를 두고 생명과 문화에 대한 새로운 해석을 시도하였다. 생명현상을 분자 수준에서 고찰하는 환원론적 관점 대신에 생명체를 구성하는 생체분자들 사이의 협동현상에 의해 떠오르는 집단성질로 보는 전체론적 관점을 따랐다. 또한 지구에서 생명체는 해를 포함한 환경으로부터 에너지와 정보를 담고 있는 자유에너지를 얻어서 살아간다는 사실에 비추어 볼 때, 생명의 본질은 정보이고, 나아가 생명의 다섯 가지 속성(짜임, 대사, 응답, 번식, 그리고 진화)도 정보교류로서 설명할 수 있음을 확인하였다. 이처럼 생명현상에서 핵심적 구실을 하는 정보는 문화현상의 본질과 속성을 설명하는 데에도 유용하다. 나아가 생명현상이 그 구성원들끼리의 협동현상에 의해 떠오르는 복잡계 현상이듯이, 문화는 문화형성 단위에 속한 사람들의 협동현상과 정보교류를 통해 떠오르는 거대한 복잡계 현상이라 할 수 있다.

다음으로 우리는 온생명 개념에 기초하여 온문화 패러다임을 제시하였다. 온생명은 지구와 해를 하나의 자족적 단위로 보는 전역적 유기체를 가리키는데, 온생명에 의존하여 살아가는 개개의 낱생명(개체)들은 자율성을 지님과 동시에 보생명(환경)을 통해 서로 연결된다. 이에 따라 생명의 단위가 낱생명에서 온생명으로 확장되듯이 의식의 단위도 개개인의 의식에서 온의식의 단위로 확장된다. 결국 온생명은 인간의 집합적 지성에 의한 정보적 온의식을 지닌 주체로 등장한다. 생명의 단위가 개체에서 온생명으로 확장됨은 문화의 단위도 낱문화에서 온문화로의 확장될 수 있는 가능성을 시사하며, 정보통신기술은 지구촌 전체를 연결하는 온문화의 입증 가능성을 높인다. 이와 더불어 오늘날 문화의 의미와 위상도 다원적이고 다차원적으로 확장됨에 따라 우리는 '문화는 다양하며 인간의 의식과 가치관은 문화에 따라 다르다'라는 문화상대주를 견지하는 입장에서 정보교류를 통해 자연-인간-사회가 유기적으로 연결되는 온문화 패러다임을 제시하고, 나아가 온문화의 분석틀의 한 가지 보기로서 관념·조직·기술의 세 가지 축으로 구성되는 인문학·사회과학·자연과학의 학제 간 융합연구 모형을 제시하였다.

결론적으로 온문화 패러다임이 추구하는 가치는 정보혁명 시대에서 자연-인간-사회의 화해와 균형을 통한 온 인류의 행복한 삶이다. 이러한 온문화 패러다임으로 기대되는 효과는 다음과 같다. 첫째로는 정보혁명이 유발한 경제적 양극화, 생태계 파괴, 문화 획일화 등의 부정적인 결과들을 극복할 수 있는 인식론적 토대를 제공한다는 점이다. 둘째로 문화형성 단위인 생활공동체·민족·국가가 일군 낱문화들이 각각 독자성과 고유성을 견지함과 동시에 정보교류를 통해 서로 연결되는 건강하고 풍요로운 온문화를 기대할 수 있다. 셋째로 자연과 문화를 대립적 관계로 보는 서구의 이분법적 사유를 극복하고, 인간과 자연을 상호작용하는 순환관계로 보는 동양적 사고를 수렴하는 온문화 패러다임은 현재 지구 전체에서 자행되고 있는 생태계 파괴의 궤도를 수정할 수 있는 가능성을 열어준다. 넷째로 정신문화로서의 과학의 본질을 회복하여 인공지능, 사물인터넷 등의 급속한 기술 문명으로 점증되고 있는 물질만능주의를 극복하고 정신과 물질이 균형을 이루는 삶을 영위할 수 있도록 대비할 수 있다. 마지막으로 정보혁명이 잉태한 암세포들을 억제할 수 있는 가능성을 열고, 향후 정보혁명 과정이 인간의 삶의 질을 보편적으로 높이는 방향으로 나아가는 데에 도움을 줄 수 있을 것으로 기대한다.

I부

정보와 생명, 그리고 앎

1장

'온전한 앎'의 틀에서 본
생명과 문화

장회익

(서울대학교 명예교수)

서울대학교 물리학과에서 물리학의 교육과 연구를 주로 해왔으며, 그 외에도 과학이론의 구조와 성격, 생명의 이해, 동서학문의 비교연구 등에 관심을 가져왔다. 현재는 서울대학교 명예교수로 충남 아산에 거주하면서 자유로운 사색을 통해 통합적 학문의 모습을 그려보고 있다. 저서로는 『과학과 메타과학』, 『삶과 온생명』, 『물질, 생명, 인간』, 『생명을 어떻게 이해할까?』, 『공부 이야기』 등이 있다.

'생명'이나 '문화'라는 용어는 이미 일상화되어 그 의미가 상당부분 대중적으로 통용되고 있다. 그러므로 "생명이란 무엇이냐?" 혹은 "문화란 무엇이냐?" 하는 물음을 던질 때 이미 통용되고 있는 이들의 의미(이는 곧 사전에 적혀 있는 의미이기도 하다)를 제시할 수도 있으나 여기에는 중요한 한 가지 문제점이 나타난다. 이는 곧 이들 의미가 내포하는 모호성이다. 이러한 모호성은 대략 두 가지 요인에 의해 나타나게 된다. 그 하나는 사용자에 따라, 그리고 사용의 정황에 따라 조금씩 다른 의미를 내포하게 된다는 점인데, 많은 경우 일상적 활용에서는 별 문제가 없지만, 예를 들어 그 엄격성이 요구되는 학술적 혹은 법제적 서술에서는 상황에 따라 이들을 명시적으로 정의해야 할 경우가 생긴다. 그러나 보다 근원적인 다른 하나의 요인은 적어도 일상적으로 통용되는 이들 개념의 지시대상물 referent 그 자체의 존재론적 성격이 명확하지 않다는 데에 기인한다. 이러할 경우 이 지시대상물의 명시적 정의 자체가 어려워져서 학문 공동체 안에서조차 합의된 정의에 도달하지 못하는 경우가 발생한다. 예컨대,

'생명' 개념의 경우, 폭넓게 합의되는 만족스러운 정의가 아직 없으며 심지어 그 정의의 가능성 자체가 학문적 논란의 대상이 되고 있다.

이처럼 하나의 개념이 지칭하는 지시대상물이 존재론적으로 명료하지 않을 경우, 먼저 이것이 지칭하는 것으로 추정되는 그 무엇의 성격을 독자적으로 추궁함으로써, 이것이 어떠한 존재론적 위치에 놓여 있는지를 밝힐 필요가 있다. 이를 위해서는 예컨대 '생명'이라든가, '문화'라는 이를 지칭하기 위해 만들어진 용어들을 직접 쓰지 않고, 기왕에 마련된 좀 더 포괄적인 개념체계를 활용하여 이들이 놓일 자리에 어떠한 존재론적 성격의 대상이 놓일 수 있는지를 확인해야 한다.

그런데 여기서 주의해야 할 점은 어떤 대상물의 존재론적 성격이 이를 서술하는 포괄적 개념체계와 밀접한 관계를 가진다는 점이다. 그리고 하나의 개념체계가 정당화되기 위해서는 이를 정당화시킬 한층 더 기본적인 개념체계가 요청된다는 주장을 할 수도 있다. 그러므로 우리가 활용할 개념의 틀이 이러한 끝없는 토대 논리로 함몰되지 않기 위해서는 이개념의 틀은, 적어도 그 형식상의 구조에 있어서는, 이 안에 놓일 각종 존재자entity들의 성격을 상호 규정해내는 일종의 자체 완결성을 지녀야한다. 이러한 자체 완결성을 구현하는 개념의 틀이 존재할 때, 우리가 상정할 수 있는 모든 존재자들은 이 안에서 그 존재론적 위치를 배정받게되며 이를 통해 그 존재론적 성격을 규정할 수 있다.

이처럼 모든 가능한 존재자들에 대해 그 위치와 성격을 규정하게 되는 자체 완결적 개념의 틀이 얻어진다면, 우리는 이를 일러 '온전한 앎'이라고 부를 수 있다. 이 안에 속하는 모든 것들은 상호규제력에 의해 적어도그 형식에 있어서 정합적인 자체 완결성을 가지게 될 것이기 때문이다. 구체적으로 '온전한 앎'이 어떠한 모습을 지닐 것인가 하는 점은 아래에서 다시 논의하겠지만, 일단 이러한 것을 인정할 때, 우리는 이를 바탕으로 '생명' 그리고 '문화'라는 것이 어떠한 존재론적 성격을 지닐 것인가 하는 점이 우리의 중요한 관심사로 떠오르게 된다.

이 글에서는 "생명과 문화에 관한 새 패러다임 추구"라고 하는 전체 연구 주제에 맞추어 잠정적이나마 '온전한 앎'에 해당하는 하나의 정합적 앎의 틀을 제시하고, 이 안에서 '생명'과 '문화'가 어떻게 자리 잡고 있는지를 살펴나가기로 한다.[1] 이러한 고찰을 통해 어떤 의미 있는 결과가 주어진다면, 이는 다시 '생명'과 '문화'에 대한 새 패러다임 추구라고 하는 문명사적 과제에 일정한 기여가 되리라 생각한다.

I. '온전한 앎'의 한 모형

앞에서 언급한 '온전한 앎'을 다시 규정한다면 이는 "모든 것을 담을 수 있는 신뢰할 만한 지식의 정합적 체계"라 할 수 있다. 따라서 이것은 여러 학문체계 안에 담긴 지식들의 단순한 통합을 의미하는 것이 아니다. 비유컨대, 우리가 만일 개별 학문 안에 담긴 지식을 개별 지도 위에 나타낸 위치정보에 비유한다면, '온전한 앎'이란 지도들을 평면적으로 연결한 초대형 평면지도가 아니라 '온전한 지도' 곧 지구의地球儀 위에 표시된 세계지도에 해당한다.[2] 이처럼 하나의 정합적 지식 체계는 개별 지식

---

1) 이 글에는 장회익(2014a)과 장회익(2014b)의 내용 일부를 발췌, 수정한 것들이 포함되어 있음.
2) 온전한 앎에 대한 지구의 비유는 장회익(2011)에서 처음 제시되었음.

체계들의 평면적 나열이 아니라 적정한 입체적 구조 안에 자리 잡음으로써 서로 간의 모든 연관관계가 구김살 없이 시현되는 앎의 틀거지이다.

여기서 강조되어야 할 점은 온전한 앎에 대한 논의가 일차적으로 추구하는 것은 이것이 지닌 구조적 적절성이지 내용적 완벽성이 아니라는 점이다. 우리의 모든 앎은 잠정적이며 알아나가는 과정에 있는 것일 뿐 이미 최종적 진리에 도달한 것이 아니다. 그럼에도 우리는 현 단계에서 이를 신뢰하고 이를 바탕으로 삶을 꾸려나가야 한다. 그러니까 중요한 점은 이것이 지속적인 성장의 가능성을 가지면서도 이미 앎으로서의 본질적 기능은 할 수 있어야 한다는 점이다. 이러한 점은 자동차와 송아지의 비유를 통해 잘 설명될 수 있다. 자동차는 모든 부품이 다 마련되어 완벽하게 조립되어야만 기능을 하지만 송아지는 비록 어리고 연약하더라도 이미 기능을 하며 또 영양의 공급을 받아 계속 성장을 해나가는 존재이다. 그런 점에서 우리가 추구할 '온전한 앎'은 자동차가 아니라 송아지의 성격을 지녔다고 할 수 있다. 마치 송아지의 각 부위가 아직은 연약하고 부실하더라도 그 전체의 구조적 적절성으로 인해 살아 있는 소로 기능하듯이, 우리의 앎도 이러한 구조적 적절성을 가질 때 현 단계에서도 이미 신뢰할 만한 삶의 동반자가 되리라는 것이다.

그렇다면 온전한 앎은 어떠한 구조 위에 자리 잡고 있다고 할 수 있는가? 지구의의 모형이 처음부터 명백히 알려져 있지 않았듯이, 이것 또한 처음부터 명백히 알 수 있는 것은 아니다. 오직 우리가 생각할 수 있는 모든 앎을 합리적으로 연결하려 시도했을 때, 이들을 무리 없이 수용하는 하나의 자연스러운 구조적 틀이 떠오른다면 이를 하나의 유용한 모형으로 취할 수 있다.

우선 이것이 정합적 체계를 이루기 위해서는 그 안에 논리적 부정합이 있어서는 안 되며, 이를 위한 적정한 위상학적 구조로 우리는 원 또는 구의 형태를 상정할 수 있다. 이는 마치 지구상의 모든 존재물이 지구의라는 모형 위에 가장 무리 없이 시현되는 정황과 흡사하다. 그리고 특히 온전한 앎을 "모든 것을 담는 정합적 체계"라 했을 때, 이것은 앎의 대상뿐 아니라 앎의 주체도 함께 담는 메타적 성격을 지닐 것이므로 이러한 성격을 구현해낼 어떤 가능성을 구상할 필요가 있다. 즉 이것은 객체뿐 아니라 주체도 함께 담아야 하므로, 성격상 대비되는 그러면서도 서로 밀접한 관련을 맺는 두 가지 양상을 함께 나타내면서 이들 사이의 관계를 적절히 제시할 수 있는 것이어야 한다.

이러한 점에서 이 글에서는 온전한 앎의 기하학적 모형으로 '뫼비우스의 띠' 모형을 제안한다. 뫼비우스의 띠는 우선 전체적으로 하나의 원형을 이룸으로써 전체를 정합적 관계로 연결하는 것이 가능하다. 그리고 이것은 표면과 이면을 지님으로써 객체와 주체를 나타내기에 적절하며, 또 표면과 이면이 서로 교체되는 관계를 가짐으로써 이들의 기능적 역할 사이의 전환 관계를 상징적으로 표현하기에 적절하다. 물론 온전한 앎의 실상과 이 모형 사이의 대응이 얼마나 적합하냐 하는 점에 대해서는 앞으로 더 많은 검토가 있어야 하겠지만, 우선 이 정도의 모형만으로도 온전한 앎이 지닌 개략적 양상을 나타내는 데에 큰 무리가 없을 것으로 보아 여기서는 이를 바탕으로 논의를 진행한다.

이제 이러한 모형 안에 현재 우리가 생각할 수 있는 앎의 주된 내용들을 개략적으로 담아보면 그림 1-1과 같다.

우선 온전한 앎의 한 주요 구성 요소로 '자연의 기본 원리'를 택하고 이를 출발점으로 삼아보자. 이 원리를 알았다고 할 때, 우리는 이를 통해 우주의 기원을 비롯한 우주의 주요 존재양상을 찾아낼 수 있다. 그리고

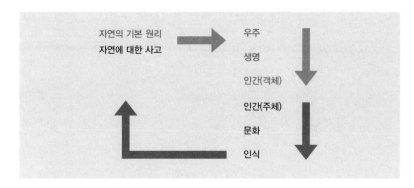

그림 1-1 온전한 앎의 '뫼비우스의 띠' 모형

우리는 이 존재양상 가운데 하나로 이른바 '생명'이라 불리는 그 무엇이 출현할 수 있음을 알게 되며, 다시 그 가운데 나타날 수 있는 주요 존재 자인 '인간'의 위치를 확인할 수 있다. 그런데 이 '인간'이 지닌 매우 놀라 운 성격은 이것이 물질적 구성체인 '객체'인 동시에 정신 혹은 마음을 지 닌 '주체'이기도 하다는 점이다. 이 둘이 서로 어떻게 관련되는가를 이해 하는 문제가 이른바 '몸-마음 문제body/mind problem'인데, 이는 철학적 으로 오랜 논란의 초점이 되어왔다. 여기서는 긴 논의를 되풀이 하지 않 고 "이들이 둘이 아닌 하나이면서, 두 측면 곧 밖과 안을 지녔다"고 하는 '일원이측면론一元二側面論'의 관점을 취하기로 한다. 몸과 마음이 지닌 바로 이러한 성격이 표면과 이면의 양 속성을 지닌 '뫼비우스의 띠' 모형 을 요구하는 한 이유이기도 하다.

자연의 기본 원리에서 우주와 생명, 그리고 인간의 몸에 이르기까지 객체로서의 모습을 표층에 드러내던 '뫼비우스의 띠'가 인간에 이르러 한번 뒤집혀 주체의 측면이 노출되고 나면, '나', 그리고 의식적 활동으로 서의 '삶'이라고 하는 주체적 양상이 표층으로 드러나게 된다. 이러한 인간의 주체적 활동에 의해 조성되는 모든 결과물이 바로 우리가 흔히 '문화'라 부르는 그 무엇의 내용이 된다. 그리고 이 문화 가운데 중요한 한 요소가 '앎' 곧 사물의 인식 활동이 되며, 그 가운데 하나가 '자연에 대한 사고'이고, 이 사고를 통해 우리는 '자연의 기본 원리'를 파악하게 된다. 이렇게 하여 우리는 최초의 출발점으로 삼았던 '자연의 기본 원리'에 접하게 되었으며, 이렇게 주체의 측면에 해당하는 '인간의 사고'를 객체의 측면에 해당하는 '자연의 원리'에 연결해줌으로써 '뫼비우스의 띠'를 완결시키게 된다.

이제 '뫼비우스의 띠'를 구성하는 이들 각 요소들과 이들 사이의 연결 과정에 대해 좀 더 자세히 추적함으로써 우리가 현재 생각할 수 있는 '온전한 앎'의 모습이 어떠한가를 살피고, 그 가운데 나타나는 '생명'과 '문화'의 존재론적 성격을 통해 우리가 왜 이들에 대한 새로운 패러다임을 가져야 하는지를 생각해보기로 한다.

II. 자연의 기본 원리

현대과학에서 통용되고 있는 자연의 기본 원리는 크게 두 가지로 구성되어 있다. 그 하나가 '존재의 원리'라 할 수 있는 동역학이고, 다른 하나가 '변화의 원리'라 할 수 있는 열역학이다. 동역학에서는 "우주 안의 물체들이 놓일 수 있는 가능한 상태(미시상태)들이 무엇인가?" 하는 것을 다루고 있으며, 열역학에서는 "이러한 미시상태들이 어떻게 분류되어 관측 가능한 형상(거시상태)들을 이루며, 이것이 또 어떻게 다른 형상들로 변화해 나가는가?" 하는 점을 다룬다.

이 말의 뜻을 좀 더 쉽게 파악하기 위해서는 미시상태와 거시상태에 대한 약간의 설명이 필요하다. 이제 하나의 물리적 실체, 예를 들어 물 1kg(H_2O 분자 $3×10^{25}$개)을 대상으로 삼았다고 생각해보자. 이것은 고체 형상(얼음)으로 있을 수도 있고, 액체 형상(물)으로 있을 수도 있으며 기체 형상(수증기)으로 있을 수도 있다. 이처럼 현상적으로 구분되는 각각의 형상들을 이것의 거시상태라 한다. 그러나 이 대상이 같은 거시상태에 있다 하더라도 미시적으로 보면 구성 분자들의 배열이나 움직임의 차이에서 오는 서로 다른 물리적 상태에 있을 수 있다. 이처럼 이론적으로 구분해낼 수 있는 서로 다른 하나하나의 물리적 상태를 이 대상의 미시상태라 한다. 여기서 주의해야 할 점은 미시상태란 '개별 분자의 상태'를 지칭하는 것이 아니라 여전히 '대상 전체의 상태'를 말한다는 점이다. 예컨대 현상적으로 구분되지 않지만 개별 분자들의 배열 및 움직임에서는 차이가 있는 경우 이를 '대상 전체'의 서로 다른 미시상태로 본다는 것이다. 윷놀이의 비유로 말한다면, 도, 개, 걸, 윷, 모로 구분되는 윷패가 거시상태에 해당하며 이들을 이루는 배열 하나하나가 미시상태에 해당한다. 그러므로 거시상태인 '모'와 '윷'에는 미시상태가 하나씩 속하며, '도'와 '걸'에는 각각 서로 다른 미시상태가 4개씩, 그리고 '개'에는 서로 다른 미시상태 6개가 속한다.

그러니까 물의 거시상태인 얼음, 물, 수증기가 바로 도, 개, 걸, 윷, 모에 해당하는 셈이다. 그리고 이 경우 거시상태인 얼음, 물, 수증기에 각각 속하게 될 미시상태의 수가 얼마냐 하는 것 또한 원칙적으로는 동역학을 통해 산출될 수 있다. 실제 계산은 그리 간단한 문제가 아니지만, 얼음의 경우에 가장 적고, 그 다음이 물이며, 수증기의 경우에 가장 많다는 점은 쉽게 예상할 수 있다. 얼음이 되기 위해서는 물 분자들이 특별한 방식의 배열을 이루어야 하지만, 물의 경우에는 이러한 제약이 거의 없이 가까이 모이기만 하면 되고, 수증기의 경우에는 물 분자들이 제멋대로 흩어져도 되기 때문이다.[3]

이러한 상태 개념을 활용하여 자연을 서술하기 위해서는 에너지(energy: E)와 정교성(exquisitness: J)이라는 두 가지 기본 개념이 더 요청된다.[4] 에너지 개념은 미시상태와 거시상태에 모두 적용되는 것인 반면, 정교성 개념은 오직 형상 곧 거시상태에만 적용되는 것으로 이 형상이 얼마나 정교한 짜임새를 가지느냐 하는 정도를 말해준다. 일반적으로 정교성이 높을수록 자연계 안에서 우연히 생겨나기가 더 어렵다. 따라서 자연계 안에 '덜 있을 법한' 상태라고 말해도 좋다. 실제로 한 형상, 곧 한 거시상태의 정교성은 이 거시상태에 속하는 미시상태의 수가 얼마나 적으냐 하는 정도를 나타낸다. 각각의 미시상태에 있을 확률이 모두 같다고 하면, 적은 수의 미시상태를 포괄하는 형상일수록 출현하기가 그만큼 어려워진다. 이는 윷놀이에서 '모'나 '윷'이 나올 확률보다 '도'나 '걸'이 나올 확률이 더 크고, 다시 이들보다 '개'가 나올 확률이 더 크다는 것에 해당하는 일이다.

이를 바탕으로 우리는 '변화의 원리'에 해당하는 열역학의 법칙들을 쉽게 이해할 수 있다. 이제 다수 입자로 구성된 하나의 고립된 물리적 대상 계를 생각해보자. 이것이 고립되었다는 것은 이 대상 자체 내의 에너지 이동은 가능하나 외부와의 에너지 출입은 금지되었다는 뜻이며, 이때

---

3) 미시상태와 거시상태에 대한 좀 더 자세한 설명은 장회익(2014b)를 참고할 것.
4) 여기서 '정교성'이라는 것은 흔히 말하는 엔트로피에 마이너스(-) 부호를 붙인 양, 곧 부(負) 엔트로피를 말한다.

에너지(E)의 총량은 변하지 않으며,
정교성(J)의 총량은 줄어드는 쪽으로만
변화가 일어난다.

$$\Delta E = 0 \qquad \Delta J = 0$$

그림 1-2 변화의 원리: 고립 계

에너지의 총량이 일정하다는 동역학 법칙이 성립한다. 이러한 에너지 보존 법칙을 다수 입자로 구성된 대상 계에 적용시킨 것이 '열역학 제1법칙'이다. 다음에는 에너지의 이동 등 어떤 내적 교란이 발생할 때 이것의 형상 곧 거시상태가 어떻게 바뀔 것인지를 생각해보자. 이로 인해 이 대상은 처음의 형상에 속하는 한 미시상태에 있다가 다른 형상에 속하는 한 미시상태로 바뀔 것인데, 이 경우 바뀐 미시상태가 우연히도 소수의 미시상태로 구성된 무리(정교한 형상)에 속하게 될 가능성보다는 다수의 미시상태로 구성된 무리(덜 정교한 형상)이 속하게 될 가능성이 더 클 것이다. 이는 곧 대상의 거시적 상태 곧 형상에 변화가 있을 수 있으나, 이는 덜 정교한 형상 쪽으로만 가능하다는 것으로, 이를 열역학 제2법칙이라 부른다. 이 두 가지 법칙이 바로 고립된 물리계에 적용되는 변화의 원리이며, 그 수학적 표현이 그림 1-2에 간략히 요약되어 있다.

이번에는 고립된 물리계가 두 부분 즉 관심의 대상이 되는 대상 계(예, 물)와 그것과 열적 접촉(에너지 교환 가능)을 지닌 배경 계(예, 주변 공기)로 구성되는 경우를 생각해보자. 이 경우에 변화의 원리를 적용하면, 그림 1-3에 요약한 바와 같이 에너지의 총량이 일정하며 정교성의 총량은 줄어드

배경 계 (E_0, J_0)

대상 계 (E, J)

$$\Delta E_0 = \Delta E = 0 \qquad \Delta J_0 = \Delta J = 0$$

이 범위 내의 부분적 변화가 가능함

그림 1-3 고립 계 안의 배경과 대상

는 방향으로 변한다는 말을 할 수 있다.

여기서 중요한 점은 대상 계의 형상은 그 배경 계와의 관계에 따라 정교성이 줄어드는 방향뿐 아니라 늘어나는 방향으로도 변할 수 있다는 점이다. 즉 배경 계와 에너지를 주고받음으로써 배경 계의 정교성을 일정량 낮추면 대상 계의 정교성은 거의 그만큼 증가할 수도 있다는 이야기이다.

이러한 변화의 원리는 '자유에너지'라는 개념을 통해 좀 더 편리한 형태로 전환할 수 있다. 이제 고립된 전체 계를 우리의 관심 대상인 대상 계와 이를 둘러싼 배경 계로 나누어 생각하자. 이때 대상 계의 에너지를 E, 그 정교성을 J로 표기하고, 이들을 통해 대상 계의 자유에너지 F를

$$F = E + TJ$$

로 정의하자. 여기서 T는 배경 계(에너지 E_o, 정교성 J_o)의 절대온도라 불리는 것인데

$$1/T \equiv -\Delta J_o / \Delta E_o$$

의 관계를 만족하는 양으로 정의된다. 자유에너지와 절대온도의 이러한 정의에 따르면 자유에너지가 줄어든다는 것, 곧

배경 온도 T

대상의 변화는 자유에너지가
줄어드는 쪽으로만 일어난다.

$\Delta E \leq 0$

그림 1-4 변화의 원리(배경 접촉 계)

$$\Delta F = \Delta E + T\Delta J \leq 0$$

는 바로 열역학 제2법칙 즉

$$\Delta J_o + \Delta J \leq 0$$

와 대등한 것임을 쉽게 확인할 수 있다. 따라서 배경 계와 열적 접촉을 가진 대상 계의 경우 변화의 법칙은 그림 1-4에 나타낸 바와 같이 대상 계의 가능한 변화는 오직 자유에너지가 줄어드는 방향으로만 일어난다는 말로 요약될 수 있다.

이 원리를 활용하면, 물은 왜 상온에서는 액체로 있고, 또 0°C(절대온도 273°K) 이하가 되면 고체가 되는지를 설명할 수 있다. 물의 경우, 상온에서는 액체 형상의 자유에너지가 최소로 되며, 영하의 온도가 되면 고체 형상의 자유에너지가 최소로 되기 때문이다.

이로써 우리는 자연계에 정교성을 지닌 여러 형상들이 어떻게 발생하는지를 이해할 기본 이론을 갖추었다. 즉 어떤 대상 계의 자유에너지를 몇몇 변수들의 함수로 표현해내기만 하면, 이 변수 공간에서 자유에너지 값이 가장 작아지는 위치를 확인할 수 있고 대상 계는 바로 이에 해당하는 형상을 이루게 됨을 알게 된다.

III. 우주의 존재양상

이러한 자연의 기본 원리를 바탕으로 우리는 이제 우주의 다양한 존재양상을 살펴볼 수 있다. 현대 우주론에 따르면 우리 우주는 대략 138억 년 전에 빅뱅big bang이라고 하는 급격한 팽창과 함께 출현했다. 이 최초의 순간에는 공간 자체를 포함하여 모든 것이 하나의 점에 집결되어 있어서 그것의 온도는 사실상 무한대에 이르렀고, 따라서 당시 우주의 자유에너지는 정교성이 영이 되는 지점에서 최소치를 가지게 되어 그 안에는 구분 가능한 어떤 것도 존재하지 않았다. 그런 점에서 이것은 온전한 혼돈이면서 또 완전한 대칭이라고 말할 수도 있다.[5]

이후 우주 공간이 시급히 팽창하면서 그 온도가 낮아지고, 이에 따라 자유에너지의 최솟점은 점점 정교성이 큰 형상들에 대응하는 위치로 옮겨지면서 우주 안에는 점점 더 정교한 각종 현상들이 출현하게 되었다. 이는 혼돈 곧 대칭이 깨어지면서 질서가 나타나는 과정에 해당한다. 이리하여 극히 짧은 시간 이내에 최초의 대칭이 깨어지면서 몇몇 기본입자들과 기본 상호작용들이 그 모습을 드러냈고, 대폭발 이후 불과 2~3분 이내에는 이미 양성자와 중성자 같은 핵자들이 나타나 수소, 그리고 헬륨 등 일부 가벼운 원소의 원자핵이 구성되었다. 그러나 이 단계에서는 아직도 온도가 너무 높아 이들 가벼운 원자핵들이 주위의 전자들을 끌

---

5) 여기서는 언급하지 않았으나, 현재 널리 받아들여지는 빅뱅 이론에서는 초기의 급팽창 과정이 결정적 구실을 하고 있다. 이 점에 대해서는 Max Tegmark, *Our Mathematical Universe: My Quest for the Ultimate Reality* (Knopt 2013; Vintage 2015) [김낙우 옮김, 맥스 테그마크의 유니버스 (동아시아 2017)]에 잘 소개되어 있다.

어들여 우리가 오늘날 보고 있는 수소, 헬륨 등 중성 원자를 이룰 단계에 이르지는 못했다. 이를 위해서는 시간이 더 흘러 우주의 규모가 훨씬 커지고 따라서 온도가 충분히 낮아져야 하는데, 현재 이론적으로 추정하기로는 빅뱅 이후 대략 38만 년이 지난 시기에 이르러 이들 원자핵이 전자와 결합하여 수소 원자 등 가벼운 중성 원자들이 출현하게 되었다. 이러한 물질들은 물론 우주의 어느 한 부분에서만 출현하는 것이 아니라 우주의 전 공간에 걸쳐 거의 균일하게 퍼져 나타나게 된다.

그 후 수억 년의 시간이 더 지나면서 우주의 온도는 지속적으로 더 낮아졌고, 우주 공간에 떠돌던 수소 원자와 약간의 헬륨 원자들은 요동에 의해 약간의 불규칙한 공간 분포를 이루면서 상대적으로 밀도가 높았던 지역을 중심으로 중력에 의해 서서히 뭉치기 시작했다. 공간에 떠다니던 수소 원자 등의 물질이 중력에 의해 어느 한곳에 모이기 시작하면서 그 크기가 점점 커지고 이로 인해 강한 압력을 받게 되는 중심부분에서는 다시 온도가 크게 오르기 시작한다. 이렇게 되면 이들을 구성하는 핵자(양성자와 중성자)들이 서로 결합하여 무거운 핵을 만드는 핵융합 반응이 시작된다. 이처럼 핵자들이 모여 좀 더 무거운 핵을 구성할 경우, 만들어진 핵의 에너지는 처음 핵자들이 지녔던 에너지의 합보다 작으며, 그 에너지 차이는 주변 입자들의 운동에너지와 빛 에너지로 방출된다. 그리하여 주변의 온도는 더 올라가고, 또 주변 입자들을 연쇄적으로 자극하여 전체적인 반응의 규모는 급격하게 커지게 되는데, 이것이 바로 별의 탄생이다.

별의 출현이 가지는 진정으로 중요한 의의는 이로 인해 수소와 헬륨 이외의 무거운 원소들이 우주 안에 존재하게 되었다는 점이다. 우리 태양 규모 또는 그 보다 작은 별들은 수소 원자핵들을 결합하여 헬륨 원자

핵을 합성해내는 과정에 있으며 이리하여 모여 있던 수소 원자핵들을 모두 소진하고 나면 더 이상 핵융합 반응을 수행하지 않고 소멸되어 버린다. 그러나 이보다 훨씬 큰 규모의 별들은 합성된 헬륨 원자핵들을 다시 결합하여 더 큰 원자핵들을 합성하는 작업을 계속하여 대략 철(Fe^{26})에서 아연(Zn^{30}) 규모의 원자핵까지 합성하고 나면 더 이상의 자발적인 합성은 이루어지지 않는다. 수소에서 철에 이르는 원자핵들은 이를 구성하는 과정에서 에너지가 방출되지만 철보다 더 무거운 원자핵들은 이를 구성하려면 오히려 에너지가 투입되어야 하는 상황이 되기 때문이다.

그럼에도 우리는 지구 안에 철이나 아연보다 무거운 원소들이 소량이나마 들어있음을 알고 있는데,[6] 이들이 형성된 것은 대규모 별들이 정상적인 핵융합 과정을 마치고 에너지가 소진되어 대규모의 붕괴에 이르는 이른바 초신성supernova 단계에서이다. 이 붕괴과정에서는 중력의 효과로 짧은 기간 동안 엄청난 열과 빛을 한꺼번에 내뿜게 되는데, 이 과정에서 얼떨결에 엉켜 붙어 이루어진 원자핵들이 바로 이런 무거운 원소들이다. 이 가운데 일부는 상대적으로 더 불안정하여 방사선을 내뿜으며 좀 더 가벼운 물질들로 전환되는데, 이것이 바로 방사능 물질들이다.

초기 우주에서 대규모 별들이 수명을 마치고 초신성의 형태로 붕괴가 이루어지면 이를 구성했던 물질들이 주위 공간으로 흩어져 떠돌게 되며, 이들 가운데 일부는 새로운 별이 만들어지는 영역에 합류하여 새 별의 일부를 구성하기도 한다. 이러할 경우 그 별의 내부로 들어가기도 하지만 그 주위를 맴돌던 일부 물질들은 무거운 철과 같은 물질들을 중심으

---

6) 실제로 아연보다 무거운 원소들의 총량은 지구 전체 구성 비율에서 1%에도 미치지 못한다.

로 독자적 천체를 구성해 새 별의 주위를 배회하게 되는데, 이것이 바로 우리 지구와 같은 행성planet이다. 그러니까 태양과 같은 별들의 주위에 회전하고 있는 지구와 같은 행성들은 오히려 중심에 있는 별들보다도 더 크고 오래된 별에서 만들어진 훨씬 정교한 존재들이며, 또 별들에 비해 온도가 낮고 구성 물질도 다양하여 더욱 정교한 현상들을 발생시킬 중요한 모체로도 기능하게 된다.

현재 알려진 바에 따르면, 우주 안에는 각각 수천억 개의 별로 구성된 은하가 다시 수천 억 개 퍼져 있으며, 이 별들은 평균 1.6개의 행성을 거느리는 항성(별)-행성 체계를 형성하고 있다. 그리고 각 항성-행성 체계는 그 별의 크기와 나이, 행성의 크기와 구성 성분, 그리고 별과 행성 사이의 거리 등에 따라 다양한 형태와 성격을 가질 것으로 예상된다. 그러면서도 이들은 또한 항성-행성의 구조를 가진다는 점에서 서로 간에 중요한 공통점을 가지게 되는데, 여기서는 이들이 지닌 이러한 보편적 존재양상을 중심으로 살펴나가기로 한다. 그리고 여러 항성-행성 체계 가운데서도 우리 태양-지구 체계는 그 안에 우리가 존재한다는 의미에서 가장 중요하며 우리가 직접 접하고 있다는 점에서 가장 친근하다. 따라서 우리는 항성-행성 체계가 가진 보편적 존재양상을 살피기 위해 우리 태양-지구 체계에 나타난 현상들을 중심으로 살펴나가기로 한다.

우리가 지구상에서 접하고 있는 여러 형태의 대상들을 크게 두 가지로 구분한다면 하나는 비교적 낮은 정교성을 띈 것들이며 다른 하나는 이에 비해 월등히 높은 정교성을 띈 것들이다. 앞의 사례로는 돌 조각, 눈송이 등이 있으며, 뒤의 사례로는 다람쥐, 민들레 등이 있다. 뒤의 것들을 우리는 흔히 살아 있는 것이라 말하고, 앞의 것들을 살아 있지 않은 것이라 말한다. 이외에도 이들과 구별되는 또 한 가지 대상들 예컨대, 자동차,

냉장고, 장난감과 같은 것들이 있다. 이들은 상당한 질서를 가졌지만 살아 있는 것은 아니며, 그렇다고 돌 조각이나 눈송이 같이 자연계에 그저 흩어져 있는 것도 아니다. 그러나 이들은 모두 살아 있는 것에 속하는 사람의 손과 머리를 통해 만들어진 것이고 따라서 사람이라는 존재가 없었으면 나타나지 않았을 존재들이다. 그러므로 우리는 지구상의 모든 것을 이해하기 위해 우선 앞의 두 종류의 대상, 곧 정교성이 낮은 것들과 이에 비해 정교성이 월등히 높은 것들이 어떻게 하여 존재하게 되었는지를 알아볼 필요가 있다.

이미 이야기한 바와 같이 우주 안에서는 빅뱅이라 불리는 최초의 시점 이래, 우주의 온도가 낮아지면서 여러 형태의 물질적 대상들이 형성되어 왔다. 이렇게 하여 기본 입자들이 발생하고 이들이 모여 원자핵과 원자들이 생겨나고 다시 이들이 모여 천체를 비롯한 크고 작은 수많은 물체들이 만들어졌다. 그 가운데는 태양과 같은 별도 있고 또 지구와 같은 행성도 있다. 이러한 행성 안에는 또 우리가 주변에서 보듯이 여러 형태의 자연물이 나타나는데 이들은 모두 변화의 원리 특히 온도의 변화에 따른 자유에너지 최소화 효과에 의해 나타난 것들이다.

이렇게 일단 자유에너지 최솟점에 도달한 대상들은, 더 이상 자유에너지에 어떤 변화를 줄 영향이 나타나지 않는 한, 비교적 안정하여 그 형상을 지속적으로 유지한다. 그러나 제한된 공간을 점유하는 물체들 가운데에는, 그림 1-5에 보인 바와 같이 주변의 요동으로 인해 우연히 자유에너지 최솟점에서 벗어나, 상대적으로 정교성이 크고 자유에너지의 값이 높은 준안정 상태로 뛰어오를 수도 있다. 하지만 이들은 대부분 또 다른 요동으로 인해 짧은 시간 안에 안정된 최솟점으로 복귀한다. 경우에 따라서는 준안정 상태의 우물이 깊어 비교적 오랜 기간 준안정 상태에 묶

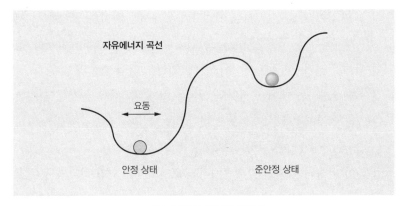

그림 1-5 준안정 상태에 놓인 대상

여 있기도 하는데, 이처럼 상대적으로 높은 정교성을 비교적 작은 공간 안에서 준안정적으로 유지하게 되는 대상을 '국소질서'라 부른다.

한편 같은 준안정 국소질서라도 다른 것들과는 질적으로 달라 보일 만큼 높은 정교성을 가진 대상들이 있다. 다람쥐, 민들레 등이 그것이다. 이들 또한 유한한 공간을 점유하며 비교적 오랫동안 준안정 상태를 유지한다는 점에서 다른 국소질서와 흡사하지만 이들은 앞의 것들과는 비교도 할 수 없을 만큼 높은 수준의 정교성을 지닌다는 점에서, '살아 있는 존재'라고 하는, 전혀 다른 범주의 대상으로 여겨지고 있다.

IV. 자체촉매적 국소질서와 이차질서의 형성

여기서 우리의 주된 관심사는 '살아 있는 존재'라 불리는 지극히 높은 정교성을 지닌 존재들이 어떻게 출현하게 되었으며 또 어떻게 유지되고 있는가 하는 점이다. 그런데 이를 이해하기 위해서는 하나의 중요한 새 개념 곧 '자체촉매적 국소질서auto-catalytic local order(ALO)'라는 것을 생각할 필요가 있다. 이것은 자신이 '촉매' 역할을 하여 자신과 닮은 새 국소질서가 생겨나는 데에 결정적인 기여를 하게 되는 국소질서를 의미한다.[7] 그리고 자체촉매적 기능을 지니지 않은 여타의 국소질서들은 편의상 '단순 국소질서'라 지칭하기로 한다.

일단 이런 성격을 지닌 자체촉매적 국소질서가 우연히 하나 만들어지고 나면, (그리고 이것의 기대 수명 안에 이런 국소질서를 적어도 하나 이상 생성하는 데에 기여한다고 하면) 이러한 국소질서의 수는 기하급수적으로 증가하게 된다. 그러다가 이러한 것들을 생성할 소재가 모두 소진되거나 혹은 이들이 놓일 공간이 더 이상 남아 있지 않을 때 비로소 증가가 그치게 되는데, 그때부터는 대략 소멸되는 만큼만 국소질서가 생겨나게 되어 이후 그 수는 대체로 큰 변화 없이 유지된다.

이 상황을 좀 더 실감나게 그려 보기 위해, 자체 촉매적 국소질서 중 한 종이 지구와 같은 규모의 행성 위에 나타났다고 생각해보자. 이 국소 질서의 크기가 우리가 흔히 보는 미생물 정도라 가정하고 이것의 평균 수명이 대략 3.65일(100분의 1년)이라 생각하자. 그리고 이 수명 안에 평균 2회에 걸쳐 복제가 이루어지고, 주변의 여건으로 인해 개체 수가 대략 10만 개에 이르면 포화상태가 되어 더 이상 증가하지 않고 일정하게 유지된다고 가정해보자. 이럴 경우 포화에 이르기까지 대략 17세대

---

7) 여기서 말하는 '자체촉매적 기능'을 생물학계에서는 흔히 '자기복제 기능'이라고도 한다. 그러나 자기복제라고 할 때에는 그 작용체의 능동성이 강조되는데 비해, 자체촉매라고 할 때는 그 전체 과정이 중시되면서 작용체의 역할은 수동적임이 암시되고 있다.

$(2^{17}=131,072)$를 거치게 되고, 시간은 대략 2개월 정도가 소요된다. 이는 곧 대략 2개월 정도가 지나면 이러한 국소질서가 10만 개 정도로 불어나고 그 후에는 이 정도의 숫자가 지속된다는 의미이다.

물론 최초의 자체촉매적 국소질서가 하나 생겨나는 일은 쉽지 않다. 물질과 에너지의 흐름과 요동 등 여러 여건에 따라 다르겠지만, 예컨대 100만 년 정도의 시행착오 끝에 우연히 이러한 국소 질서 하나가 형성되리라고 상정해볼 수 있다. 그러나 일단 이러한 국소질서가 하나 생성되고 나면, 위에서 본 바와 같이 2개월 이내에 이러한 것 10만 개 정도가 생겨날 것이고, 이후 생성과 소멸을 반복하면서 거의 무제한의 기간 동안 지속하게 된다.[8]

자체촉매적 국소질서가 가진 위력은 이러한 한 종류의 국소 질서를 다량으로 생성해낸다는 데에 그치지 않는다. 일단 한 종의 자체촉매적 국소질서가 발생하여 예컨대 10만 개 정도의 개체군이 형성되면 이는 새로운 변이가 일어날 수 있는 아주 좋은 토대가 된다. 즉 이들 가운데 하나에서 우연한 변이가 일어나 이보다 한층 높은 정교성을 지닌 새로운 형태의 자체촉매적 국소질서가 출현할 수 있는데, 이렇게 되면 변이된 새로운 종의 자체촉매적 국소질서가 나타나 본래의 종과 공존하면서 일종의 변화된 '생태계'를 형성하게 된다. 뿐만 아니라 서로 다른 종에 속한 자체촉매적 국소질서들끼리 결합함으로써 한층 높은 정교성을 지닌 복합적 형태의 자체촉매적 국소질서도 나타날 수 있는데, 이것 또한 변이

---

8) 여기서 거의 무제한의 기간이라고 한 것은 개별 자체촉매적 국소질서의 수명에 대한 상대적 개념이며, 현실적으로는 바탕 질서의 여건 변화에 따라 유한한 기간 이후에는 자체촉매적 기능을 상실하여 결국 소멸되고 만다.

의 일종으로 새로운 종을 이루어 나가는 좋은 방식이 된다. 시간이 지남에 따라, 그리고 생태계가 복잡해짐에 따라 이런 유형의 변이가 자주, 나아가 끊임없이 나타날 수 있으며, 그리하여 점점 더 높은 질서를 지닌 다양한 종들이 출현하게 된다.

이러한 메커니즘의 효율성을 실감하기 위해 하나의 변이가 발생하는데에 소요되는 시간이 얼마나 되는지를 추산해보자. 한 국소질서 O_1이 순전히 우연에 의해 일어나는 데 걸리는 시간을 T_1이라 하고, 이러한 O_1 하나가 지속적으로 존재한다고 가정할 때 이것이 변이를 일으켜 새로운 종의 국소질서 O_2가 우연에 의해 나타날 때까지 걸리는 시간을 T_2라 하자. 이렇게 할 때, O_1이 처음 나타난 후 다시 O_2가 출현할 때까지 실제로 요구되는 시간 T는 T_2/n으로 표현된다. 여기에서 n은 기간 T_1 이후 임의의 시점에 존재할 것으로 기대되는 국소질서 O_1의 숫자이다.(만일 기간 T_1 이후 모든 시점에서 O_1이 한 개 존재할 것으로 기대된다면 $n=1$이다.)

이제 애초의 국소질서 O_1이 자체촉매적인 것이 아닐 경우와 자체촉매적인 것일 경우, O_2가 나타나기까지 실제 걸리는 시간 T가 어떻게 다른가를 살펴보자. 여기서 국소질서 O_1의 기대 수명을 τ라 한다면, 이것이 자체촉매적인 것이 아닐 경우에는, n은 τ/T_1이 된다.(즉 O_1이 매 T_1마다 한 번 나타나지만, 이렇게 나타난 때부터 오직 기간 τ만큼만 머물러 있게 된다.) 이때 국소질서 O_1의 기대 수명 τ는 이것이 우연에 의해 생성되는 데 요하는 시간 T_1에 비해 월등히 짧을 것으로 기대된다. 이런 국소질서가 우연히 생겨나기는 매우 힘들지만(T_1이 매우 큼), 소멸되기는 훨씬 쉽기(τ가 작음) 때문이다. 반면 O_1이 자체촉매적 국소질서라면, 기하급수적 증가가 이루어지는 짧은 기간 이후 n의 값은 자체촉매적 국소질서의 평균 개체 수 N과 같게 된다.

이들의 차이를 수치적으로 가늠해보기 위해, T_1과 T_2가 둘 다 100만 년(10^6년)이고, O_1의 수명 τ가 3.65일(10^{-2}년)이며, O_1의 개체 수는 10만 ($N=10^5$)에서 포화가 된다고 가정하자. 또한 O_1을 자신의 수명이 다하기 전에 평균 두 개씩 복제된다고 하면, 앞에서 보았듯이 포화 개체 수에 이르기까지 대략 17세대 곧 2개월 정도가 소요된다. 그러면 O_2가 나타나기 위해 필요한 전체 추정 시간 T는 O_1이 자체촉매적인 것이 아닐 경우, 100조 년(10^{14}년)이 되는 반면, O_1이 자체촉매적인 것일 경우에는 불과 10년 2개월밖에 안 된다. 100조 년이라는 시간은 우주가 출현한 이후 지금까지 지나온 전체 시간인 138억 년의 7,000배에 해당하는 시간이다. 그러니까 O_1이 자체촉매적 국소 질서가 아닐 경우 이러한 질서가 순수한 우연에 의해 나타나는 것은 우리 우주가 7,000번이나 되풀이되어야 한 번 나타날까 말까 할 정도의 기적인데, 자체촉매적 국소질서를 경유할 경우에는 이것이 불과 10년 만에 나타난다는 이야기이다.

이제 자체촉매적 국소질서가 출현하여 하나의 개체군을 이루고, 이것이 변이를 일으켜 다시 한 차원 높은 질서를 가진 새로운 개체군을 이루는 과정이 거듭 반복된다고 생각해보자. 위의 사례가 보여 주듯이 자체촉매적 국소질서가 아니었으면 100조 년에 한 번 나타날까 말까 한 기적 같은 질서가 매 10년마다 나타나 축적되어 나간다면, 예를 들어 40억 년 후에는 어떤 일이 벌어질 것인가? 이렇게 만들어진 것이 바로 우리가 '살아 있는 존재'라 부르고 있는 대상들의 모습이다. 이것이 단순 국소질서, 즉 자체촉매적 기능 없이 오로지 단순한 우연에만 의존해 발생하는 국소질서들의 모습과는 비교도 안 될 만큼 놀라운 수준의 정교성을 가지게 될 것임은 쉽게 짐작할 수 있다.

지금까지는 주로 국소질서 자체만을 중심으로 생각했지만, 이러한 국소질서들이 허공에 고립되어 존재하는 것이 아니다. 이들은 '바탕질서' 곧 이를 가능케 하는 자유에너지와 배경 물질이 있기에 나타나는 현상들이다. 특히 이들이 단순 국소질서에 그치느냐 혹은 자체촉매적 국소질서가 되느냐 하는 것은 이 바탕질서를 구성하는 자유에너지와 배경 물질이 얼마나 풍요로우냐 하는 점과 밀접히 연관된다. 예를 들어 태양-지구계 안에는 자체촉매적 국소질서가 존재하지만, 대다수의 다른 항성-행성계 안에는 자체촉매적 국소질서가 형성되지 않았을 것으로 예상할 수 있다.[9] 따라서 우리는 단순 국소질서들만이 형성되어 있는 (바탕질서 및 국소질서) 체계를 '일차질서'라 부르고, 단순 국소질서들에 더하여 자체촉매적 국소질서들까지 형성되고 있는 (바탕질서 및 국소질서) 체계를 '이차질서'라 부르기로 한다.

지금까지는 자체촉매적 국소질서라는 것이 존재하리라는 가정 아래 논의를 전개해왔지만 우리에게 더욱 궁금해지는 것은 구체적으로 어떤 여건 아래 있는 어떤 국소질서가 형성될 때 이것이 자체촉매적 국소질서로서의 기능을 할 수 있는가 하는 점이다. 이 점을 살피기 위해 이를 가능케 하는 아주 간단한 모형 체계 하나를 생각해 봄이 유용하다. 그림 1-6에서 보인 것이 바로 그러한 모형 체계이다.

그림 1-6 (a)는 자체촉매적 국소질서를 이룰 바탕질서를 표시한 것이다. 이 안에는 다섯 종류의 구성성분들이 풍부하게 마련되어 넓은 공간 안에 흩어져 떠돌고 있다. 그리고 그림 1-6 (b)에 보인 바와 같이 이들

---

9) 태양계 안에서도 다른 태양-행성계, 예컨대 태양-화성계 안에는 자체촉매적 국소질서가 형성되지 않은 것으로 가늠된다.

그림 1-6 (a) 자체촉매적 국소질서를 이룰 바탕 질서

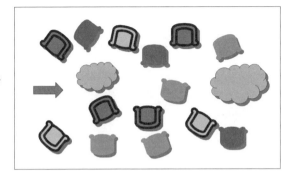

그림 1-6 (b) 구성성분들 사이의 공액관계: A형과 B형, 그리고 C형과 D형 간에 특별한 친화력이 있어서 잠정적 결합을 가능케 함

그림 1-6 (c) 자체촉매적 국소질서의 단위 구성체: 배열 U와 V는 서로 공액관계를 이루며, 구조 W는 이들 사이의 간격 조정 기능을 함

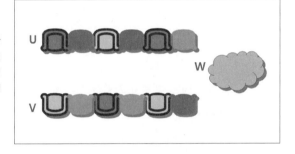

그림 1-6 (d)
성분물질의 흐름 안에 놓임

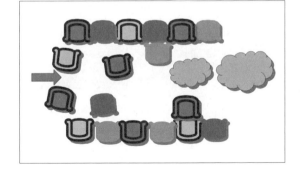

구성성분 가운데 A형과 B형 사이, 그리고 C형과 D형 사이에는 특별한 친화력이 있어서 잠정적인 결합을 가능케 하는 공액관계가 형성된다. 이러한 바탕질서 안에서 우연히 그림 1-6 (c)에 보인 것과 같이 일정한 배열을 지닌 구조물 U와 그것과 공액배열을 지닌 구조물 V가 형성되고 또 약간의 간단한 기능(예: U와 V 사이의 간격 조정)을 지닌 특별한 구조물 W가 만들어져 이 전체가 높은 정교성을 지닌 하나의 국소질서(준안정 단위 구성체) U∘V∘W가 이루어졌다고 생각하자. 만일 이러한 성격의 구성체가 형성되면 이는 그림 1-6 (d), 그림 1-6 (e), 그림 1-6 (f)가 보여주는 바와 같이 자체촉매적 기능을 하게 된다. 그림 1-6 (d)는 이 구성체가 그림 1-6 (a)에 예시된 바탕질서 안에 놓일 때, 그림1-6 (b)에 예시된 성분 요소들 간의 친화력으로 인해 잠정적인 결합들이 일어남을 보여주며, 이 과정은 결국 그림 1-6 (e)에 보인 바와 같은 서로 닮은 두 개의 구성체가 형성되는 것으로 완료된다. 그림 1-6 (f)는 구조물 W에 의해 구조물 U와 V 사이의 간격을 넓힘으로써 다시 다음 세대를 위한 자체촉매 작업을 개시하는 모습을 나타낸다.

이러한 자체촉매적 국소질서의 한 현실적 사례가 바로 RNA 분자들이다. 이미 잘 알려진 바와 같이 이것은 아데닌adenine(A), 유라실uracil(U), 구아닌guanine(G), 시토신cytocine(C)이라는 네 개의 염기를 지닌 대형 분자이며, 이 염기들 사이에는 A-U, G-C에 해당하는 공액관계가 성립한다. RNA 분자들이 생명 역사의 어느 시기에 자체촉매적 국소질서 구실을 했으리라는 것은 개연성이 매우 큰 가설이지만, 초기의 자체촉매적 국소질서들은 이것보다 훨씬 더 단순한 형태를 지녔을 것으로 추정할 수 있다. 어떠한 물질 구조이든 이것이 오직 그림 1-6에서 제시한 성질을 만족하기만 하면 자체촉매적 국소질서가 될 것이므로 처음부터 현재의

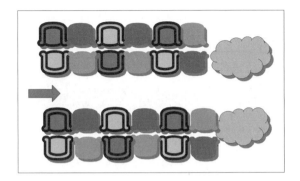

그림 1-6 (e)
자체촉매 작업의 완료

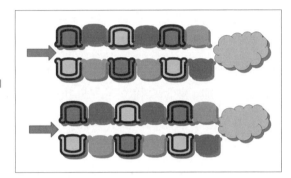

그림 1-6 (f) 다음 세대 자체
촉매 작업 개시

RNA 분자들과 같이 복잡한 구조를 꼭 가져야 할 이유는 없다.

지금까지는 이러한 국소질서들의 형성 가능성을 생각했지만, 이것의
유지 가능성에 대해서도 생각해볼 필요가 있다. 일반적으로 국소질서가
가진 정교성이 크면 클수록 이것을 유지할 여건 또한 그만큼 어려워진
다. 같은 구조를 가진 자체촉매적 국소질서라도 이것이 놓인 바탕 질서
가 어느 정도 이상 달라지면 자체촉매적 기능을 수행할 수가 없게 된다.
이는 단지 자체촉매적 기능의 수행에만 해당하는 것이 아니다. 국소질서
의 존속가능성 또한 이것이 놓인 바탕 여건에 결정적으로 의존한다. 그

렇기에 하나의 자체촉매적 국소질서가 그 자체촉매적 기능의 수행뿐 아니라 그 자신의 존속을 위해서도 주변과의 연계를 정교하게 이루어 낼 내적 구조가 마련되어 있어야 한다. 또한 다수, 그리고 다종의 자체촉매적 국소질서들이 이루어졌을 경우에는 이들 간의 상호작용 또한 그 기능과 존속에 결정적 영향을 미친다. 따라서 특히 이차질서의 경우에는 각종 국소질서들과 바탕질서가 합쳐져서 하나의 정교한 진행형 복합질서를 이루게 된다.[10]

그런데 여기서 우리가 생각해 보아야 할 점은 이 진행형 복합질서 안에 자유에너지가 어떻게 공급되고 축적되느냐 하는 점이다. 이 전체를 하나의 독자적 체계로 볼 때, 여기에 어떤 지속적 움직임이 발생하기 위해서는 자유에너지가 끊임없이 소모되어야 한다. 그리고 장기적으로 점점 더 정교한 체계로 진행해나간다는 것은 자유에너지가 그만큼 더 높은 상태로 바뀌어 나간다는 의미이기도 하다. 그렇다면 이러한 자유에너지의 원천은 무엇인가? 이것은 이 전체 체계가 항성-행성계를 이루고 있을 때, 항성 쪽에서 전해지는 에너지 흐름에서 충당된다. 이 체계 안에 항성과 같이 뜨거운 부분이 있고 행성과 같이 상대적으로 차가운 부분이 있어서 뜨거운 부분에서 일정한 에너지가 차가운 부분으로 전달된다고 하면, 전체의 자유에너지는 물론 줄어들지만, 차가운 부분의 자유에너지는 일부 증가하는 것도 가능해진다.[11] 이는 항성에서의 정교성이 줄어든 정도 이내의 범위에서 행성에서의 정교성이 증가하는 것은 열역학 제2

---

10) 부분계 A와 B로 구성된 하나의 계 (A+B)가 있어서, (A+B)의 정교성이 각 부분계의 정교성의 합 보다 월등히 클 때, 즉 J(A+B)≫J(A)+J(B) 의 관계가 성립할 때, 계 (A+B)는 복합질서를 이룬다고 한다.

법칙의 테두리 안에서 허용되기 때문이다. 그러나 이는 원론적인 이야기이고, 실제로는 이렇게 만들어진 복합질서가 그 안에서 항성으로부터 전해지는 자유에너지를 효과적으로 수용해낼 정교한 구조를 가질 때 한해 가능해진다. 그러므로 이차질서에 해당하는 복합질서는 그 안에 이러한 자유에너지 원천과 함께 이를 정교하게 변형시키고 분배하여 각각의 부위에서 활용할 수 있게 하는 전체적인 협동체계를 이룰 때에 한해 형성되고 유지될 수 있다.

V. 생명이란 무엇인가?

이제 우리는 생명이 무엇인지를 살펴볼 차례이다. 사실 생명이 무엇인지를 모르는 사람은 없지만 아직까지도 '생명'을, 적어도 많은 사람들의 합의에 이를 정도로, 엄격히 정의해내기는 쉽지 않다.[12] 그 이유는 바로 우리가 '생명'이라 여기면서 마음속에 품어온 관념 자체가 하나의 허상이어서 실제 자연 속에서 이에 해당하는 실체를 발견할 수가 없기 때문이다.

그렇기에 우리는 오히려 그 반대 방향으로 접근해볼 필요가 있다. 즉 우리는 생명이 무엇인지를 안다고 미리 전제하는 대신, 자연 속에 구현될

---

11) 열역학 제2법칙에 따르면, 이 체계 안에 상대적으로 뜨거운 부분(온도: T_1)이 있고 상대적으로 차가운 부분(온도: T_2)이 있어서 뜨거운 부분에서 일정한 에너지 ΔE가 차가운 부분으로 전달될 때, 차가운 부분에서는 부등식 $\Delta F \leq \Delta E(1-T_2/T_1)$을 만족하는 범위 안에서 자유에너지 ΔF를 얻는 것이 허용된다.(장회익, 2014b)

12) 장회익(2014), Regis(2008) 참조.

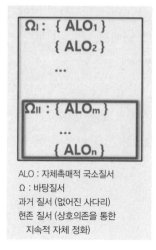

ALO : 자체촉매적 국소질서
Ω : 바탕질서
과거 질서 (없어진 사다리)
현존 질서 (상호의존을 통한
지속적 자체 정화)

그림 1-7 진행형 복합질서로의 이차질서

수 있는 질서들을 먼저 살펴보고, 그 가운데 의미 있는 존재론적 실체를 확인하여 여기에 적절한 이름을 붙여보자는 것이다. 그렇게 하여 우리는 '이차질서'라는 지극히 높은 정교성을 가진 존재를 발견하였고, 이제 여기에 우리의 일상 경험과 연결된 적절한 이름을 붙일 과제를 떠안게 되었다. 이렇게 찾아낸 내용이 지금까지 사람들이 '생명'이라 불러 온 것과 깊은 관련을 가진다면, 우리 또한 이것을 그냥 '생명'이라 부를 수도 있겠지만 이것이 기왕에 우리가 지녔던 생명 관념과 상당한 차이가 있기에 좀 더 깊은 논의가 요청된다.

이를 위해 지금까지 논의한 이차질서의 모습을 간략히 요약해보면 그림 1-7과 같다.

그림 1-7은 진행형 복합질서로서의 이차질서를 나타내고 있는데, 여기서 Ω_I과 Ω_{II}는 각각 초기(과거)의 바탕질서와 현재의 바탕질서를 나타내고, ALO_1, ALO_2 ……등은 초기(과거)의 자체촉매적 국소질서들, 그리고 ALO_m, …… ALO_n은 현존하는 자체촉매적 국소질서를 나타낸다. 그리고 {ALO_1}와 같이 이들을 괄호 { }속에 표시한 것은 이들이 일정한 개체군을 지니는 종species을 이룸을 나타낸다. 특히 그림 1-7의 아래쪽 작은 상자로 둘러싸인 내용은 현재 존속되고 있는 현존 질서를 나타내며, 더 큰 상자로 둘러싸인 전체 내용은 과거에 있었던(있어야만 했던) 존재들을 포함한 진행형 복합질서를 나타내고 있다.

이제 이러한 복합적 구조를 가진 이차질서에 대해 의미 있는 명칭을 부여하기 위해 이것이 지닌 존재론적 성격에 대해 살펴보면, 이 안에는 존재론적 지위가 서로 다른 세 가지 종류의 존재자entity가 있음을 알 수 있다.

첫 번째는 하나하나의 개체로 본 자체촉매적 국소질서들(ALO₁ 등)이다. 이는 분명히 우리가 그간 '생명' 혹은 '생명체'라 불러온 것과 가장 가깝게 대응한다. 우리는 특별한 검토 없이 이들을 살아 있다고 보아 생명체라 불렀으며, 이들이 공통적으로 가지고 있는 특성 곧 '살아 있음'에 해당하는 내용을 '생명'이라 불러왔다. 그러나 '생명'이라는 이름을 여기에만 국한해 적용하는 것은 매우 부적절하다. 그 첫째 이유는 이것이 실제로 사람들이 '생명'이라는 이름에 부여코자 했던 바로 그 내용을 담아내지 못한다는 점이다. 예컨대 ALO₁과 같은 초기의 자체촉매적 국소질서들은 통상 생명이라는 개념에 연관해 상정되는 질적 성격을 거의 보여주지 않는다. 그리고 둘째로는, 자체촉매적 국소질서의 개체들은 복합질서의 한 성분이므로 이 복합질서의 나머지 부분에 대한 존재론적 의존성이 매우 강하다는 점이다. 만일 한 개체가 이 복합질서로부터 유리된다면 이는 거의 순간적으로 생명으로서의 정상적 활동이 정지된다. 따라서 이것에 생명이라는 칭호를 배타적으로 부여하기보다는 제한된 의미의 생명이라는 뜻에서 '낱생명'(혹은 '개체생명')이라 부름이 더 적합하다.

위에 언급한 이차질서에서 살펴볼 두 번째 존재자는 바탕에 놓인 바탕질서를 제외한 '자체촉매적 국소질서들만의 네트워크'이다. 근래에는 실제로 이 네트워크 자체를 생명이라 정의하는 학자들도 있다.[13] 이것을 생명에 대한 정의로 보는 것은 서로 분리될 수 없는 자체촉매적 국소질서들 사이의 관계를 잘 반영하면서도, '물리학적' 성격의 바탕질서와 '생물학적' 성격의 자체촉매적 국소질서를 개념적으로 구분하고 싶은 마음에서라고 보인다. 그러나 이 관점은 이 네트워크가 이를 가능케 하는 바탕질서와 실체적으로 분리될 수 없다는 결정적 사실을 간과하고 있다. 엄격하게 말해 바탕질서는 심지어 동물의 몸속을 포함해 네트워크 어디에나 함께하고 있는 것이어서 이를 개념적으로 제외할 경우 그 정의를 현실적으로 존재하는 실체에 대응시킬 수 없다. 더욱 중요한 사실은 바탕질서와 자체촉매적 국소질서는 서로 간에 너무도 밀접히 연관되어 그 어느 한쪽이 조금만 달라져도 복합질서로서의 전체 체계는 유지될 수 없다는 점이다. 예를 들어 초기 지구의 바탕질서 Ω_i에는 현존 생명체들의 생존에 필수적인 산소가 거의 없었으며, 반대로 현존 바탕질서 Ω_{ii}는 산소로 인해 초기 생명체들은 이 안에서 생존할 수 없는 여건에 해당한다. 따라서 이런 밀접한 관련성을 지닌 상황에서 그 한쪽을 제외하고 나머지만으로 독자적 존재자를 규정하는 것은 그리 적절하지 않다.

반면 존재론적 의미가 분명한 또 하나의 존재자는 분리 불가능한 복합질서로서의 이차질서 전체를 하나의 실체로 묶어낸 경우이다. 이것은 바탕질서 안에 출현한 최초의 자체촉매적 국소질서 이후 긴 진화의 역사를 거쳐 형성되는 것으로, 그간 변형된 바탕질서와 현존하는 다양한 자체촉매적 국소질서 전체로 이루어진 복합질서를 말한다. 이것은 자체의 유지를 위해 더 이상 외부로부터 어떤 지원도 필요로 하지 않는 자체 충족적

---

13) 예를 들어 루이스미라소와 모레노는 최근 생명의 정의를 다음과 같이 제시하고 있다. "생명은 자기 복제하는 자율적 행위자들의 복잡한 네트워크로서, 그 행위자들의 기본 짜임은 총체적 네트워크가 진화하는 열린 역사적 과정을 통해 생성되는 물질적 기록들의 지시를 받는다."(Ruiz-Mirazo and Moreno, 2011))

이고 자체 유지적 실체이기도 하다. 이런 점에서 이것은 생명이라는 관념이 내포할 수 있는 모든 속성을 갖춘 가장 포괄적인 존재자라 할 수 있다. 이 개념의 약점이라면, 이것은 너무도 포괄적이어서 이 안에 생명에 관한 모든 것이 담겨 있는 반면 내적 변별성이 그만큼 줄어든다는 점이다. 아울러 이것은 생명에 관한 우리의 기존 관념과도 많이 동떨어진 것이어서 생명의 정의로 이를 받아들이기에는 정서적 부담도 적지 않다. 그러나 중요한 점은 이것 안에 생명이 생명이기 위해 갖추어야 할 모든 것이 더도 덜도 아니도록 담겨 있다는 사실이다.

우선 이것에 못 미치는 그 어떤 것도 우주 안에서 독자적인 생명노릇을 할 수가 없다. 흔히 이것을 다 갖추지 않은 낱생명이 생명인 것처럼 보이는 이유는 그 나머지에 해당하는 부분이 주변 어디에 있음을 당연히 여기기 때문이다. 이들이 모두 갖추어진 우리 지구상에서는 이점이 너무도 자연스러워 보이지만, 우주의 다른 곳에 이러한 것이 있다면 이는 기적에 해당한다. 마찬가지로 이 개념 안에 포함되지 않은 것까지 끌어들여 (예컨대 우주 전체로까지) 생명 개념을 넓히려고 하는 것 또한 부적절하다. 우리가 생명 개념을 적절히 규정하기 위해서는 이 안에 생명의 출현을 위해 불가피하게 요청되는 모든 것을 포함하면서도 그렇지 않은 것들은 최대한 배제시킬수록 좋다. 우리가 여기서 말하는 이차질서로의 생명 개념은 언뜻 지나치게 포괄적인 것으로 보이지만, 실제로 이것은 생명을 나타내기 위해 더 이상 줄일 수 없는 최소치에 해당하는 개념이기도 하다.

한편 이러한 논의가 형이상학적 논의에 그치지 않고 하나의 과학적 논의가 되기 위해서는 이것이 현대 과학을 포함한 우리의 최선의 지식과 부합하는 것이어야 한다. 예를 들어 이렇게 규정된 생명의 경계가 어디까지 미치는가 하는 점은 생명을 구성할 인과 관계에 대한 우리의 과학적 이해가 진전됨에 따라 얼마든지 수정될 수 있다. 현재 우리가 가진 최선의 지식을 통해 보자면, 생명이라 칭할 수 있는 이러한 존재자는 우주 안에서 비교적 드문 현상일 것으로 추측되며, 공간적 차원에서는 우리에게 알려진 우주의 규모에 비해 매우 좁은 영역을 점유하고 있다. 이제까지는 오직 하나의 이러한 생명만이 알려져 있는데, 이것이 바로 태양-지구계 위에 형성되어 약 40억 년 동안 생존을 유지해 가고 있는 '우리 생명'이다. 이것은 지구상에 형성된 최초의 자체촉매적 국소질서에서 현재 우리들 자신에 이르기까지 우리와 계통적으로 연계된 모든 조상을 비롯해 지금 살아 있거나 지구 위에 살았던 적이 있는 모든 것을 포함한다. 이는 태양을 비롯해 무기물이든 유기물이든 이 복합질서를 가능하게 한 모든 필수적인 요소들을 기능적 전체로 포괄하고 있으며, 이 복합질서에 속하는 것들과 현실적인 연계가 없는 모든 것을 배제한다.

이러한 논의를 종합해 볼 때, 어떤 존재자에 대해 '생명' 혹은 '생명을 지닌 존재'라는 자격을 굳이 부여해야 한다면, 위에 논의한 세 가지 존재자 가운데 세 번째가 가장 적합하다. 그러나 이에 대해 '생명'이라는 호칭을 명시적으로 사용하기보다는 '온생명global life'이라 부르는 것이 더 적절하리라 생각된다.[14] 그 주된 이유는 이를 '낱생명'(혹은 '개체생명')의 개념과 구별하기 위해서다. 위에서 언급했듯이 '낱생명'은 그 자체로는 생명 개념으로 부적절하지만 나름대로 생명의 많은 흥미로운 면모들을 이 개념과 연관하여 논의할 수가 있기 때문이다.

---

14) Zhang(1988), Zhang(1989), 장회익(2014c) 등 참조.

이 점과 관련해 주목해 볼 점은 우리의 일상적 생명 관념이 생사生死의 관념과 밀접히 연관되어 있다는 사실이다. 우리는 어떤 개념이 생명이라는 관념을 나타내는 데 적합한지 아닌지를 결정하기 위해 다음의 두 가지 요건을 생각하게 된다.

첫째는 '살아 있음'의 요건이다. 이것은 대상이 '그 자체로' 살아 있는가, 아닌가 하는 점과 관련된다. 백합은 들판에 있을 때에는 살아 있지만 그 자체로는 살아 있을 수 없다. 백합을 뽑아서 공중에 던져 버리면 '살아 있음'의 성격은 곧 사라진다. 따라서 백합은 그 자체만으로는 온전한 생명이 아니다. 백합은 생명의 부분일 뿐이다. 동물 종의 경우도 마찬가지이다. 동물 종은 그 자체로 살아 있을 수 없다. 동물은 먹이와 공기를 필요로 하기 때문이다. 이런 점에서 자체촉매적 국소질서의 네트워크로 정의되는 생명 개념 역시 부적절하다. 지지하는 바탕질서가 없이는 살아 있을 수 없기 때문이다. 오직 '온생명'에 대해서만 그 자체로 살아 있다고 할 수 있다. 이것이 바로 온생명만이 진정한 의미의 생명이라 해야 하는 이유이다.

둘째로는 '죽음'이라는 요건이다. 어떤 존재자가 죽을 수 있다고 한다면, 이는 이미 생명을 가지고 있다가 빼앗길 수 있다는 말을 함축한다. 그런 점에서 백합은 생명을 가지고 있다. 죽을 수 있기 때문이다. 그리고 동물 종도 생명을 가지고 있다. 이것 또한 멸종될 수 있기 때문이다. 죽을 수 있는 많은 대상은 사실 더 큰 살아 있는 계의 부분계이다. 이 부분계들은 이를 둘러싸고 있는 더 큰 생명에 무관하게 죽을 수는 있지만, 더 큰 생명이 없이 살아 있을 수는 없다는 특징을 지닌다. 이런 경우 이들에게 '조건부 생명'의 지위를 부여하는 것이 적절하다. 이런 점에서 앞에 말한 자체촉매적 국소질서들 즉 다양한 계층의 '낱생명'들은 모두 '조건

그림 1-8 생명 정의의 어려움

부 생명'으로서의 존재론적 지위를 가진다.

이를 통해 우리는 그간 '생명의 정의'가 왜 그리 어려웠던가를 이해할 수 있다. 이는 곧 우리의 생명 관념이 '조건부 생명'으로서의 '낱생명'에 머물러 있었음에도 불구하고 이 관념 아래 '생명'의 본질적 성격 곧 그 '온생명적 성격'을 담아보려 했던 시도에서 나온 것이라 할 수 있다. 그림 1-8은 그간의 이러한 상황을 유명한 코끼리의 우화를 통해 나타낸 것이다.

생명에 대한 개념을 이렇게 정리할 때, 그간 우리가 '생명'이라 여겨 왔던 낱생명은 온생명의 나머지 부분과 적절한 관계를 맺음으로써만 생명의 기능을 하게 됨을 알 수 있다. 따라서 우리는 '지정된 한 낱생명에 대해, 이와 함께 함으로써 생명을 이루는 이 나머지 부분'을 별도로 개념화하여 이 낱생명의 '보생명'이라 부르는 것이 적절하다. 이렇게 할 경우

모든 낱생명은 그것의 보생명과 더불어 진정한 생명 곧 온생명을 이룬다고 말할 수 있다.[15]

VI. 인간과 문화 공동체

1. 객체적 양상과 주체적 양상

우리는 지금까지 자연의 기본 원리를 동원하여 우주 내의 현상들을 이해하는 가운데 일차질서와 이차질서의 존재 가능성을 살폈으며, 특히 하나의 복합질서를 이루는 이 이차질서가 바로 생명현상에 해당하는 것임을 알게 되었다. 즉 복합질서 자체는 하나의 온생명이며, 그 안에 부분 질서로 참여하고 있는 하나하나의 자체촉매적 국소질서가 우리에게 매우 친숙한 생명체인 낱생명이다. 이 모든 것을 구성하는 소재는 물질이며 이러한 것을 이루어내는 기본 원리는 이들에 적용되는 물리학 법칙이다.

그런데 여기에 진정 놀라운 일이 발생한다. 이러한 복합질서의 참여자인 인간을 비롯한 일부 낱생명 안에서 '의식'이라고 불리는 새로운 양상

---

15) 여기서 보생명을 우주의 모든 것으로 확대해야 한다는 주장도 있을 수 있다. 예를 들어 지구의 구성 물질이 더 오래전에 있었던 초신성의 폭발에서 유래한 것이라면 이것 또한 보생명의 범주에 포함시켜야 한다는 주장이다. 그러나 이것은 생명의 출현 이전에 나타난 우주 물질의 소재에 관한 문제이므로 이것은 우주의 보편적 존재 양상의 일부로 간주할 수 있다. 예컨대 '별'의 의미를 규정할 때 핵융합 반응의 출발을 기점으로 이를 이어 나갈 자족적 체계에 국한하는 것이 적절한 이유와 같다. 만일 그 소재의 근원까지 포함해야 한다면 별과 빅뱅을 구분해 낼 방법이 없다.

이 나타난다는 사실이다. 이것이 놀랍다고 하는 것은 이것이 기존의 현상들과 같은 반열에 놓인 또 하나의 현상이 아니라 기존의 현상 그 자체가 가진 '숨겨진' 속성이라는 점이다. 즉 지금까지 우리가 파악한 모든 현상의 모습을 이것이 지닌 외적 혹은 표면적 속성이라고 한다면, 이것은 현상의 내부에서 파악의 주체가 나타나 자기 스스로를 파악하게 되는 내적 혹은 이면적 속성에 해당한다. 그러니까 이 둘은 실체적으로 구분되는 두 개의 실체가 아니라, 하나의 실체가 나타내는 두 가지 양상, 곧 '객체적 양상'과 '주체적 양상'에 해당하는 것이다. 마치 실체로서의 뫼비우스의 띠는 하나이지만 표면이 있고 이면이 있는 것과 같이, 현상은 하나임에도 이것의 표면적 양상이 있고 또 이면적 양상이 있는 것이다.

그렇기에 우리가 설혹 주체적 양상 아래 주체적 삶을 영위하더라도 이로 인해 이의 외면에 해당하는 객체적 세계가 조금도 달라지는 것은 아니다. 우리의 모든 행동과 그 결과는 객체적 세계를 통해 나타나며 객체적 세계를 지배하는 자연의 법칙에 따라 발생하게 된다. 내가 어떤 생각을 떠올리고 이를 누구에게 전달하려 해도 내 두뇌 속에 있는 신경 세포 조직이 이를 수행해내고 이를 다시 내 목덜미와 혀의 운동으로 바꾸어 주변의 공기를 진동시킴으로써 상대방이 감지할 수 있는 음파를 만들어 내야 한다. 이러한 제약 아래 있기는 하나, 우주 내의 한 사물에 해당하는 우리가 '삶의 주체가 되어 우리의 의지에 따라 삶을 영위해 나가게 된다는 것'은 진정 놀라운 일이 아닐 수 없다. 설혹 이러한 의지 자체가 이미 우리 몸을 구성하고 있는 물질적 질서 안에서 형성되는 것이라 해도, 일단 이것을 '나'라고 느끼며 나로서 살아가는 한, 나 아닌 다른 무엇일 수는 없다. 사물을 물리학적으로 이해해 나가는 입장에서 보면 우주 안에 물리적 법칙에 따르지 않는 그 무엇도 없으며 따라서 일원론을 펼칠 수가 있지만, 우리가 그 안에 들어가 주체로 행세하는 입장에서 보면 우주의 일부를 내 의지에 따라 마음대로 움직일 수 있다는 놀라운 일이 발생하는 것이다.

그렇다면 사물의 이면에 주체적 양상이 존재한다는 사실은 무엇으로 입증하는가? 실제로 주체적 양상이 존재한다는 것은 그 주체의 당사자가 되어 이를 직접 느끼는 방법 이외에 알 길이 없다. 예를 들어 외계의 어떤 지적 존재가 지구를 방문하여 사람들의 행동을 관찰하고 심지어 이들과 대화를 나누더라도 그가 이 지구 사람들이 실제 주체적 양상 아래 놓여 있는지 혹은 아주 정교한 로봇들인지를 확인할 방법은 없다. 그런데도 우리가 어렵지 않게 주체를 말할 수 있는 것은 우리 모두가 이를 직접 경험하고 있는 존재이기 때문이다. 이를 통해 우리는 나 이외의 다른 참여자들도 내가 주체적 양상을 경험하듯이 그들 나름의 주체적 양상을 경험하리라는 점을 받아들인다. 이리하여 우리는 '나'뿐 아니라 '너'도 인정하게 된다.

이와 관련하여 또 한 가지 흥미로운 점은 우리가 다시 '너'와 '나'를 다시 아우르는 '집합적 주체' 곧 '우리'를 형성하기도 한다는 사실이다. 이는 곧 자신의 주체성을 확장하여 다른 참여자를 '나'와 구분되는 '너'로서만이 아니라 더 큰 '나'의 일부로 끌어들이는 것을 의미한다. 이처럼 우리의 주체 곧 '나'라는 것은 하나의 고정된 '작은 나'에 국한되지 않고 주변과의 관계를 인식함에 따라 '더 큰 나'로, 그리고 '더욱 더 큰 나'로 내 주체성을 계속 확대해 나갈 수도 있는 성격을 지닌다.

2. 문화 공동체로서의 집합적 주체

이러한 주체성을 지닌 대표적 존재가 바로 우리 인간이다. 다른 모든 동물이나 식물처럼 인간도 온생명의 참여자로 행동하며, 복합질서의 유지를 위해 다른 참여자들과 긴밀한 관련을 맺고 있다. 이러면서 인간은 외적으로 다른 참여자들처럼 객체적 양상을 나타내면서도 내적으로는 주체성을 지니고 살아가고 있다. 인간 이외의 다른 낱생명들 또한 나름의 주체성을 지니리라 추정할 수 있으며, 그렇기에 인간이 주체성을 가진다는 사실 자체는 그리 특별한 것이 아닐 수 있다. 차이가 있다면 정도의 차이이지 본질의 차이는 아닐 것으로 보인다.

하지만 적어도 인간의 입장에서 볼 때 '인간의 주체성'이 가지는 의미는 각별하다. 이것은 바로 '내'가 인간이라고 하는 사실과 밀접히 관련된다. 주체성의 의미 자체가 '나'를 떠나서 생각할 수 없는 것이기 때문이다. 내가 아무리 남의 주체성을 존중하고 이해하려 해도 이는 불가피하게 내 주체 안에서 일어나는 일이며 내가 남의 주체 속으로 들어갈 수는 없는 일이다. 단지 나는 남을 내 주체 안으로 끌어들여 내 주체를 확장할 수는 있다. 이것이 바로 앞에서 말한 '우리'에 해당하는 것이고 이러한 확장은 얼마든지 해 나갈 수 있다. 그러나 이것 또한 여전히 나의 주체이지 '나'가 제외된 주체일 수는 없다. 그런 의미에서 지금의 '나'가 '지금 작동하는 어떤 주체의 모드'에 속해 있다는 것은 숙명적이며, 여기서 빠져나올 방법은 없다.

이러한 점에서 인간 각자의 주체는 모두 다르지만 우리는 서로 의사를 소통함으로써 각자가 서로를 각기 자기의 주체 안으로 끌어들이고 있음을 확인할 수 있으며, 이러한 상호 주체적 연결을 통해 하나의 집합적 주체를 형성하게 된다. 이것이 바로 인간이 마련하고 또 인간이면 누구나 숙명적으로 속할 수밖에 없는 '우리'로서의 주체이며, 인간이 주체의 영역 안에 마련하는 문화 공동체로서의 자아이다. 온생명 안에서 인간에 의해서든 혹은 다른 생물 종에 의해서든 이것과 다른 집합적 주체가 있을 수 있지만, 우리가 이에 주체적으로 연결될 통로가 열리지 않는 한 우리가 이를 알 방법이 없고 또 관여할 수도 없다.[16] 하지만 여러 정황으로 보아 설혹 이러한 것이 있다 하더라도 그 규모나 기능에 있어서 우리가 속한 집합적 주체에 비견할 정도는 되지 못할 것으로 여겨지며, 따라서 문화 공동체로서의 '우리'가 온생명 규모로 확장할 수 있는 사실상의 유일한 집합적 주체라 할 수 있다.

이처럼 인간은 집합적 주체를 통해 문화 공동체를 이루면서 삶의 여건과 삶의 내용을 의식적으로 개선하려는 노력을 기울여왔고, 그 결과로 이루어진 것이 바로 인간의 문명이다. 이러한 문명을 통해 인간은 다시 자신의 집합적 주체를 심화하고 확장해왔다. 그러나 최근에 이르기까지도 인간의 집합적 주체 안에 담겨 있던 자아의 내용은 '인류' 곧 생물종으로서의 인간을 크게 넘어서지 못하고 있었다. (사실 집합적 자아의 내용이 '부족'이나 '민족' 단위를 넘어 '인류'에 이르게 된 것도 그리 오래되지 않는다.) 실제로 인간은 인간을 제외한 온생명의 나머지 부분을 '자연'이라 부르며 이를 오히려 인간과 대립되는 개념으로 보아왔다. 그리하여 인간은 오랜 기간 자연 속에서 자연을 극복 혹은 활용해가며 인간의 자리를 넓혀 나가는

---

16) 예컨대, 곤충들 사이에 이러한 집합적 주체가 형성될 수도 있으나 우리는 이를 확인할 길이 없다. 또 인체 안에는 자신을 보호하려는 면역체계가 형성되어 작동하지만, 우리의 의식 주체는 이와 직접 접속할 수 없다.

것을 문명의 지향점으로 여겨왔다.

그러나 이미 논의한 바와 같이 자연은 인간과 대립되는 개념이 아니라 이들이 합쳐 비로소 생명이 이루어지는 온생명의 한 부분임이 밝혀지고 있다. 이에 따라 인간의 생존은 온생명 안에서 온생명의 정상적인 생리에 맞추어 이루어져야 함이 분명해졌다. 하지만 이점을 미처 의식하지 못하고 지나온 문명의 관성에 여전히 경도되어 있는 대다수의 사람들은 엄청난 기술력을 동원해 오히려 온생명의 생리를 붕괴시키는 일에 열을 올리고 있다. 그 결과 온생명 안에는 수많은 병리적 증상이 나타나고 있으며, 이것이 이제 인간 자신의 생존마저 위협하는 지경에 이르고 있다. 최근 심각한 문제로 등장한 지구 온난화와 생물 종의 대규모 멸종 사태는 그 증상의 노출된 일부일 뿐이다.

VII. 앎의 마지막 고리 : 우주의 자기 이해

이러한 맥락에서 '지적 활동' 곧 '앎'이 무엇인가에 대해 좀 더 깊이 생각해 볼 필요가 있다. 일반적으로 복합질서 안에 있는 한 참여자가 수행해야 될 가장 중요한 과제는 주변에 있는 여타 참여자 혹은 대상물과 적절한 관계를 맺어 나가는 일이다. 이 관계맺음을 객체적 관점에서 본다면, 외부로부터의 물리적 신호들이 신체내로 유입되어 이미 중추 신경계에 각인된 일정한 물리적 조직을 거치면서 그 물리적 결과의 일부가 필요한 행동을 유발하는 현상이라 규정할 수 있다. 그러나 이것을 주체적 관점에서 보면, 일정한 정보를 얻고 이미 지닌 기존 지식을 바탕으로 상황을 판단해 스스로 적절하다고 판단되는 대응 조처를 취하는 주체적 활동을 의미한다. 내가 보고 내가 판단하고 내가 처리한다고 하는 극히 평범한 일상적 활동들이 바로 여기에 해당한다. 사실 이 두 양상은 동일한 활동의 두 측면일 뿐이지만, 모든 객체적 활동이 주체적 의식 속에 떠오르는 것은 아니다. 많은 활동이 무의식 속에 진행되면서 오직 몇몇 중요한 부분만이 '앎'이란 형태로 의식의 표면에 떠오르게 된다.

그런데 인간이 문화 공동체를 형성하면서 가장 먼저 수행하는 작업이 이러한 앎을 서로 교환하고 공유하는 일이다. 이렇게 하여 지성 공동체가 형성되며 이 안에서 앎은 다시 체계화된 서술 형태로 다듬어져 이른바 '학문'으로서의 틀을 갖추게 된다. 이러한 앎 가운데에는 그 앎의 대상으로 단순한 주위 자연만이 아니라 주체의 자의식에 의해 생겨난 '나'와 '우리', 그리고 '너'와 '너희'가 있으며, 나도 너도 아닌 것은 '그것'으로 따로 분류하여 각각 독자적 영역으로 삼아 이른바 인문학, 사회과학, 자연과학 등등이 생겨난다.[17] 이러한 학문들은 여러 앎의 영역에서 일단 분야별로 추구되고 검증되지만 이들 또한 서로 간에 독자적 형태로 존재하는 것이 아니라 이상적으로는 그 전체가 하나의 정합적 체계를 이루어 서로가 서로를 뒷받침하는 형태를 이루는데, 이것이 곧 우리가 앞에서 규정한 '온전한 앎'에 해당한다.

우리는 지금까지 이러한 '온전한 앎'이 그림 1-1에 제시된 바와 같은 '뫼비우스의 띠' 형태를 이룬다고 보고, 그 개략적인 모습을 살펴보았다. 우리는 일단 자연의 기본 원리에서 출발하여 우주와 생명이 지닌 보편적 존재양상을 고찰했고, 다시 이 안에 나타난 인간을 중심으로 이것이 객

---

17) 이 점에 대한 좀 더 상세한 논의는 장회익(2011)에 나와 있음.

체적 양상과 주체적 양상을 함께 가질 수 있음을 보았다. 그리고 인간에 이르러 주체적 양상이 의식의 표면에 떠오르면 그 때부터 의식적 삶이 이루어지며 다시 집합적 주체를 형성하여 문화 공동체가 이루어짐을 보았다. 이러한 문화 공동체의 주된 기능 가운데 하나가 바로 사물에 대한 인식이며, 이 인식의 일환으로 '자연에 대한 사고'가 이루어질 것인데, 이것이 다시 우리의 출발점이었던 '자연의 기본 원리'와 어떻게 연결되는지를 밝혀야 적어도 형식상으로나마 뫼비우스의 띠를 완성시킬 수 있다.

사실 이 문제가 지금까지 명시적으로 제기된 일은 없지만, 아인슈타인의 유명한 말 즉 "자연에 대해 가장 이해하기 어려운 것은 자연이 이해될 수 있다는 사실이다." 라는 언명이 이미 이 문제를 잘 암시해주고 있다.[18] 적어도 아인슈타인에 의하면 이 마지막 고리는 아직 연결되지 않았으며, 따라서 온전한 앎은 아직 구성되지 않을 것이 된다.

여기서 지적할 한 가지 흥미로운 사실은 20세기 초부터 물리학자들과 철학자들 사이에 많은 논란을 일으킨 '양자역학의 해석 문제' 또한 이 문제와 관련된다는 사실이다. 양자역학의 해석에 관한 견해가 양자역학 출현 이후 거의 한 세기가 지나도록 합의를 보지 못한 주된 이유가 '측정' 과정에서의 대상과 관측자 관계를 '역학적 대상'과 '서술 주체' 관계로 보지 않고 '역학적 대상'과 또 다른 '역학적 대상'의 관계로 보려 하는 데

---

18) Einstein(1936). 아인슈타인의 글을 좀 더 정확히 인용하면 다음과 같다. "우리 감각경험의 총체가 사고(개념들의 조작, 이들 사이의 특정 함수적 관련성의 창안 및 사용, 그리고 감각경험을 이들에 연결하는 작업 등)에 의해 이처럼 질서를 가지도록 설정될 수 있다는 사실 그 자체는 우리에게 경외감을 불러일으키는 일이며, 우리는 결코 이것을 이해할 수 없을 것이다. 그래서 우리는 다음과 같이 말할 수 있다. '세계의 영원한 신비는 이것이 이해된다는 것이다.'(the eternal mystery of the world is its comprehensibility.)"

서 오고 있지만(장회익, 2015a), 아직 대다수의 학자들에게는 이점에 대한 바른 인식이 수용되고 있지 않다.

많은 물리학자들과 철학자들은 놀랍게도 양자역학으로 대표되는 동역학의 서술 내용에는 관심을 가지면서 동역학적 작업을 수행하는 서술 주체에 대해서는 거의 주의를 기울이지 않는다. 그 결과 물리학 특히 동역학이 자연의 모든 현상을 객체적으로 설명해 나가는 학문이라는 사실은 인정하면서도 이것이 본질적으로 대상과는 별도의 '인식 주체'를 통해 수행된다는 사실, 그리고 동역학의 서술 내용은 결코 인식 주체의 주체적 양상을 담아내지 못한다는 사실을 종종 간과하고 있다. 이들은 오히려 동역학적 서술의 보편성에 매료된 나머지 이 서술 내용 안에 서술 주체의 서술 활동마저 담겨야 한다는 관념 아래 문제의 본질을 비켜가고 있다.

여기서 중요한 점은 물리학적 작업이 펼쳐 내는 세계는 오로지 자연의 객체적 양상일 뿐이며 이것의 이면에 주체적 양상이 존재한다는 사실에 대해서 물리학은 아무런 이야기도 할 수가 없다는 사실이다. 그렇기에 자연에 주체적 양상이 존재한다는 것을 인정하고 이러한 인정을 바탕으로 수행하는 학문이 있다면 이는 이미 물리학을 넘어서는 메타 학문의 영역이 된다. '물리학 자체'는 인식 주체의 주체적 활동에 속하는 것이므로 우리가 자연의 모든 것을 이해하는 것은 물리학을 통해서이지만, 막상 '물리학 자체'를 이해하려면 이는 이미 물리학을 통해서가 아니라 주체적 양상을 인정하고 있는 메타이론을 통해서라야 한다. 여기서 말하는 메타이론이 바로 인식 주체의 인식적 활동과 이를 바탕으로 서술되는 자연의 객체적 성격을 이어주는 구실을 하는 것이며, 이것이 바로 '뫼비우스의 띠' 구조에서 내면(주체적 양상)을 외면(객체적 양상)과 접합시키는 작업에 해당한다.

이리하여 우리는 인식 주체의 '자연에 대한 사고'를 인식 대상에 적용되는 '자연의 기본 원리'와 연결시킬 수 있으며, 이로써 '온전한 앎'의 위상학적 구조 곧 '뫼비우스의 띠'가 일단 완성된다고 할 수 있다. 이는 물론 물리학에만 적용되는 것이 아니고 앎 그 자체의 본성에 관한 이야기이지만, 이미 언급한 바와 같이 그간 대체로 간과되어왔다. 그 역사적 사유를 살펴보면 그간 인식 주체와 인식 대상이 현실적 측면에서 매우 잘 분리되어왔으므로 이들을 군이 결합시켜 하나의 독자적 메타이론으로 다룰 필요성이 거의 느껴지지 않았다. 그러다가 인식 주체와 인식 대상의 관계가 미묘하게 연관되고 있는 양자역학이 등장함으로써 앎의 이러한 본질적 성격을 더 이상 외면할 수 없게 된 것이다. 그러나 아직은 이 문제에 대한 해결의 실마리가 보이는 정도의 단계에 있으며 앞으로 이 점에 대한 훨씬 더 깊은 논의가 요청되는 상황이다. 이 점에 대한 좀 더 구체적 논의는 최근의 몇몇 글들 (김재영 2015; 이중원 2015; 장회익 2015a, 2015b; 정대현 2016)에서 찾아볼 수 있다.

그러나 이처럼 뫼비우스 띠의 마지막 고리가 연결된다고 하다라도 이것이 곧 앎의 완성을 의미하는 것은 아니다. 이러한 구조적 틀 안에 구체적 내용들을 더욱 충실히 채워 넣어야 하기 때문이다. 하지만 일단 우리 앎의 체계가 이러한 구조를 가졌다는 점만 알 수 있더라도 우리는 이 구조내의 각 부위가 지닌 상대적 위상을 인정할 수 있으며, 이를 통해 심각하게 이글어진 앎의 상황은 피할 수 있다. 그리고 이는 앞서 언급한 바와 같이 송아지를 키워나가는 작업에 해당한다. 아직은 미약하지만 이것은 이미 살아 있는 송아지이며, 이것이 자라남에 따라 더욱더 왕성한 힘을 가진 송아지가 될 것이다.

한편 언젠가 우리 인간이 이 뫼비우스의 띠를 완성한다면, 이는 인간과 우주 전체 사이의 내적 연관이 완결되는 셈이며, 이는 곧 우주의 자기 이해라 할 수도 있다. 그렇게 될 경우, 우리는 우주의 주체가 되어 명실상부한 우주적 존재로 부상하는 결과가 될 것이다. 이는 물론 실현되기 어려운 목표이겠으나 설혹 그러한 궁극적 완성에는 도달하지 못한다 하더라도 여기에 조금씩 더 접근해 간다면, 우주와 인간, 그리고 생명과 문화에 대한 한층 더 깊은 이해에 도달할 것이고, 우리 자신 우주의 주체로 한 발작 더 다가서는 셈이 될 것이다.

VIII. 문명의 역설과 남은 과제

우리는 이 단계에서 한 가지 흥미로운 물음을 던질 수 있다. 온생명은 그 자체로서 진정한 의미의 주체가 될 수 있는 존재인가 하는 물음이다. 주체성에 관한 한, 그 무엇이 주체가 된다는 가장 분명한 증거는 당사자 자신에 의한 주체성 주장이다. 만일 어떤 존재가(인간이든 아니든) 마음속에서 진정 자신을 주체로 여긴다면 이를 다른 누가 나서서 부정할 방법은 없다. 그러니까 우리 가운데 누가 자신이 곧 온생명이며 온생명을 자신으로 느끼고 있다고 말한다면, 이것만으로도 온생명이 주체성을 가진다고 말할 수 있다. 설혹 그가 명시적으로 온생명이란 표현을 쓰지 않더라도 내용적으로 이와 유사한 어떤 것을 말한다면 이 또한 온생명의 주체가 아니라 하기 어렵다. 이런 점에서 이미 많은 현인들이 이러한 느낌을 표명해왔다는 것은 이미 온생명의 주체성이 드러나고 있었다는 의미가 된다.

하지만 이러한 점을 인정하더라도 아직 우리 온생명이 의식을 가지고 자신의 삶을 주체적으로 영위해 나가는 단계에 이르렀다고는 말하기 어렵다. 이러한 의식은 아직 일부 소수자 사이에서 나타날 뿐이며, 온생명의 신체를 현실적으로 움직이고 있는 대다수 사람들의 의식은 아직 여기에 크게 못 미치기 때문이다. 그러니까 우리 온생명은 지금 자신의 존재를 스스로 파악하는 깨어남의 단계에 있다고 말하는 것이 가장 적절할 것이다. 일부 선각자들에 의하여, 그리고 현대 과학의 생명 이해에 의하여 온생명의 주체성이 일부 느껴지더라도 아직은 이를 통해 스스로의 몸을 움직여 현실 속에서 각성된 삶을 영위해 나간다고 보기는 어렵기 때문이다.

그러나 만일 우리 온생명이 스스로 깨어나 명실공히 자신의 삶을 주체적으로 영위하는 단계에 온다면, 이는 오직 인간의 집합적 주체가 온생명으로의 의식을 가지고 온생명적인 삶을 이루어낼 때 가능할 것임에 틀림없다. 사실 온생명 안에서 인간이 담당하게 될 가장 중요한 기능은 마치 인간 신체 안에서 신경 세포들이 담당하고 있는 기능과 흡사하다. 인간의 의식이 두뇌를 구성하는 신경 세포들의 활동을 통해 가능해지는 것과 같이 온생명 의식 또한 인간들의 집합적 지성과 집합적 감성이 이루어 내는 활동을 통해 가능해질 것이기 때문이다. 그러므로 우리 온생명이 진정한 삶의 주체로 부상하느냐 아니냐 하는 것은 오롯이 집합적 의미의 인간이 자신을 어떻게 각성하느냐에 달려 있다고 할 수 있다.

이제 만일 온생명의 이러한 깨어남이 완성되어 우리 온생명이 그 자체로 의식의 주체가 된다면, 이것이야말로 역사적 사건이란 말로서도 부족한 가히 '우주사적 사건'이라 불러야 할 일이 된다. 우리 온생명은 약 40억 년 전 우리 태양-지구계를 바탕으로 태어나 크고 작은 어려움을 겪으며 지속적인 성장을 거듭해왔지만, 아주 최근에 이르기까지도 대부분의 식물이 그러하듯이 스스로를 의식하지 못하고 오로지 생존 그 자체만을 수동적으로 지속해 온 존재라 할 수 있다. 그러다가 이제 인간의 출현과 함께 이들의 집합적 지성에 힘입어 40억 년 만에 처음으로 스스로를 의식하며 이 의식에 맞추어 자신의 삶을 주체적으로 영위해 나가는 존재로 부상할 계기를 맞이한 것이다. 주체적 자아의식, 그리고 이를 통한 주체적 삶의 영위라는 것은 개별 인간의 차원에서도 매우 놀라운 일이지만, 더욱이 이것이 온생명 차원에서 온생명 전체를 단위로 하여 나타나게 된다는 것은 정말 놀라운 사건이 아닐 수 없다. 이러한 존재가 이러한 의식을 가지고 앞으로 과연 어떠한 세계를 만들어낼지는 아직 그 어떤 상상력으로도 그려낼 수 없는 미지의 영역이다.

하지만 안타깝게도 우리의 현실은 이러한 낙관만 할 수 있는 상황이 아니다. 이 온생명이 신체적으로 매우 위험한 처지에 놓여 있기 때문이다. 우리 인간은 온생명의 신경 세포 구실을 제대로 시작하기도 전에 이미 암세포로서의 구실을 하고 있다. 잘 알려진 바와 같이 암세포는 숙주의 몸에 침투한 외부의 침입자가 아니라 그 신체의 일부이다. 암세포가 정상적인 세포와 다른 점은 오직 자신을 더 증식시켜야 할 때와 그렇지 않을 때를 구분하지 못하고 지속적으로 증식만을 해 나간다는 점이다. 암세포의 이런 끝없는 증식은 결국 숙주 생명체의 정상적인 기능을 가로막아 숙주 생명체를 죽음으로 이끌어 가게 한다. 인간 또한 암세포처럼 온생명의 중요한 부분에 자리를 잡고 있으면서 온생명의 정상적인 생리를 파악하지 못하고 오로지 자신의 번영과 증식만을 꾀함으로써 온생명의 몸 곧 생태계를 크게 파손하는 일면을 가지고 있다.

이것은 하나의 역설이다. 우리 온생명이 태어난 지 40억 년 만에 드디어 높은 지성과 자의식을 갖고 진정 삶의 주체로 떠오르려 하는 바로 그 시점에, 이러한 것을 가능케 하리라 기대되는 바로 그 인간이란 존재가 이미 암세포로 전환되어 온생명의 생리를 위태롭게 하고 있는 것이다.

그렇다면 도대체 왜 이런 일이 일어나는가? 이제 이 상황을 뫼비우스의 띠 관점에서 다시 한 번 살펴보자. 한 생물종으로서의 인간 또한 온생명의 한 참여자로서 그 안에 있는 여타의 참여자들과 바른 관계를 형성하며 오랜 기간을 생존해왔다. 그러다가 어느 때부터 인간이 하나의 주체가 되면서 이러한 작업을 의식적 차원에서 수행하게 되었다. 뫼비우스의 띠 안에서 그간 이면에 해당하던 주체적 양상이 한번 뒤집혀 이제 표면으로 떠오르는 결과가 된 것이다. 이렇게 하여 인간에게는 '나'가 생겨나고 '너'가 생겨나며 또 나도 너도 아닌 '그것'이 생겨난다. 그리고 다시 '나' 안에 '너'를 포함시켜 '우리'를 형성하면서 주체의 영역을 확대해왔다. 그러나 '너'도 아닌 '그것'들에 대해서조차 '우리' 안에 끌어들이기는 쉽지 않았다. 이처럼 '그것'들을 제외시킬 때, 그리고 '내'가 '그것'들에 비해 월등히 큰 힘을 가질 때, 인간과 온생명 내 다른 참여자들과의 관계는 크게 뒤틀릴 수밖에 없다.

그렇기에 이러한 뒤틀림을 막아낼 유일한 대안은 우리의 주체 곧 '나'의 범위를 더욱 넓혀 '그것'들까지도 내 안에 포함되도록 하는 일이다. 사실 진정 살아 있는 존재는 온생명이며, 그런 점에서 온생명에 속하는 '그것'들도 진정 내 몸의 일부임은 이미 명확하다. 그럼에도 이들을 진정 '나'라고 느끼게 되기까지는 넘어야 할 장벽이 적지 않다. 그 하나가 심정적 장벽이다. 설혹 나도 너도 아닌 '그것'이 내 몸의 일부임이 지성에 의해 수용되더라도 많은 경우 우리 일상 속에서 길들여 온 심정적 저항을 피하기 어렵다.

이럴 경우 깊은 명상을 통해 그간의 미망을 덜어내는 '수행'의 방식이 도움을 줄 수도 있다. 다른 참여자들이 실은 나눌 수 없는 전체 곧 온생명으로의 내 몸의 한 부분이라는 사실을 마음속 깊이 깨우칠 때, 여기에 맞는 심정적 변화 또한 따라올 수 있다. 온몸이 건강하고 조화로울 때 평온을 느끼고, 어딘가 조화가 깨지고 무리가 생길 때 아픔을 느끼듯이, 온생명 어느 부분이 상해를 입을 때 마음속 깊이 아픔을 느낀다면 이는 이미 이러한 깨우침에 다가서고 있는 것이다. 실제로 일부의 사람들은 온생명에 대한 명시적인 이해 없이도 어떤 직관을 통해 자신을 온생명적 자아로 받아들이고 아픔과 기쁨을 온생명과 함께하기도 한다.

그러나 여전히 가장 큰 문제는 온생명에 대한 지적 이해가 대다수 사람들에게는 쉽지 않으며 또 어렴풋이 이해한다 하더라도 여기에 대한 확신에 이르기가 무척 어렵다는 사실이다. 그렇다면 어떻게 해야 할 것인가? 이를 위해 필요한 것은 우리의 행위를 온전한 방향으로 이끌어낼 최선의 지혜이며, 좀 더 구체적으로는 생명과 문화에 대한 기존의 관념을 대체할 새 패러다임의 도출이라 할 수 있다. 그리고 이 새 패러다임은 결국 우리가 신뢰할 수 있는 최선의 지식 곧 '온전한 앎'에서 찾지 않을 수 없다. '온전한 앎'이란 이미 정의했듯이 "모든 것을 담을 수 있는 신뢰할 만한 지식의 정합적 체계"를 의미하는 것인데, 우리는 여기서 특히 정합적 체계라는 점에 주목해야 한다. 만일 어떠한 앎이 정합성을 지니지 못할 때, 그것은 편파적인 앎에 그치기 쉽고, 이러한 편파적 앎에 의존한다면 이에 반영되지 못한 주요 부분을 놓침으로써 결과적으로 치명적 과오를 범할 수 있다.

그래서 '온전한 앎'의 한 모형을 추구했고, 이것이 아마도 '뫼비우스의 띠' 형태일 것이라 추정했다. 그리고 만일 이 '뫼비우스의 띠'가 완결되었다면, 그리고 그 안에 '온생명'에 대한 이해가 의미 있게 담긴다면, 이는 곧 온생명이 우리 몸이라는 더욱 확고한 신뢰를 우리에게 제공할 것이다. 그리고 우리가 만일 이 '뫼비우스의 띠'를 완성시킨다면, 이는 이점 외에도 다음과 같은 두 가지 점에서 커다란 의미를 가진다.

첫째는 우리는 이제 의미 있는 모든 앎을 구김살 없이 서로 연결시키는 하나의 신뢰할 만한 틀을 가졌다는 점이다. 비유로 말한다면 우리는 이제 세계지도를 지구의 위에 그려 넣을 수 있게 된 셈인데, 이것을 들고 우리는 문명이 지향해야 할 방향이 어느 쪽인지를 찾아 나설 수가 있게 된 것이다. 그리고 둘째로는 이로써 인간과 우주의 관계가 더욱 선명해진다는 사실이다. 인간은 이제 더 이상 모노(Monod, 1972)의 말처럼 자신이 어디서 왔는지 모를 이방인으로서 이 땅에 떨어진 존재가 아니라, 하나로 연결된 우주의 일부분이며, 우주의 일부분인 자신이 다시 그 우주를 파악하게 되는 신비한 순환관계에 놓여 있음을 알게 되는 것이다. 인간에 의한 이러한 우주 이해 속에는 우주가 인간을 창출하는 모습이 담겨 있고, 창출된 그 인간이 다시 자신을 창출하는 그 우주를 이해해나가는 과정이 담겨 거대한 '뫼비우스의 띠'처럼 돌고 돌아가는 경이의 세계가 펼쳐지는 것이다.

2장

생명의 이해

: 물리적 관점에서 정보적 관점으로

이정민

(서울대학교 철학과 강사)

미국 인디애나 대학교에서 과학사, 과학철학으로 박사를 받았다. KAIST 대우교수로 재직했으며, 지금은 서울대학교와 서울시립대학교에서 강의하고 있다. 양자역학의 역사와 철학, 과학의 철학적 논리 일반에 관심이 있다.

저서로는 『양자·정보·생명』(공저)과 『동서의 학문과 창조』(공저)가 있으며, 옮긴 책으로는 『전체와 접힌 질서』, 『이성의 역학』(공역)이 있다.

I. 생명을 정의하는 문제

영국의 낭만주의를 대표하는 시인 셸리(1792-1822)는 정치적 급진주의 자였을 뿐만 아니라 시적 상상력을 통해 존재와 자연을 탐구한 사상가이기도 했다. 그가 남긴 마지막 단편은 다음과 같은 급작스러운 질문으로 끝난다.

"그렇다면 생명이란 무엇인가? 나는 외쳤네."(Then, what is life? I cried.)
－셸리, 「생명의 승리The Triumph of Life」(1822) 중

제목이 주는 인상과 달리 이 시는 생명에 대한 찬가가 아니다. 때로는 늙고 때로는 부패하면서도 영속하는 생명의 힘에 대한 탐구이다. 하지만 마지막 질문 이후 시인 자신의 말은 더 들을 수 없다. 얄궂게도 그가 얼마 뒤 이태리 해변에서 익사 사고로 요절하기 때문이다. 시인의 삶은 그

불운한 죽음마저 어떤 시적 메시지를 전달하고 있는 것일까?

셸리가 시적 영감을 통해 접근하려 했던 이 문제는 21세기에도 여전히 중요한 탐구 주제이다. 물론 이제 그것은 거의 과학자들만의 탐구 주제이다. 과학만이 삶과 생명에 대한 독점적인 발언권을 지닌 것은 아닐 것이다. 시인을 비롯한 예술가, 철학자, 아니면 평범한 생활인 모두가 생명에 대한 나름의 깨달음을 표현하고 전달할 수 있다. 다만 그것이 과학자들만의 탐구 주제라고 한 것은 다음과 같은 의미이다. 곧 지적인 영역에서 생명현상에 대한 추론과 논변이 동반된 탐구는 과학이 없이는 한 걸음도 나갈 수 없다는 것이다. 그리고 그 과학은 지금도 계속해서 새로운 발견을 통해 우리의 생명 이해를 심화시키고 있다. 그래서 '생명이란 무엇인가'라는 질문은 질문의 형태는 동일하지만 계속해서 새로운 의미로 제기된다. '생명'이라는 대상이 지속하는 만큼이나 그에 대한 의문도 지적 생명체가 있는 한 지속되는 것이다.

그런데 '생명이란 무엇인가'와 같이 개념을 정의하는 문제는 과학이 다루기에는 매우 거대한 문제이다. 보통의 분과 과학은 작은 문제나 현상을 속속들이 파악하려는 '퍼즐 풀이'에 집중한다. 반면 '생명' 개념은 생물 분야뿐만 아니라 물리, 화학, 천문, 지질 등 과학의 거의 모든 분야에 걸쳐 있다. 또한 그런 거대한 개념을 정의하려면 어떤 이론적 배경이 반드시 필요하다. 거기에는 진화론과 같은 생물학 고유의 이론뿐 아니라 열역학, 생화학 등 여러 분야의 이론이 동원되며 저자마다 배경과 강조점 또한 다르다. 따라서 논의는 서로 다른 이론적 배경에서 해결할 수 없는 '철학적' 문제로 흐르기 마련이다. 그 이후 생명의 정의는 할 수도 없으며 그럴 필요도 없다는 회의론이 고개를 든다. 생명은 생물학자들이 탐구하는 것 그 이상도 이하도 아니며 그것으로 족하다는 것이다.

보통 생명을 정의하는 논의는 생명과 생명 아닌 것의 특징을 나열하면서 시작한다. 문제는 이러한 대부분의 생명 정의에 반례가 존재한다는 사실이다. 곧 정의를 만족하면서도 생명이 아닌 것과, 생명인데도 정의를 만족하지 않는 경우가 있다. 다시 말해 필요충분조건으로서의 생명 정의는 불가능하다는 것이다. 그런데 이런 반례는 우리가 생명과 생명 아닌 것에 대한 직관을 이미 갖고 있다는 가정에서 출발한다. 곧 생명을 어떻게 정의해도 분명히 생명인 것과 아닌 것이 있으며, 이러한 상식적 직관을 놓고 이에 부합하는 생명의 정의를 찾는 것이다. 반면, 어떤 개념의 정의를 일종의 이론적 규정으로 보는 입장이 있다. 곧 정의 이전에 본래부터 생명인 것과 아닌 것은 없다. 생명이란 다름 아닌 그 정의를 만족하는 것이다. 만일 그러한 규정이 기존의 상식과 충돌한다면 상식이 잘못된 것이라는 논리이다.

이렇게 생명의 정의 문제를 놓고 벌어지는 복잡다단한 철학적 논쟁을 여기서 반복하고 싶지는 않다(Bedau and Cleland 2010, IV부 참고). 다만 생명을 정의하려는 기획 자체가 불필요하다는 무용론(예를 들어 Machery 2012)은 짚고 넘어가고 싶다. 이것은 처음부터 개념의 정의에 너무 많은 것을 요구하면서 생기는 문제인 것 같다. 곧 대상을 꼭 집어내는 필요충분조건이라든가, 각 분야의 과학자들 사이에 이견이 없는 하나의 참된 정의만을 고집하는 것이다. '생명'과 같은 거대한 개념을 그렇게 정의하기란 당연히 불가능하다. 그렇다고 생명 개념을 정의하려는 시도 자체가 쓸모없는 일은 아니다. 곧 어떤 개념의 정의는 저자가 그 개념으로 무엇을 가리키고 있는지를 분명하게 한다. 그래서 그 개념을 두고 논쟁이 벌어질 때 저자의 의도를 쉽게 파악할 수 있다. 예를 들어 리처드 도킨스(브록만 2017: 22)는 개체 생명을 "미래로 나아가는 탈출 경로가 동일한 유전자들의 표현형 산물 집합"로 정의하고 있다. 이것은 생명을 유전자 관점에서 보는 것으로 여기서 동물의 몸은 유전자 운반체에 불과하다. 따라서 이와 같은 정의는 실험적 증거를 가지고 진위를 따질 수 있는 과학적 가설로 보아서는 안 된다. 오히려 그것은 과학자들 사이의 정확한 의사소통을 위한 개념적 도구('나는 이 개념을 이렇게 쓰겠다')로 보아야 한다.

그렇다고 내가 이 글에서 생명을 새롭게 정의하려는 것은 아니다. 이 글에서 내 목표는 좀 더 소박하다. 나는 먼저 이전의 저자들이 주로 '물리적 관점'에서 생명 개념에 어떻게 접근했는지를 비판적으로 검토한다. 물리적 관점의 생명관은 불충분하며, '정보적 관점'에서 보완될 필요가 있다. 그렇다고 이 두 관점이 논리적 모순이라고 주장하는 것은 아니다. 물리학이 발전하면 내가 '정보적 관점'이라고 부른 것 또한 물리적 관점에서 이해될 수도 있다. 다만 현재의 과학 발전 상태에서 정보적 관점이 물리적 관점에 없는 통찰을 제공하면 족하다. 그 과정에서 과연 생명을 어디까지 물리적으로 이해할 수 있을지에 대한 단서를 얻을 수 있다면 더욱 좋을 것이다.

II. 물리적 관점의 생명관

지난 20세기 과학적 생명 탐구의 걸작으로 슈뢰딩거의 『생명이란 무엇인가What is Life』(1944)를 들 수 있다. '살아 있는 세포의 물리적 측면'이라는 부제가 가리키듯이 이 책은 지난 세기 물리적 관점의 생명관을 대표한다. 물론 슈뢰딩거의 논의가 당시 시점에서조차 그리 독창적이지는 않았을 것이다. 다만 슈뢰딩거는 그때까지 세기 전반의 생명 탐구를 요약하면서 적절한 시점에 후속 세대 과학자에게 영향력 있는 통찰을 남겼다는 점이 높이 평가된다. 슈뢰딩거의 책에 대한 평가는 다른 곳(Murphy and O'Neill 1995; 장회익 2014: 16-33)에서도 충분히 이루어지고 있으므로 나는 이 책이 '물리적 관점'과 관련해 어떤 의미를 지니는지 지적하고 넘어가려 한다.

책의 첫머리에서 슈뢰딩거는 자신의 문제를 다음처럼 정식화한다.

> 살아 있는 유기체의 공간적 경계 내에서 일어나는 **시공간 안의** 사건을 어떻게 물리와 화학으로 설명할 수 있을까? [⋯] 현재의 물리와 화학은 분명 그러한 사건을 설명하지 못하지만 그렇다고 이들 과학이 이를 설명할 수 없을 것이라고 생각해서는 안 된다(Schrödinger 1944, 강조는 원문).

여기서의 '사건'은 막으로 둘러싸인 유기체의 세포 내 사건이라고 봐도 무방하다. 그런데 슈뢰딩거가 '시공간'을 강조하는 것에는 좀 특별한 의미가 있다. 세포 내 어떤 사건이 시공간 안에서 일어나지 않겠는가마는 그것을 물리화학적으로 설명하는 것은 또 다른 이야기이다. 슈뢰딩거는 유전과 대사와 같은 생명현상을, 적어도 원리적으로는 물리와 화학에 의해 설명가능하다고 하는 것이다.

슈뢰딩거의 이러한 언급은 과학사상사를 놓고 볼 때 특별한 의미가 있다. 예를 들어 18세기 후반의 칸트(Kant 1790[2007]: §75)에게서 '풀 한 포기의 과학'은 불가능했다. 이것은 칸트가 당시 물리학의 패러다임인 뉴턴 역학을 과학의 유일한 모범으로 삼았기 때문이다. 뉴턴역학에서는 시공간 배경 아래 엄격한 인과율의 지배를 받는 물체의 운동을 다룬다. 따라서 생명현상에 독특한 조직화와 목적지향성은 설명하기 힘들다. 칸트는 이것을 단지 당시 과학의 한시적 상태가 아니라 인간 인식의 근본적 한계로 보았다. 곧 생명현상은 영원히 인간의 합리적 자연 인식 밖에 있는 것이다.

그런데 19세기를 통한 과학의 성장은 칸트의 이런 견해에 타격을 가하기에 충분하였다. 무엇보다 다윈의 진화론은 생명의 기능과 환경에의 적응을 기계적으로 설명할 수 있는 길을 열었다. 물론 미시적 수준의 인과적 설명은 20세기 유전학과 분자생물학의 발전을 기다려야 했다. 그럼에도 19세기 진화론은 목적론 없이 생명현상을 설명한다는 점에서 이후의 과학 사상에 심원한 영향을 주었다. 또한 19세기를 통한 물리학 자체의 성장은 생명현상에 좀 더 근접한 열역학과 통계역학의 발전을 가져왔다. 그러면서 생명현상을 물리학으로 다룰 수 있는 개념 체계가 형성되기 시작했다.

특히 열역학 엔트로피 개념은 이후 생명의 물리적 이해에 핵심이 되었다. 엔트로피에 관한 열역학 제2법칙에 따르면 고립된 물리계의 엔트로피는 항상 가장 확률이 높은 분포인 최대치를 향해 증가한다. 반면 생명은 이러한 경향을 거스르는 것처럼 보이는데 이것은 생명이 주변 환경과의 교류를 통해 자신의 엔트로피를 낮추기 때문이다. 결국 전체 물리계로 보면 엔트로피는 증가해도 생명체 안에서는 부분적으로는 엔트로피가 감소한다. 이것이 가능하려면 계의 부분들 사이의 온도차에 따른 에너지 흐름이 있어야 한다. 지구상의 생명에서 이러한 흐름의 근원은 바로 뜨거운 태양과 차가운 지구 사이에 있다. 이렇게 생명은 단순히 물질이나 에너지만 소비하는 것이 아니라, 바로 이 에너지 흐름을 이용해 자신의 엔트로피를 낮추고 질서를 유지한다(Boltzmann 1886: 24; 장회익 2014: 109 참고).

이러한 열역학적 관점의 생명관은 20세기 초에는 널리 퍼진 것으로 보인다. 영국의 유기화학자인 돈난은 「생명의 신비」에서 이를 다음처럼 요약한다.

식물에서 자유에너지의 증가는, 이를 상쇄하는 에너지의 감쇄 또는 하락이 없이는 불가능할 것이다. 이러한 퍼텐셜의 감쇄 또는 하강은 약 5,000~6,000도에 달하는 태양 표면과 지구 표면의 온도차에 의해 일어나고 있다. 모든 생물은 그 주변 환경의 비평형 상태 또는 자유에너지를 이용하여 살아간다.(Donnan 1928, 1560)

슈뢰딩거 또한 생명체가 질서를 유지하는 이유로 엔트로피를 지목했다. 그리고 이를 엔트로피를 낮추는 대신 '음의 엔트로피'를 섭취한다고 표현했다. 결국 모든 생명 질서의 근원은 "식물이 태양 빛에서 공급받는 음의 엔트로피"인 것이다. 여기서 우리는 그가 볼츠만에서 시작된 일련의 사상적 흐름을 잇고 있음을 알게 된다.

이후 엔트로피 개념은 중요한 생명의 특징으로 널리 수용되었다. 예를 들어 러브록의 유명한 '가이아 가설'도 그 출발점은 이 개념이었다. 러브록은 1960년대 미국의 화성 탐사 계획에 자문역을 하게 되면서 생명의 본질에 관심을 갖게 되었다. 화성에 과연 생명체가 있을까? 만일 있다면 이를 어떤 방식으로 검출할 것인가? 설령 생명체가 있다 해도 그것이 지구상의 생명과 아주 다른 형태일지도 모를 일이다. 그때 러브록이 제안한 개념이 엔트로피 감소였다. 곧 이것은 지구에 국한된 것이 아닌, 생명의 **보편적** 특징이다(Lovelock 2000, 2-3). 그는 이 개념을 대기와 해양 등 지구 환경 전체에 적용하면서 가이아적 생명관을 형성해갔다.

볼츠만에서 시작된 물리적 관점의 생명관을 잇는 최근 논의는 장회익 (2014)의 '온생명' 개념이다. 이것은 생명의 정의에 관한 논의이면서 동시에 적절한 생명의 단위에 대한 논의이기도 하다. 많은 학자들이 생명의 단위를 세포나 개체로 본다. 하지만 이러한 것들은 진정한 의미의 생명이 될 수 없다. 그것이 '살아' 있기 위해서 외부와의 관계 맺음이 필수적이기 때문이다. 곧 적절한 생명의 단위는 외부의 도움 없이 독자적으로 스스로의 질서를 유지하는 체계이다. 이러한 질서의 근원은 뜨거운 태양으로부터 차가운 지구로의 에너지 흐름이다. 곧 우리가 아는 한 태양과 지구를 묶는 우주의 한 영역(온생명)만이 독자적인 생명의 단위가 될 수 있다. 반면 보통의 생명 개체는 독자적으로는 살아 있다고 할 수 없다. 온생명 네트워크 안의 다른 부분(보생명)에 의존해서만 생명으로 기능할 수 있기 때문이다. 따라서 개체는 온전한 의미의 생명이 아닌, '낱생명'에 불과하다. 이렇게 독특한 온생명 이론은 어찌 보면 물리적 관점의 논리적 귀결이라고 할 수 있다. 그런데 장회익은 여기서 한 걸음 더 나아가 어떤 환경의 에너지 흐름에서 형성된 국소 질서가 자기와 닮은 국소 질서를 비교적 빠른 시간 안에 형성하는 자체촉매 기능을 할 수 있다고 한다. 이 견해에 따르면 주변의 생명체가 보이는 놀라운 복잡성과 질서는 바로 이런 자체촉매적 국소질서가 군집과 변이를 통해 점차 진화한 결과이다.

볼츠만에서 장회익까지 물리적 관점의 생명 이해는 심화되었다. 나는 이러한 생명관에 대부분 동의하면서도 그것이 여전히 몇 가지 점에서 불충분하다고 본다. 먼저 생명을 물리학의 관점, 그것도 특히 열역학 관점에서 바라보기 때문에 생기는 한계가 있다. 특히 이러한 생명관이 단순히 생명의 물리적 특징이 아닌, 생명의 정의로서 주장될 때 생기는 문제가 있다. 예를 들어 엔트로피 감소라고 하는 것은 생명의 본질이라기보다 생명의 지표가 아닌가? 곧 엔트로피가 감소하는 곳에 생명 활동과 관계된 일이 일어난다고는 말할 수 있어도 그것 자체로 생명의 보편적이고 본질적인 특징이라고 할 수는 없지 않을까? 불꽃이나 냉장고와 같은 자연적 및 인공적 구조물에서도 국소적으로는 엔트로피가 감소한다. 물론 이러한 구조는 자체촉매로 기능하거나 복잡한 구조로 진화할 수는 없다. 하지만 내 논점은 이러한 조건을 집어넣어도 그것이 생명의 본질인지, 아니면 생명의 물리적 표상에 불과한지 구별하기 어렵다는 것이다. 곧 이러한 생명관은 생명의 특수성을 무시하고 물리적 관점에서 생명을 재정의한 것일 수도 있다. 그러한 재정의가 생명만의 특징을 온전히 담아낸다면 좋겠지만 그렇지 못할 경우 생명의 특징을 배제하거나 비생명의 특징을 포함할 수도 있다.

그렇다면 물리적 관점이 담지 못한 중요한 생명만의 특징에는 무엇이 있을까? 나는 그것이 정보라고 생각한다. 모든 생명은 생명 고유의 정보를 공유하며 이를 이용해 살아간다. 그리고 이러한 정보는 일종의 '상징작용'이라는 점에서 열역학적 질서나 '정보 엔트로피'와 같은 물리적 개념과 구분된다. 반면 물리적 관점에서 이 구분은 무시된다. 곧 정보의 상징작용과 물리적 인과작용이 종종 혼용되는 것이다. 예를 들어 슈뢰딩거는 '유전 부호genetic code'라는 개념을 처음 제시해 이후의 생물학 발전에 막대한 영향을 주었으면서도 이를 여전히 "순진한 물리학자" 관점에서 파악했다. 곧 유전 부호만 알면 마치 라플라스의 신처럼 이후의 생명 발달을 결정론적으로 예측할 수 있다는 것이다. 그러면서도 유전 정보가 세대에서 세대로 안정되게 전달되는 현상에는 의문을 표시한다. 유전을 담당하는 분자가 열운동에 노출되어 흐트러지기 쉽기 때문이다. 슈뢰딩거는 이것이 고전역학으로는 설명이 불가능하며 양자역학의 불연속적 상태와 관련이 있음을 암시한다. 돌연변이 또한 이러한 불연속적인 상태의 전이, 곧 유전자 분자 상태의 '양자도약'으로 설명된다.

슈뢰딩거의 이러한 순진한 그림은 이후의 생물학 발전에 의해 상당 부분 폐기되었다. 예를 들어 유전 정보가 안정적으로 전달되는 현상은 오류를 방지하고 교정하는 효소 작용이 관계한다는 것이 밝혀졌다. 하지만 이러한 사실적 오류보다도 내가 의문인 것은 슈뢰딩거와 같은 물리적 접근 뒤에 숨은 근본 가정이다. 곧 유전 정보가 충실하게 전달된다는 정보적 수준에서의 사실이 처음에는 분자 구조의 안정성이라는 화학적 수준과 연결된다. 양자역학적인 상태의 불연속성이라는 물리적 수준에서 설명될 수 있다는 것이다. 하지만 정보적 수준과 물리화학적 수준 사이에는 어떠한 직접적인 상관관계도 없다. 또한 유전 부호가 발달 과정을 통제하며 거기에 어떤 인과적 영향력을 행사한다는 생각도 생명을 물리화학적으로만 이해하려 한 결과이다.

물론 어떠한 생명도 물리학의 법칙이나 원리를 거스르며 작동할 수는 없다. 생명의 작동은 지금까지 알려진 물리나 화학 법칙들과 일관된 방식으로 설명되어야 한다. 하지만 생명은 또한 물리학이나 화학이 다루는 수준을 넘어서기도 한다. 여기서 넘어선다는 말은 생명이 물리학이나 화학의 법칙을 어긴다는 뜻이 아니다. 이것은 생명에 관한 의미 있는 정보는 물리화학적 수준을 끌어들이지 않고도 생명 나름의 독자적 수준에서 해명이 가능하다는 뜻이다. 만일 생명을 물리학으로만 바라보려 한다면 가장 일반적인 물리적 거동 이외의 생명 고유의 활동 방식이나 다양성은 포착되지 않을 것이다. 지난 세기 중반 물리학자로 시스템 생물학을 개척한 엘사서(Elsasser 1958)는 이러한 생명 수준의 고유한 규칙성을 '바이 오토닉 법칙biotonic laws'이라고 불렀다. 그리고 이것이 배아 발달과 같이 정보가 주된 역할을 하는 작용의 특징이라고 보았다. 나는 지난 수십 년 간 생물학의 발달이 이러한 통찰을 뒷받침할 뿐만 아니라 생명의 정보적 특성에 대한 새로운 시각을 제시한다고 생각한다.

III. 생명의 정보적 특성: 유전 부호

다시 '생명이란 무엇인가'의 문제로 돌아가자. 나는 이 문제에 대한 가장 자명하면서도 명쾌한 답을 벨기에의 생물학자인 드뒤브로부터 얻었다. "생명이란 모든 살아 있는 것에 공통된 것이다"(De Duve 2002, 8). 어찌 보면 의미 없는 동어반복 같은 이 명제는 그러나 정보적 관점의 중요한 출발점이다. 같은 통찰을『우연과 필연』(Monod 1971)의 저자인 모노는 다음처럼 표현했다. "대장균에게 적용되는 것은 코끼리에 대해서도 마찬가지이다"(Friedmann 2004 참고). 이것은 모든 생명은 동일한 원리에 기반을 두고 있다는 통일성의 표현이다. 생명의 통일성을 가장 인상적으로 보여주는 드뒤브의 예로 다음의 문자열을 비교해 보라(http://www.uniprot.org/ 참고).

E. Coli:	ILDIGDA	SAQELAEILK	NAKTILWNGP
Oryza sativa:	GLDIGPD	SIKTFSETLD	TTKTVIWNGP
Drosophila:	GLDVGPK	TRELFAAPIA	RAKLIVWNGP
Loxodonta:	GLDCGPE	SNKKYAEAVA	RAKQIVWNGP
Homo:	GLDCGPE	SSKKYAEAVT	RAKQIVWNGP

어찌 보면 아무런 의미 없는 문자의 나열 같다. 하지만 의미를 배제하고 순수한 구문론적 관점에서 보아도 눈에 띄는 특징이 있다. 암호와 같은 다섯 개의 문자열에서 단편들이 동일하게 반복되는 것이다. LD와 G, K와 WNGP가 모두 겹친다. 특히 맨 아래 두 문자열은 가운데 두 곳에서만 차이가 난다. 따라서 이들 모두는 무작위 서열이 아니라 어떤 원본을 놓고 서로 베낀 것이다. 다만 그 방식이 정확히 복제한 것은 아니고, 마치 활자를 사이사이 떼고 끼워넣듯 변형한 것이다.

그런데 이들 서열은 인위적으로 꾸며낸 것이 아니라 실제 생명에서 발견되는 것들이다. 정확히는 각각 대장균, 쌀, 초파리, 코끼리, 사람에서 발견되는 포스포글리세레이트 키나제(PGK)라는 단백질 효소의 아미노산 서열이다. 그 주기능은 당을 알코올로 분해하는 것이며, 사람의 경우 정자의 운동성에도 관계하는 것으로 알려져 있다. PGK는 400개 정도의 아미노산으로 이루어져 있는데 위 서열은 300번 자리 전후에서 발견된다. 단백질을 이루는 아미노산은 20가지 종류가 있으므로 서열은 20개의 알파벳으로 쓸 수 있다. 곧 살펴 보겠지만 이 알파벳이 모든 생명체가 공유하는 보편적인 유전 부호인 것이다.

그렇다면 정보 생명체 안에서 어떻게 전달되는가? 생명 안에서 정보의 흐름을 나타내는 흔히 분자생물학의 '중심 가설'로 알려져 있다.

중심 가설: DNA =(전사transcription)➡RNA =(번역translation)➡ 단백질

여기서 화살표는 정보의 흐름을 나타내며 특수한 경우를 제외하면 정보는 일방적으로 흐른다. 중심 가설은 DNA 분자 구조의 공동 발견자이기도 한 프랜시스 크릭(Crick 1958, 153)이 제안한 이래 50년 이상 분자생물

학의 토대 원리로 남아 있다. 그런데 이러한 중요한 원리가 바로 정보의 관점에서 정식화되었는데도 그 철학적 의미는 깊게 탐구되지 않았다. 오히려 생물학의 다른 분야가 분자생물학으로 환원될 수 있을 것이라는 막연한 환원주의가 이 분야를 지배하고 있다. 분자생물학은 분자 구조와 화학 결합으로 세포 내 생명현상을 설명하므로 만일 생물학의 다른 분야가 분자생물학으로 환원된다면 이것은 생명현상의 분자적 해명에 다름 아닐 것이다.

하지만 분자생물학의 설명 방식을 뜯어보면 환원적 설명보다 오히려 정보의 독자적 수준을 인정하는 설명이 일반적이다. 이것은 유전 부호를 둘러싼 여러 개념 체계에서도 잘 드러난다. 먼저 유전의 기본 단위인 핵산을 보자. DNA와 RNA 핵산은 뉴클레오티드가 긴 사슬 모양으로 결합된 중합체이다. 각 뉴클레오티드는 당에 인산기과 염기가 붙어 있는 구조를 하고 있으며, 염기의 종류에 따라 네 가지 종류가 있다(A, T 또는 U, G, C). 여기서 아데닌 A는 티민 T(RNA에서는 우라실 U)과, 구아닌 G은 시토신 C와만 '상보적으로' 결합한다. 염기는 세 개 단위로 하나의 아미노산을 지정하는데 이를 코돈이라고 한다. 가능한 코돈의 갯수가 $4^3 = 64$개인 반면 단백질 아미노산은 20개이므로 여러 코돈이 하나의 아미노산을 지정하는 중복이 생기게 된다.

DNA에서 시작해 단백질이 만들어지는 과정은 크게 전사와 번역으로 구분되는데 여기서는 RNA가 핵심적인 역할을 한다. 먼저 DNA 사슬이 복제될 때처럼 상보적 뉴클레오티드 RNA 사슬이 만들어지는 과정이 전사이다. '전령messenger RNA(mRNA)'이라고 부르는 이 RNA 사슬이 핵을 빠져나와 세포질의 리보솜에서 '운반transfer RNA(tRNA)'와 결합한다. 세포질 안에 널린 여러 아미노산을 리보솜으로 운반하는 역할을 하는 tRNA는 80개 정도의 뉴클레오티드 사슬로 이루어져 있다. 한쪽 끝에는 운반되는 아미노산이, 다른 쪽에는 '안티코돈'이라는 뉴클레오티드 세 개로 이루어진 돌출 구조가 있다. 이 안티코돈이 mRNA 사슬을 따라 이동하다가 상보적인 코돈을 만나면 결합한다. 이렇게 tRNA들이 mRNA 사슬에 차례차례 붙으면서 반대쪽에 아미노산들이 늘어선 구조를 만든다. 최종적으로 효소를 사용해 아미노산을 결합시키면 단백질이 만들어진다. 이렇게 RNA에서 단백질을 합성하는 과정을 통틀어 '번역'이라고 한다. DNA 염기 서열에 담긴 정보가 최종적으로 단백질의 언어로 바뀌는 것이다.

이렇게 분자생물학에서 잘 알려진 사실을 반복하는 이유는 이러한 사실의 서술과 설명이 정보적 관점에서만 가능하다는 것을 보이기 위해서이다. 곧 이러한 과정은 그 자체로 구조화학적인 서술이라기보다 정보 전달에 관한 서술이다. 여기서 '부호', '전사', '전령', '번역'과 같은 언어적 개념은 단지 비유가 아니라, 오히려 생명 기능의 핵심을 서술하는 것이다. 생물학적 서술의 일차적인 대상이 바로 정보 전달이며 물리화학적 과정은 이에 대응하는 상관물일 뿐이다. 여러 정보 전달 기능 각각에 대응하는 분자의 배치와 결합 방식을 아무리 자세히 서술한다고 해도 그것이 조직적 수준에서 어떤 의미가 있는지는 도출되지 않는 것이다. 실제로 DNA 복제나 전사, 번역에는 적어도 수십 가지의 단백질이 효소로 참여하지만 결국 그 생물학적 의미는 DNA에서 단백질로 전달되는 형질 정보에 대한 것이다. 전사 과정에서 핵산의 어떤 구간은 단백질로 번역되지 않는 문제 또한 있다. 이 부분을 인트론(번역되는 부분은 엑손)이라고 하는데 mRNA가 세포핵 밖으로 나가기 전에 이 구간을 '편집'하기 때문이다. 이것에 대한 분자 수준의 설명은 다시 어떤 효소가 어느 부분에서 핵산을 자르고 붙이는지에 관한 것이다. 하지만 해결되지 않는 의문은 단백질을 만들지 않는 인트론이 어떤 다른 생물학적 기능을 하는지, 인트론과 엑손의 비율이 분류군마다 왜 많은 차이를 보이는지, 그것이 원핵생물 진화 이전 또는 이후에 나타난 구조인지, 인트론에 저장된 정보의 의미는 무엇인지 등일 것이다.

다시 유전 부호로 돌아가자. 모든 생명체는 동일한 20가지 종류의 아미노산을 재료로 단백질을 만든다. 그리고 특정 아미노산과 이를 지정하는 코돈도 동일한 부호 체계를 따른다. mRNA 상의 '읽기틀reading frame'은 AUG 코돈에서부터 합성할 단백질을 읽어내기 시작해 UAA나 UAG, 또는 UGA에서 종결된다. 각각을 시작 코돈과 종결 코돈이라고 하며, 종결 코돈은 원래 '무의미 코돈nonsense codon'이라고도 불렀다. 이러한 이름이 가리키는 대로 코돈과 아미노산, 코돈과 그 화학적 기능 사이의 관계는, 인간의 언어와 그 언어가 나타내는 대상처럼 임의적인 관계이다. 왜 특정 코돈에 특정 아미노산이 대응하는가를 화학적인 친화성에 의해 규명하려는 시도는 이제까지 실패했다. 곧 tRNA나 효소를 변화시키면 한 코돈에 다른 아미노산을 인공적으로 할당할 수도 있는 것이다.

그런데 더욱 놀라운 것은 모스 부호처럼 임의적인 이 부호 체계가 모든 생명에 공통된 보편 체계라는 것이다. 이것은 모든 생명이 하나의 공통 조상에서 나왔다고 하는 진화의 대명제를 생각해도 매우 놀라운 사태이다. 자연언어의 경우에는 라틴어에서 나온 프랑스어와 이태리어처럼 공통된 조어에서 나온 언어들도 서로 매우 다른 모습을 보이기 때문이다. 따라서 코돈의 부호 체계 또한 처음에는 상당히 유연하게 변화했고 심지어 최초에는 2개의 염기가 최대 16개의 아미노산을 지정하는 체계가 있었을 것이라는 가설이 설득력을 얻는다. 여러 부호 체계는 이후 진화 과정을 거쳐 하나의 고정된 체계로 굳어져 갔다. 그리고 현생명의 공통 조상 이전의 어떤 시점에서 이러한 체계를 바꾸기 위해 같이 바꾸어야 하는 다른 구조나 경로가 너무 늘어났다. 따라서 작은 변화도 생명체 전체에 치명적인 시점이 왔다. 그래서 부호 체계는 그 효율성이나 최적화와 무관하게 어떤 시점 이후 규격화된 것이라고 할 수 있다. 곧 유전 부호는 과거에는 우연적인 사태였으나 이후 어떤 필연성 또는 불가피성 때문에 생명체의 보편적인 특성이 되었고, 이를 흔히 진화사의 '동결 사건frozen accident'이라고 부른다.

실제로 우리가 생명의 보편적 특징이라고 하는 것도 알고 보면 이렇게 진화사의 동결 사건인 것들이 많다. 다른 예로 DNA와 RNA의 진화사적 관계가 있다. 'RNA 세계 가설'로 알려진 정설에 따르면 RNA는 DNA나 다른 단백질 효소에 앞서 나온, 모든 생명의 선구이다. RNA의 다양한 효소 기능을 살펴볼 때 이것만이 자신을 복제하고 동시에 촉매로서 기능할 수 있었다는 것이다. 반면 어떠한 DNA 분자도 효소로 화학반응에 참여하지는 않는다. 현재 생물에서 DNA는 철저하게 정보를 저장하는 기능만을 하며 실제로 단백질을 만들어내는 것은 RNA이다. 그렇다면 이러한 기능 분화는 생존상의 어떤 이점 때문에 자연 선택되었을 것이다. DNA와 RNA의 분리는 생명의 초기 진화사에서 중요한 동결 사건이었으며, 그 디테일은 여전히 많은 경험적인 탐구를 필요로 한다.

이제까지 논의에서 나는 정보적 관점을 크게 두 가지로 서술했다. 하나는 공시적 관점에서 현재 생명에서 유전 정보를 전달하는 체계는 분자 수준으로 환원해 설명할 수 없다는 것이었다. 다른 하나는 통시적 관점에서 현재 생명의 보편적 특징도 과거의 진화사에서는 우연적인 사건이며, 생명의 물리화학적 구조만큼이나 이러한 진화사의 우연적 사건에

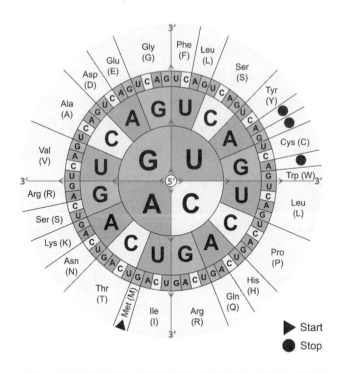

그림 2-1 코돈 세 개가 지정하는 20가지의 아미노산(모든 생명에 공통된 부호 체계이다.)

대한 역사적 탐구가 생명에 대한 이해를 심화시킬 것이라는 전망이었다.
이제 이러한 논의가 생명의 발달과 진화를 이해하는 데 어떤 도움을 줄
수 있을지 알아보자.

IV. 생명의 정보적 특성: 발달과 진화

일부 학자들은 생명에서 정보의 역할을 유전, 특히 단백질 아미노산을

코딩하는 역할에만 국한시켜 생각한다. 발달 과정이 유전 정보의 표현이라는 것은 기껏해야 하나의 은유일 뿐 결국 환경과의 물리적이고 인과적인 상호작용으로 이해될 수 있다는 것이다(Griffiths 2001). 그러나 발달과 진화를 통합적으로 연구하는 이보디보(evo-devo) 생물학의 발전으로 논쟁은 새로운 국면에 접어들었다. 이보디보의 함축이 생명이 상징적 정보를 활용해 여러 계층적 수준의 조절과 통합을 이루고 있다는 것이기 때문이다.

이보디보에서 가장 중요한 최근의 성과는 '호메오박스 유전자homeobox gene'(정확히는 유전자군)의 발견이었다. 엑손 부분만 180개의 염기 서열(아미노산 60개에 해당)로 이루어진 이 유전자가 지정하는 단백질 영역을 호메오도메인homeodomain'이라고 부른다. 호메오박스 유전자는 모든 진핵생물과 원핵생물 게놈의 이곳저곳에서 거의 동일한 서열로 발견된다. 예를 들어 초파리와 사람의 호메오박스 유전자는 마지막 아미노산 N이 H로 바뀐 차이밖에 없다. 그런데 이 호메오도메인 단백질은 직접적으로 생물의 조직이나 구조를 만드는 데 관계하는 것이 아니라 다른 DNA의 mRNA 전사 과정을 조절하는 것으로 알려져 있다. 이 단백질이 특정 DNA 영역에 달라붙어 표적 유전자의 단백질 발현을 조절한다. 곧 마치 스위치를 켜고 끄거나 볼륨을 조절하는 것처럼 다른 유전자의 발현 여부와 타이밍, 지속 기간, 속도 등을 조절하는 것이다. 호메오박스 유전자의 이러한 기능 때문에 이들은 때때로 '툴킷 유전자toolkit gene'라고 불린다.

툴킷 유전자의 대표격인 혹스 유전자는 좌우대칭인 동물의 머리에서 꼬리까지, 체절과 각 체절에서 사지, 날개, 더듬이 등의 발현을 조절한다. 이 유전자가 어떤 시점에 얼마만큼 작용하는지에 따라 목과 몸통의 상대적 길이, 사지의 위치와 발현 여부 등이 결정된다. 예를 들어 뱀의 경우에는 혹스 유전자가 몸통의 길이를 늘이는 스위치를 머리까지 끄지 않아 목과 앞다리가 아예 나오지 않으며, 동시에 다리의 형성에 관계하는 디스탈리스 유전자의 발현이 억제된다. 신기한 점은 혹스 유전자군 안에 배치된 여러 유전자의 공간적 순서가 그 유전자가 조절하는 몸 부위의 순서 및 발현 순서와 일치한다는 것이었다.

디스탈리스 유전자는 나비의 경우 부속지의 형성뿐만 아니라 날개의 무늬와 색 조절에도 관계한다. 이처럼 같은 유전자를 조금씩 다른 기능을 조절하는 데 이용하는 경우도 있지만, 공통된 툴킷 유전자의 경우 진화사의 장구한 기간 동안 여러 생물에서 동일한 기능을 한다. 대표적으로 PAX6 유전자라는 눈과 감각 기관의 발현을 통제하는 최상위 조절 유전자가 있다. 동물계에서 눈은 40번 이상 독립적으로 진화했으며 같은 기능을 하지만 공통 조상에서 나온 것이 아닌 '상사analogous' 기관으로 알려져 있다. 반면 사람의 팔이나 박쥐의 날개, 고래의 지느러미 등은 같은 선조의 앞다리에서 나왔으므로 '상동homologous' 기관이 된다. 그런데 PAX6 유전자의 경우 독립적으로 진화한 동물들에서도 거의 동일하게 발견되며 같은 조절 기능을 한다. 예를 들어 쥐의 PAX6 유전자를 초파리에 넣어 발현시키면, 넣어주는 위치에 따라 쥐의 눈이 아닌 초파리의 눈 조직이 날개, 다리, 더듬이 등에서 완전한 형태로 유도된다. 상사로만 생각했던 서로 다른 분류군의 눈 기관이 같은 유전자의 통제를 받는 것이다. PAX6 유전자의 이런 성질 때문에 포유류의 눈과 곤충의 겹눈이 '심층 상동deep homology'이며, 독립적으로 진화한 것이 아니라 같은 툴킷 유전자를 재사용한 것임이 밝혀졌다.

그렇다면 동물 형태의 다양성은 어디에서 오는가? 같은 툴킷 유전자를 사용해도 초파리의 눈과 사람의 눈은 매우 다르지 않은가? 이보디보의 잠정적 해답은 바로 유전자 발현 방식의 변화에 있다. 곧 생명의 다양한 형태는 유전자 자체의 다양성 증가라기보다 같은 툴킷 유전자가 가져온 발현 방식의 다양화로 보아야 한다는 것이다. 스위치를 언제 어디서 켜고 끄는지가 차이를 만들어 내는 것이다. 그리고 이것이 이보디보가 진화사에 던지는 빛이다. 예를 들어 5억 4000만 년 전 '캄브리아기 대폭발'을 생각해보자. 이것은 동물의 신체부속의 종류와 수가 다양화하며 절지동물을 비롯한 대부분의 현생 동물 문을 확립시킨 사건이다. 이 시기에도 같은 툴킷 유전자군은 이미 확보되어 있었을 것이라고 생각된다. 중요한 것은 이 유전자가 구조의 발현을 통제하는 방식이 다양화했다는 것이다. 예를 들어 같은 혹스 유전자가 머리나 꼬리 쪽으로 이동하면 부속지의 위치와 형태에도 다양한 변화가 생긴다. 물론 이러한 변이가 일어나기까지는 캄브리아기 환경의 선택압이 어느 정도 작용했을 것이다. 중요한 것은 이러한 시각에서 새로운 분류군이 나뉘는 대진화를 새롭게 바라볼 수 있다는 것이다. 곧 환경의 급작스러운 변화만이 아니라 툴킷 유전자의 스위치 변화가 비교적 급격한 진화를 이끌어낼 수 있다는 것이다. 전통적으로 대진화는 유전자의 점 돌연변이와 같은 소진화가 점진적으로 축적되어 일어난다고 보았다. 하지만 이보디보에서는 유전자의 발현을 통제하는 상위 수준 기제의 변화가 대진화를 가져올 수도 있다. 진화의 수준이 상위의 분류군으로 올라갈수록 보다 상위의 툴킷 유전자가 조절하는 발현의 변화가 필요한 것이다. 이렇게 발달과 진화사의 관련성을 체계적으로 밝히는 것이 앞으로 이보디보의 연구과제이다.

툴킷 유전자와 같이 전사 과정에서 다른 유전자의 발현을 조절하는 과정은 일찍이 자콥과 모노에 의해 연구된 바 있다. 모노(Monod 1971: 77-80)에 따르면 이러한 조절 기전은 그 아래 깔린 화학적 반응에 의해 필연적으로 결정되는 것이 아니라, 다른 어떤 화학적 반응이 개입해도 원래의 조절 기능을 성취할 수 있다. 그는 이러한 관계가 기능적으로는 유용하고 이유가 있으면서도, 물리화학적으로는 임의적 또는 '그럴 필요 없는(gratuite)' 것이라고 했다. 그러면서 여기서 물리화학과 구분되는 생물의 자율적이고 독립적인 수준을 확보하려 했다. 생명이 물리법칙을 어기지 않으면서도 이를 어떤 의미에서 넘어선다는 것이다. 모노의 이러한 통찰은 이후 이보디보를 통해 조절 유전자의 계층 구조가 밝혀지면서 힘을 얻게 되었다. 그리고 이것이 내가 유전 정보의 전달과 함께 발달도 일종의 '상징작용'에 의해 통제되고 있다고 주장하는 근거이다. 상징작용의 대표격인 인간의 발화는 음파로 전달되며 물리법칙과 모순되지 않는다. 하지만 그 말이 지시하는 대상이나 언어의 수행적 기능은 물리법칙이 아닌, 언어의 의미 속에 담겨 있다. 생명의 경우 그 의미는 '여기에 눈을 만들어라'와 같이 구조나 형태, 행동에 대한 정보인 것이다.

유전자의 염기 서열이나 그것이 지정하는 아미노산 서열이 순전히 구문론적 관점에서 보아도 어떤 정보를 담고 있다는 것은 분명하다. 이것은 호메오박스 유전자나 여러 계통에서 공통적으로 발견되는 아미노산 서열, 코돈-아미노산의 보편 체계 등 곳곳에서 예시된다. 그렇다면 이러한 정보는 무엇을 의미하며 어디에서 왔는가? 물론 그 정보의 의미는 유전자가 하는 기능이나 발현된 표현형(예: 특정 위치에서 생긴 눈)을 통해 사후적으로 추측할 수 있다. 그러나 우리의 주된 관심은 그러한 정보의 의미가 처음 어떻게 생겨나 후대의 생물계에 어떻게 전달되었는가이다. 나는 여기서 자연선택에 의한 진화가 핵심 역할을 했다고 본다. 먼저 생물 정보는 모든 가능한 염기 서열 가운데에서 몇몇 변이가 생기고 특정 염기 서열이 선택되면서 시작된다. 염기 서열은 순수한 구문일 뿐이지만,

그 서열의 선택에 영향을 주는 것은 환경과의 상호작용이다. 복제자나 세포, 또는 유기체가 주어진 환경에서 어떤 이점을 가지는 방향으로 선택이 일어나는 것이다. 따라서 생명 정보의 의미를 온전히 이해하려면 그것이 진화사에서 최초에 선택된 이유를 추적해야만 한다. 이런 의미에서 **자연선택은 생명 정보의 의미론**이라고 할 수 있다(정보의 구문론과 의미론에 대해서는 이정민 2015 참고).

곧 생명에서 정보는 그것이 아무리 보편적인 법칙을 따르는 것처럼 보여도 그 근원에서는 변이와 자연선택이라는 분자 수준의 우연과 환경의 제약이 자리하고 있다. 대다수의 생명 법칙은 물리화학적인 법칙으로 환원되지 않는, 진화사의 동결 사건인 것이다. 그리고 이러한 진화사에 대한 이해가 바로 현생 생물에 대한 이해이기도 하다. 현생 생물을 공시적 관점에서 그것이 지금 갖고 있는 유전자와 현재 환경과의 상호작용에 의한 표현형의 발현만으로 이해할 수는 없다. 유전자에 담긴 정보와 그 의미가 진화사 전체에 걸쳐 있기 때문이다. 작게는 눈과 같은 특정 표현형이 선택된 이유부터, 크게는 유전 부호 체계와 같이 생명은 구석구석 역사가 얽혀 있다. 그리고 이러한 진화사에 대한 이해가 생명에 대한 근본적인 이해를 가능하게 한다. 만일 생명의 유전 부호 체계를 이해하려면 그것이 어떤 시점에서 어떤 이유로 동결되었는지를 밝혀야 하는 것이다.

물리계나 화학 분자와 달리 생명은 과거의 선조가 어떤 환경에서 어떻게 살았다는 것이 지금의 형태와 행동의 원인이 된다. 진화생물학자 마이어(Mayr 1961)는 이를 생명에서의 '궁극 인과'라고 불렀다. 반면 분자 수준의 돌연변이나 그러한 변이가 표현형으로 발현되기까지 필요한 수많은 효소와 경로 기제는 물리화학적인 '근접 인과'로 설명할 수 있다.

근접 인과는 과거에 최초의 변이가 일어난 시점(예를 들어 수백만 년 전 유인원의 유전자 돌연변이)에도 적용되지만 현생 생물의 발달 과정(걸음마를 하기까지의 근육의 생리적 발달 과정)에도 적용될 수 있다. 반면 물리화학적으로는 아무런 관련도 없는 이 둘을 연결해주는 것이 궁극 인과의 개념이다. 곧 우리가 걸음마를 하는 궁극적인 이유가 그것이 수백만 년 전 아프리카 환경에서 생존상의 이점으로 작용했기 때문이다. 이처럼 생명의 경우 그것이 물리화학과는 다른 인과 개념을 요청하므로 정보적 관점이 다시 필요해진다.

V. 결론: 물리적 관점과 정보적 관점

유전과 진화, 발달이라는 생명현상 가운데서도 가장 기초적인 몇 가지 사례를 가지고 정보적 관점을 논했다. 끝으로 생명에 대한 정보적 관점과 물리적 관점이 정말로 대립적인지, 아니면 어떤 절충의 가능성이 있는지를 탐구해 보고자 한다. 만일 이 둘을 대립적으로만 이해한다면 적어도 표면적으로는 란다우어 원리에 위배되는 것처럼 보이기 때문이다. 란다우어는 '정보는 물리적'이라고 하여 계산적 의미에서 정보의 손실과 열역학적 엔트로피 증가가 동등함을 밝혔다. 물론 란다우어의 정보 개념은, 이 글에서 쓴 '의미를 담고 있는 정보'와 동일한 개념은 아니다. 하지만 이러한 '의미 있는 정보'에 대해서도 순전히 물리적인 정의를 할 수 있다는 주장이 최근 로벨리(Rovelli 2016)에 의해 개진되었다. 따라서 로벨리의 논의를 비판적으로 검토한다면 두 관점 사이의 절충 가능성을 타진할 수 있을 것이다.

먼저 로벨리는 그가 '상대 정보relative information'이라고 하는 것을 수학적으로 정의한다. 두 물리계가 서로에 대해 상대 정보를 가지고 있다는 것은 두 물리계가 취할 수 있는 물리 변수의 값이 독립적이 아니라 일정한 상관관계에 있다는 것이다. 예를 들어 자석의 한쪽 극은 반대편 극과 항상 반대이므로 서로에 대해 1비트의 상대 정보를 가지고 있다. 이렇게 상대 정보를 순수하게 물리적으로 정의한 뒤 로벨리는 그렇다면 '의미 있는 정보' 또는 '유관한 정보'가 무엇일지 질문한다. 그것이 단순한 물리적인 상관관계에 그치지는 않을 것이다. 물리 세계에 편재하는 상관관계보다 특화된, 의미 있는 정보란 무엇인가? 여기서 로벨리는 생명을 끌어들인다. 곧 정보의 의미는 생명이 진화하는 과정에서 다음처럼 생긴다. 환경을 특징짓는 여러 변수들이 값이 있을 것이다. 이러한 변수들의 값에 민감하게 반응해 일정한 상관관계를 확립시킨 개체는 살아남을 것이고, 그렇지 못한 개체는 죽을 것이다. 예를 들어 박테리아가 영양분을 찾아 이동한다고 하자. 왼쪽은 영양분이 풍부하고 오른쪽은 영양분이 고갈되어 있다. 그렇다면 박테리아의 내적 상태가 영양분이 풍부한쪽의 위치 변수와 일정한 상관관계를 확립한다면 생존에 도움이 될 것이다. 로벨리가 생각하는 의미 있는 정보란 바로 이런 생존가능성에 차이를 만들어 내는 것이다. 그래서 '의미=정보(물리적 상관관계) 더하기 진화(생명의 차등적 생존 가능성)'라는 등식이 성립한다. 하지만 그 의미도 여전히 유기체와 환경의 물리적 상태 사이의 관계라는 점에서 정보의 의미는 물리적 세계 안에 편재하는 상관관계 위에 성립한다.

로벨리의 이러한 작업이 가지는 한계는 분명하다고 본다. 그가 정보의 의미를 생명 활동과 관련해 논의한 것은 자연 세계의 과학적 이해를 향한 올바른 방향에 있다고 본다. 하지만 정보의 의미를 생존에 기여하는 물리적 변수 사이의 상관관계라고 정의한다고 해서 문제가 해결되지는 않는다. '생존'이라는 것이 다시 어떻게 물리적으로 정의될 수 있는지 물을 수 있기 때문이다. 어떠한 물리 변수도 생존에 기여하는 상관관계와 그렇지 않은 관계의 차이를 포착해 낼 수 없다. 기껏해야 박테리아 세포의 동역학적 상태와 영양분의 위치처럼, 특수한 상황에 끼워 맞춘 그저 그런 이야기가 전부일 것이기 때문이다. 따라서 그가 정보의 의미를 순전히 물리적으로 포착해냈다는 주장은 그의 논의에 의해 실질적으로 뒷받침되지 않는다.

그런데 생명과 물리법칙의 일반적 특성을 생각하면 이러한 실패는 당연하다. 물리 법칙은 진화의 시간에 의해 국한되지 않는 보편성과 무시간성을 지닌다. 반면 생명의 경우에는 그것이 모든 생명의 보편적 특징이라고 해도 진화의 시간에 의해 구속된다. 물리계나 화학 분자는 그 대상이 놓인 위치나 시점이 물리화학 법칙의 내용에 차이를 만들어 내지는 않는다. 반면 생명은 그것이 진화사의 어떤 시점에 놓여 있는가에 따라 그것을 지배하는 규칙성 자체가 달라질 수 있다. 왜 현재 생물이 염기 두 개가 아닌, 세 개가 아미노산 하나를 지정하는가는 유전 부호 자체의 진화 과정을 따져봐야 하는 것이다. 곧 생명에서는 법칙이 진화의 역사를 만드는 것이 아니라 진화의 역사가 법칙을 만든다. 이것은 생명이 물리학이나 화학의 법칙을 어긴다는 뜻이 아니다. 오히려 생명에 관한 의미 있는 정보는, 로벨리처럼 물리적 수준을 끌어들이지 않고도 생명 나름의 독자적 수준인 진화의 역사 위에서 해명이 가능하다는 뜻이다.

어떤 현상이 '알려진 물리법칙을 어기지 않는다'거나 '물리법칙에 예외는 발견되지 않는다', 또는 '물리법칙의 관점에서 볼 수 있다'를, '물리법칙에 의해 결정된다' 또는 '물리법칙에 의해 설명된다'와 엄밀히 구분할 필요가 있다. 전자는 생명의 실질적 기능에 관해 말하는 내용이 없는, 다소 공허한 언명인 반면, 후자는 그러한 기능마저도 물리법칙으로 포착해 낼 수 있다는 강한 주장이기 때문이다. 생명과 같이 어떤 독자적 수준의 법칙은 물리법칙과 모순되지 않지만 그렇다고 물리법칙에 의해 결정되지도 않는다. 유전 부호와 같은 보편적인 규칙도 분자 수준에서 보면 수십억 년 전 최초의 복제자를 둘러싼 환경의 물질과 에너지 흐름에 의해 우연적으로 촉발된 것일 수 있다. 그 물리화학적 세부사항은 우리가 복구해 낼 수도 없고 그럴 가치도 없다. 오히려 우리가 알고 싶은 것은 그 복제자를 둘러싼 '생태 환경'의 특징일 것이다.

생명을 지배하는 여러 규칙성이 진화의 산물이라면 오히려 반대로 물리 법칙에 대해서도 같은 결론이 성립하는지 물을 수 있다. 곧 많은 물리 법칙 또한 빅뱅부터 시작된 초기 우주 진화의 결과라고 할 수 있지 않을까? 가장 근본적인 법칙부터 우리 우주에만 성립하는 특수한 것까지 법칙들의 위계 또한 우주와 함께 진화한 것이 아닐까(Thirring 1995)? 만일 그렇다면 이렇게 진화한 법칙은 최초에는 법칙이 아닌, 가능성으로만 존재했을 것이다. 예를 들어 여러 개의 다양한 가능성 가운데 하나인 4차원의 시공간은 초기 우주의 고차원 대칭 붕괴에 따른 결과일 것이다. 만일 이러한 가설이 옳다면 진화는 우주와 생명 모두의 특징이다. 그리고 물리 법칙과 생명 법칙은 모두 통일적인 진화사의 일부일 것이다. 물론 이러한 가설은 아직까지 상당히 사변적이고 허황되기까지 한 이야기라는 것을 인정한다. 그러나 그것이 생명을 물리법칙으로 환원해 설명하려는 시도 이상으로 사변적이지는 않다. 자연에 관한 통일된 과학은 후자만큼이나 전자의 방향으로도 추구할 가치가 있다.

3장

사이버네틱스에서 바라본 생명[*]

김재영
(고등과학원 초학제연구단 객원연구원)

서울대학교 물리학과에서 물리학기초론 전공으로 이학 박사 학위를 취득했다. 이후 독일 막스플랑크 과학사연구소 초빙교수, 서울대학교 강의교수, 이화여자대학교 HK연구교수, KIAS Visiting Research Fellow 등을 거쳐 현재 KAIST 부설 한국과학영재학교와 서울대학교에서 가르치고 있다.

저서로는 『양자, 정보, 생명』(공저), 『뉴턴과 아인슈타인』(공저) 등이 있고, 옮긴 책으로는 『에너지, 힘, 물질』(공역), 『과학한다는 것』(공역), 『인간의 인간적 활용: 사이버네틱스와 사회』(공역) 등이 있다.

[*] 이 글은 김재영 2009와 김재영 2011을 수정보완한 것이다.

영국의 인류학자 베이트슨Gregory Bateson은 『마음의 생태학』에서 중요하고도 흥미로운 문제를 던진다(Bateson 1972a). 시각장애인의 지팡이는 그 사람의 일부인가, 아닌가? 나에게 안경은 내 몸의 일부인가, 아닌가? 시각장애인은 지팡이를 통해 외부세계로부터의 정보를 얻으며, 이것은 그가 낯선 길을 걸어갈 때 매우 중요한 인식수단이다. 심한 근시인 사람에게 안경은 외부세계를 바라보는 가장 중요한 도구임에 틀림없다. 베이트슨의 질문을 단순히 이해한다면, 쉽사리 지팡이나 안경을 인간으로부터 분리시키기 쉽다. 다시 말해 인간은 그 몸으로 정의되며, 이를 넘어서는 도구들은 몸의 외부에 있다는 것이다. 하지만 더 곰곰이 생각해 보면, 나의 안구는 나의 일부인가, 의안이나 의족이나 의치는 내 몸의 일부인가, 인공신장은 나의 일부인가 등과 같은 의공학적 맥락의 질문이 일어난다. 최근 논자들이 이것을 '프로스테시스prosthesis'라는 개념으로 진지하게 논의하고 있으므로, 이 문제를 '프로스테시스의 문제'라고 불러도 좋을 것이다.[1]

이 글에서 논구하는 문제는 생명 특히 인간이라는 것을 도대체 어디까지로 보아야 하며, 생명과 기계(도구)의 경계는 무엇인가 하는 것과 직접 연결된다. 이것은 최근 '인간론humanology' 또는 '포스트휴먼 연구 posthuman studies'라는 이름으로 논의되고 있는 주제이기도 하다. '인간론'은 대략 말해서 고등기술사회에서 인간과 인간을 둘러싼 현상들이 어떻게 달라지고 있는지 탐구하는 것으로서 특히 생명과 이성의 대안적 형태에 주목하는 학문분야를 가리킨다. 여기에서는 특히 기계가 만들어내는 인공적 환경에서 인간의 역할과 기능이 무엇인지 탐구하는 데 주안점을 둔다. 그런데 이러한 연구들은 다소 맹목적으로까지 보이는 기술옹호론technophilia과 일종의 기술혐오론technophobia으로 갈리는 경향을 보인다.[2] 어느 쪽에 편을 들든 인간과 기계의 관계에 관한 논제는 인간 자체의 정의에 대한 이해에 심각한 질문을 던지고 있다.

인간의 테두리를 정하는 것은 곧 몸의 경계를 구획하는 것에 대응한다. 이 대목이 바로 인터페이스(interface, 界面)가 심각한 인문학적 논제로 등장하는 곳이다. 인터페이스는 원래 페이스(face, 面)와 페이스가 만나

---

1) 프로스테시스(prosthesis)는 '덧붙인다'는 의미의 πρὸς(pros)와 '둔다', '놓는다'는 의미의 τι θέναι(tithenai)가 결합된 것으로서 20세기 초부터 사용되기 시작한 단어이다. 이 말은 원래 몸의 일부가 없거나 장애가 있을 때 이를 대체하거나 교정하기 위해 사용하는 인공적인 장치를 가리키는 말이지만, 이제는 몸의 일부가 되어가는 도구를 모두 지칭하는 말로 의미가 확장되고 있다. 프로스테시스와 관련된 일반적인 논의로서 예를 들어 Wills; Smith & Morra 참조.

2) 가령 Hayles 1999; Fukuyama 2003; Kurzweil 2005; Garreau 2005; Naam 2005; Dinello 2006; Clarke 2008; Otis 2001; Wolfe 2009; Buchanan 2011; Hansell & Grassie 2011; Blake et al. 2012; Braidotti 2013; Seedhouse 2014 등 참조. 포스트휴먼에 대한 논의는 물리적 기계의 수준을 넘어 생명공학적 기계로까지 확장되고 있다.

는 곳을 가리키는 말이었다. 그 '페이스'가 무엇인가에 따라 인터페이스는 다양한 의미로 확장될 수 있다. 계면활성제에서의 인터페이스는 비누 거품이 섬유와 만나 섬유에 있는 때를 거두어 가는 장이며, 컴퓨터를 조작하는 프로그래머에게 인터페이스는 복잡한 기계어를 기억하지 않고도 미리 약속된 명령어들과 아이콘들만으로 컴퓨터를 조작할 수 있는 접경이다. 여러 가지 색으로 선명하게 그려진 세계지도를 보자. 국경을 넘어갈 때 풍경이든 새들의 움직임이든 사람들의 주거환경이든 어떤 것도 새로운 색으로 그려지지 않는다는 것은 국경 또는 국가 사이의 인터페이스가 인위적이라는 사실을 잘 드러낸다.

그렇다면 인간의 테두리를 정하는 문제, 즉 생명과 기계의 경계를 구획하는 프로스테시스의 문제를 어떻게 접근하는 것이 좋을까? 나는 이 문제를 사이버네틱스와 인공생명과 온생명론의 세 가지 방향에서 검토하려 한다. 무엇보다도 동물과 기계를 모두 자기조절성 또는 항상성이 있는 동역학적 계로 보는 사이버네틱스를 근본적으로 다시 검토함으로써, 살아 있는(또는 살아 있다고 말할 수 있는) 계의 본질적 성격을 정확하게 이해할 수 있고, 이를 통해 몸과 기계의 미묘한 인터페이스가 선명하게 드러날 수 있다. 한편 인간과 기계의 관계라는 문제는 원래 생명과 물질 사이의 관계에서 더 심각한 문제를 제기한다. 그래서 인공생명A-Life의 논의가 중요해진다(Riskin 2007; Emmeche 1991; Mindel 2002). 인공생명은 생명을 '인실리코in silico'로 구현하려는 야심적인 프로젝트이다. 인공생명은 생명, 나아가 인간의 정의에 어떤 새로운 함의를 던지는가? 이 글의 또 다른 문제의식은 온생명론이 인간에 대해 무엇을 새롭게 말해주고 있는지 면밀하게 밝히려는 것이다(장회익 2014a; 2014b). 온생명론은 "생명에 관한 본질적 혹은 근원적 이해"를 추구한다. 이것은 "생명이라 불릴 현상이 생명이 아니라고 불릴 현상에 비해 어떠한 특징적 성격을 가질 것인지에 대해 명확한 과학적 기준을 설정하고 이에 맞추어 생명과 생명 아닌 것을 구분해낼 현실적 판단을 수행할 단계에 도달하는 것"(장회익 2001)을 목표로 한다.

나는 바로 이 세 가지 접근이 만나는 길목에 프로스테시스 또는 포스트휴먼의 문제를 해결하는 열쇠가 있다고 본다. 몸과 기계의 경계를 가늠하는 문제는 인간과 기계의 경계에 대한 논의인 동시에, 생명과 물질의 경계에 대한 논의이기도 하다. 요컨대 이 글은 항상성이 있는 동역학적 계에 대한 사이버네틱스의 접근과 인실리코의 인공생명을 출발점으로 삼아 이를 결국 근원적 생명론으로서의 온생명론과 연결시킴으로써 인간 개념의 정의 문제를 살피고자 하는 시론이다.[3]

한편 사이버네틱스를 통해 생명을 다시 바라보고 몸과 기계의 관계를 다루고자 할 때 반드시 짚고 가야 할 쟁점은 생명 속의 마음이다. 학습과 기억의 세포 및 분자 메커니즘의 연구로 잘 알려진 영국의 생물학자 스티븐 로즈는 1990년대가 '뇌의 10년'이었던 것처럼 2000년대가 '마음의 10년'이 되었음을 상기시키면서, 신경과학이 해부학, 생리학, 분자생물학, 유전학, 행동과학뿐 아니라 생물학, 심리학, 철학 영역으로 확장되고 있는 상황 속에서 새로운 뇌과학과 신경과학의 진면목을 철학과 법률과

---

3) '시론'이라고 한 것은 이 논문을 통해 몸과 기계 사이의 인터페이스에 대한 프로스테시스의 문제에 명료한 대답을 하기보다는 전체적인 연구프로젝트의 방향을 설정하는 데 주안점을 두겠다는 의미이다. 나는 사이버네틱스 안에서의 성찰적 문제제기와 인공생명의 접근이 존재론적으로 승화되지 못하고 있으며, 온생명론에서야 비로소 프로스테시스의 문제에 대한 포괄적인 대답을 찾을 수 있다고 믿고 있다. 이 글에서 그러한 믿음이 충분히 정당화되지 못하더라도 이후의 연구를 통해 가장 적절한 대답을 찾아갈 것이다.

실제 연구의 다각도에서 제시하고 있다(Rees & Rose 2004/2010). 그러나 그가 진단하는 신경과학의 양상은 그리 밝은 모습이 아니다.

> 신경과학자들이 새로운 기술의 대단한 능력에 심취하여 마지막 남은 미지의 땅, 즉 의식 자체의 본성에 대해 주장을 펼치기 시작했다는 사실은 그리 놀랍지 않다. 물론 이것은 그런 의식에 대한 설명이 어떻게 형성되어야 하는지 어느 정도 합의가 있다고 가정할 때의 일이다. 그런데 그런 합의는 없다. 신경과학들의 급속한 확장으로 분자보다 작은 단계로부터 뇌 전체의 단계까지 거의 상상할 수 없이 많은 양의 데이터와 사실과 실험적 발견을 얻었다. 문제는 이 덩어리를 어떻게 정합적인 뇌 이론 속에 끼워 맞추는가 하는 것이다. 뇌는 역설로 가득 차 있다.(Rees & Rose 2004/2010: 12-14)

뇌과학과 신경과학의 괄목할 만한 발전과 성과에도 불구하고, 의식의 본성에 대한 해명은 아직 초보적인 단계에 머물러 있으며, 환원주의라고 대별할 수 있는 주장들을 어떻게 평가해야 하는지가 가장 중요한 핵심적 쟁점 중 하나라는 로즈의 진단에 반대할 사람은 별로 없을 것이다. 특히 신경과학의 새로운 성과들을 통해 전통적으로 철학의 가장 중요한 문제였던 몸-마음 문제Mind-Body Problem에 대한 근본적인 통찰을 얻으려는 노력은 매우 중요하면서도 어렵다.

철학적 사유의 전통 대신 신경과학을 출발점으로 삼아 의식을 이해하려는 어렵고 복잡한 문제를 이 글에서 다루는 것은 아니다. 오히려 그 어려운 문제를 다른 틀에서 바라보는 것이 좋지 않을까 하는 제안을 담고 있다. 기존의 연구 맥락에 대해 대안을 제시한다거나 비판한다기보다는 해결해야 할 문제가 무엇인지 근본적인 차원에서 다시 짚어보려는 것이다. 거칠게 말하면, 최근의 신경과학의 성과를 염두에 두고 영미권 심리철학이 미묘한 거리를 두는 현상학적 사유의 전통에 주목해보자는 것이며, 몸-마음 문제를 몸-신체-마음 문제Mind-Body-Body Problem로 바꾸어 생각하자는 것이다.

또 다른 방향의 문제의식은 온생명론에서 출발한다. 온생명론의 주된 관심은 생명을 어떻게 볼 것인가, 곧 물질과 생명의 관계를 어떻게 이해해야 하는가에 있지만, 온생명론에서 다루어지는 주제들이 이 문제에 국한된 것은 아니다(장회익 2014a; 2014b).『물질, 생명, 인간』(장회익 2009)은 물질과 생명과 인간을 오롯이 한 그릇 안에 담아 통합적으로 이해할 수 있는가에 대한 체계적인 서술이며, 온생명론은 이러한 더 포괄적인 체계 안의 각론으로 보아야 한다. 이 논문의 두 번째 문제의식은 다음과 같은 구절에서 시작한다.

> 어느 의미에서 온생명이야말로 가장 확실하게 의식을 지닌 존재라고 말할 수 있다. 생명 안에서 의식이 나타난다고 하면 이는 틀림없이 온생명 안에서 나타나는 것이기 때문이다. […] 온생명 안에서 분명히 의식을 가진 존재는 무엇이며, 그 존재의 의식은 어디에까지 이르는가? 이러한 존재는 말할 것도 없이 인간이다.(장회익 2009: 171-2)

그런데 이러한 서술에는 약간의 개념적 불분명함이 있다. 의식을 지니는 존재는 온생명인데, 인간은 개체생명 중 하나로서 온생명의 부분이다. 온생명이 의식을 지닌다는 말과 온생명의 일부인 인간이 의식을 지닌다는 말은 똑같은 주장이 아니다. 이는 마치 인간이 의식을 지닌다고 말하는 것과 인체의 일부인 뇌가 의식을 지닌다고 말하는 것이 다른 것과 마찬가지이다. 유비에 의하여 인간이 온생명의 중추신경계라고 말하는 것은 가능하지만, 온생명 안에서 의식을 가진 존재가 인간이라는 주장을 따로 정당화가 필요한 언명이다.

더 나아가 위의 인용문이 온생명 안에서 유일하게 인간만이 의식을 가질 수 있음을 함축한다면, 우리는 다시 의식을 가지는 존재가 인간뿐인지 물을 수 있다. 과연 인간만이 의식을 가질 수 있을까? 가령 동물은 의식을 가질 수 없을까? 중추신경계의 유무가 의식의 유무와 관련될까? 동물의 의식은 인간의 의식과 같은 것일까? 원생생물이나 무생물은 의식을 가질 수 없는 것일까? 온생명이 의식을 지닌 존재라는 말의 진정한 의미는 무엇일까? 실제 위의 인용문 뒤의 서술에서 가장 핵심적인 것은 인간의 출현과 더불어 최근에 이르러서야 온생명이 비로소 자의식을 갖게 되었다는 점이다. 이 온생명의 자의식이란 개념이 실상 이해하기가 쉽지 않다는 점이 이 논문의 소박한 문제의식이다. 물질과 생명과 인간(마음) 사이의 관계를 명료하게 해명하는 일은 온생명에 대한 연구에서 매우 중요하다.

이와 같은 문제의식은 최근 학계에서 주목받고 있는 이른바 '비인간 전환nonhuman turn'과 깊은 관련이 있다. 이는 사변적 실재론 [객체지향 철학, 신생기론, 범정신주의], 행위자 연결망 이론, 신물질주의(페미니즘 및 마르크스주의), 장치의 이론, 감응[정동] 이론, 동물 연구, 뉴미디어 이론, 새로운 뇌 과학(신경과학, 인지과학, 인공지능), 사이버네틱스와 시스템 이론 등을 통칭하는 개념이다(Grusin 2015).

다음 절은 사이버네틱스에서 몸의 문제가 어떻게 등장하는지 특히 관찰자 문제와 자체생성성 개념에 초점을 맞추어서 살펴볼 것이다. 이는 인공생명에 대한 논의로 이어지며, 이를 포괄적인 생명철학의 맥락에서 검토한 뒤, 본격적으로 온생명론이 프로스테시스의 문제를 어떻게 다루는지 살펴본다. 그 다음 의식의 문제에서 오랫동안 논의되어 온 좀비 논변의 핵심을 살펴보고, 이로부터 현상학적 사유의 필요성을 도출한다. 현상학적 사유라 함은 세계가 원래부터 그렇게 존재하다가 주체에 주어지는 것으로 보는 것도 아니고, 세계를 단순히 주체가 그려내는 관념적 상상의 산물로 보는 것도 아니라, 세계와 주체의 만남에 주목하는 철학적 논의를 가리킨다. 이 논문에서 검토하는 것은 자체생성성, 인지과학의 기연적 접근, 윅스퀼의 둘레세계이다. 이러한 현상학적 사유들이 온생명론과 어떻게 만나는지 살펴보고, 이로부터 다시 생명이라는 문제를 되짚어 봄으로써 글을 맺을 것이다.

I. 사이버네틱스와 자체생성성

미국의 수학자 노버트 위너Nobert Wiener는 1948년 사이버네틱스(인공두뇌학, cybernetics)라는 복합적 학문분야를 제안하고, 여기에서 되먹임이나 사이버와 같은 현대적 개념을 선구적으로 해명했다(Wiener 1948). 사이버네틱스는 위너의 책의 부제에서 볼 수 있듯이 '동물과 기계에서의 제어와 커뮤니케이션'을 다루는 분야이며, 자기조절기능이 있는 계를 다루는 복합학적 연구를 가리킨다.[4]

위너를 비롯한 매큘럭Warren McCulloch, 쿠비Lawrence Kubie, 로젠블루엣Arturo Rosenblueth, 애슈비William Ross Ashby, 미드Margaret Mead, 폰푀르스터Heinz von Foerster, 프레몬트-스미스Frank Fremont-Smith 등은 메이

시 학술대회(Macy Conference, 1946-1953)를 통해 사이버네틱스의 주요 쟁점들을 활발하게 논의했다.

사이버네틱스는 생명을 지닌 유기체와 미리 정해진 방식에 따라 작동되는 기계 사이의 경계선을 흐림으로써, 유기체(특히 동물)와 기계의 유사성을 밝히고 이를 더 추상적이고 일반적인 방식으로 확장하는 데 성공한 것으로 평가된다. 그런 점에서 사이버네틱스는 제어이론과 체계이론의 발전된 후예라 할 수 있다.

베이트슨이 프로스테시스의 문제를 제기한 것은 그가 사회과학자였을 뿐 아니라 언어학자이자 기호학자이기도 했고, 특히 사이버네틱스라는 학문분야가 만들어지는 데 결정적인 역할을 한 사람이었기 때문이다. 이 문제에 대한 베이트슨 자신의 관점은 1972년에 출판된 『마음의 생태학』에 있는 다음 인용문에서 잘 드러난다.

> 시각장애인의 지팡이나 과학자의 전자현미경이 그것을 사용하는 사람의 '일부'인가 아닌가를 묻는 것은 커뮤니케이션의 측면에서 의미 있는 일이 아니다. 지팡이와 전자현미경 모두 커뮤니케이션의 중요한 통로이며, 그 자체로 우리가 관심을 갖고 있는 네트워크의 부분이다. 그러나 이 네트의 위상수학(관계)을 서술하는 데에는 어떤 경계선(가령 지팡이의 절반)도 적합하지 않다.(Bateson 1972a: 251; Hayles 1999: 304)

---

4) 사이버네틱스라는 말은 원래 속도조절기(governor)라든가 조타수나 조종사 등을 의미하는 그리스어 '퀴베르네테스(κυβερνήτης)'에서 따온 것이며, 라틴어의 '구베르나레(gubernare)'와 '구베르나토르(gubernator)'와 어원이 같다.

베이트슨이 보기에 시각장애인의 지팡이나 과학자의 전자현미경은 시각장애인(과학자)이 바깥세상과 접촉하여 교류하는 데 꼭 필요한 네트워크의 일부이다. 여기에서 커뮤니케이션이라고 한 것은 어떤 형태로든 바깥세상으로부터 정보를 받아들이고 이를 다시 바깥세상에 정보의 형태로 되먹임(피드백)하는 것을 가리킨다. 그렇다면 베이트슨이 말하는 경계선, 즉 커뮤니케이션하는 두 영역을 구분하는 것은 무엇이며, 그 인터페이스는 정확히 무엇인가?

베이트슨은 1968년에 작은 학술모임을 만들어서 사이버네틱스의 분야의 주요 연구자들을 초청했다. 참석자의 명단에는 자연과학자, 인문학자, 사회과학자뿐 아니라 베이트슨과 인류학자 마가렛 미드의 딸 캐서린 베이트슨이 들어 있었다. 문화인류학자였던 캐서린 베이트슨은 이 학술대회에 참석한 기억을 모아 1972년 『우리 자신의 은유』라는 제목의 흥미로운 책을 출판했다(Bateson 1972a). 이 책은 캐서린 베이트슨이 학술대회의 전반적인 주제와 흐름에 대해 생각하는 맥락들과 정황을 서술하면서, 필요할 때마다 그 당시에 발표된 메모나 발표문이나 원고의 일부나 강연 내용을 다른 글자체를 써서 보여준다. 그중 그레고리 베이트슨의 원고에 사이버네틱스의 전반적인 의제이자 문제의식이 제시되고 있다(Bateson 1972b: 13-17). 그는 인공두뇌학적 계 또는 항상성이 있는 계로 세 가지를 고찰해야 한다고 보았다. 즉 사이버네틱스가 적용되는 세 가지 계는 개인, 사회, 지구적 생태계이다. 특히 지구적 생태계는 앞의 두 인공두뇌학적 계(즉 개인과 사회)를 포함한다. 이 세 가지 계를 연결하는 것은 다름 아니라 의식이다. 의식의 역할이 제한되어 있긴 하지만, 목적이 있는 의식만이 개인이라는 계, 사회라는 계, 지구 규모의 생태계를 연결시킬 수 있다는 것이다. 그런데

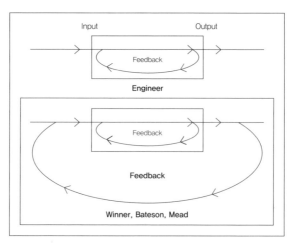

그림 3-1 일차 사이버네틱스와 이차 사이버네틱스

만일 의식이 마음의 나머지 부분에 되먹임(피드백)된다면, 그리고 의식
이 전체 마음의 사건들 중 편중된 표본만 다룬다면, 자신과 세계에 대
한 의식적 관점과 자신과 세계의 참된 본성 사이에는 체계적인(즉 우연
이 아닌) 차이가 있어야 한다.(Bateson 1972b: 16)

결국 사이버네틱스의 가장 중요한 문제는 바로 의식이라는 것을 어느
곳에 두는가 하는 것임을 지적하고 있는 것이다. 이러한 베이트슨의 통
찰은 1976년 마거릿 미드와 함께 스튜어트 브랜드의 인터뷰에 응했을
때 그린 그림으로 잘 알려져 있다(그림 3-1).

위너의 사이버네틱스에서는 비록 되먹임이 있긴 하지만, 관찰자로서
의 엔지니어는 그 블랙박스 밖에 머물러 있다. 반면 그러나 개별적인 블
랙박스로서의 대상이 지닌 되먹임뿐 아니라 더 넓은 범위의 인공두뇌학
적 계인 인간, 즉 의식을 지닌 개인이 지닌 되먹임도 고려해야 한다는 것

이 베이트슨의 고민이었다. 1976년의 인터뷰 내용을 보면 이 점이 더 분명하게 드러난다.

베이트슨: 컴퓨터 과학은 입력-출력입니다. 상자가 하나 있고 그 상자를 둘러싸고 있는 이 선이 있다고 해 보죠. 컴퓨터 과학은 이 상자들의 과학입니다. 자 이제 위너의 사이버네틱스의 본질은 그 과학이 모든 회로의 과학이라는 데 있습니다. 그러니까 이 도표를······.

미드: 얘기가 테이프에 녹음되는 것이라면 이 도표를 말로 표현하는 게 낫겠어요.

베이트슨: 자, 이 종잇조각은 집에 갈 때 가지고 가셔도 좋습니다. 전기공학을 하는 사람은 그런 회로를 가지고 있고, 또 여기에는 한 가지 사건이 어떤 종류이든 감각기관에 감각되고 있고, 또 여기에 놓여 있는 무엇인가에 영향을 줍니다. 이제 저기와 저기를 끊어버리죠. 그러면 입력과 출력이 있다고 말할 수 있게 됩니다. 그 다음으로 상자를 생각해 보죠. 위너가 말한 것은 전체 그림과 그 성질들을 생각하라는 것입니다. 이제 여기 안쪽에 상자가 있을 수도 있어요. 이렇게 모든 종류의 상자들이죠. 하지만 본질적으로 우리의 생태계, 즉 우리의 기관+환경을 단일한 회로로 보아야 합니다.

브랜드: 저기에 더 큰 원이······.

베이트슨: 그리고 정말 관심을 두는 것은 입력-출력이 아니라 더 큰 회로 안의 사건들입니다. 우리는 더 큰 회로의 부분입니다. 그 상자를 둘러싸고 있는 이 선들(그건 결국 그저 개념적인 선일 따름이죠.)이 바로 차이를, 즉 엔지니어와······.

미드: ······ 엔지니어와 시스템 이론을 하는 사람들과 일반시스템이론

의 차이죠.

베이트슨: 맞아요.

브랜드: 일종의 마르틴 부버 같은 분석이군요. '나-그것'이니까요. 자신
이 연구하고 있는 것에서 그 자신을 지키려고 노력하는 사람들이죠. 엔
지니어는 상자 밖에 있고, 위너는 상자 안에 있습니다.

베이트슨: 그리고 위너는 상자 안에 있고, 저도 상자 안에 있고……

미드: 저도 상자 안에 있죠.

　

　결국 사이버네틱스가 맞닥뜨린 가장 심각한 문제는 바로 관찰자였다.
이것은 이미 오스트리아 출신의 물리학자 폰푀르스터도 주목하고 있던
난점이었다. 폰푀르스터는 1969년 7월 1일에 프레몬트-스미스에게 보낸
편지에서 사이버네틱스의 가장 중심적인 쟁점은 관찰자를 어떻게 포함
시킬 것인가 하는 문제임을 강조하고 있다. 폰푀르스터에 따르면, 관찰
자의 문제가 불거진 것은 상대성이론과 '불확정성원리(즉 양자역학)' 덕분
이다. 그 두 이론을 통해

> 그때까지 모든 과학적 논의에서 용의주도하게 배제되어온 가장 수수
> 께끼 같은 대상이 발견되었으니, 그것은 바로 '관찰자'이다. '관찰자가
> 누구인가?'라는 질문은 포도는 시다고 말하는 전략을 택하는 사람들이
> 분개하며 묻는 질문이며, 또한 어떤 과학이든지 그 이름에 걸맞기 위해
> 서는 관찰을 맨 처음에 두는 주체를 반드시 포함시켜야 한다고 느끼는
> 사람들이 심각하게 묻는 질문이다. […] 과학의 모든 방법론을 관찰자
> 가 포함되도록 밑바닥부터 발전시켜야 한다.(Hayles 1999: 74)

상대성이론 이전까지는 물리학적 서술에서 물리학자 즉 서술자는 늘 전지적인 신의 입장을 유지할 수 있었지만, 상대성이론을 통하여 관찰자가 속한 계를 고려하지 않고서는 물리학적 서술이 가능하지 않게 되었다. 마찬가지로 '불확정성원리'로 대표되는 양자역학은 관찰자와 관찰대상 사이에 긴밀한 관계가 있음을 잘 말해준다는 것이다.

상대성이론의 경우는 관찰자가 멈춰 있는지 아니면 일정한 속도로 운동하고 있는지에 따라 동시의 개념이 상대적으로 달라지며 시간 간격이나 길이의 기준도 달라진다. 그러나 여기에서 관찰자의 운동상태에 따라 대상이 달라진다는 것은 단지 대상을 어떤 좌표계를 기준으로 서술하는가에 따라 서술방식이 달라짐을 의미할 뿐이다. 그러므로 상대성이론에서 굳이 '관찰자가 누구인가?'라는 질문이 불거져 나온다고 말하는 것은 성급하다.

하지만 양자역학의 경우에는 이 문제가 본질적으로 심각한 난점으로 나타났다. 양자역학에 대한 표준적인 해석으로 여겨지는 코펜하겐 해석은 그 근간에 불확정성원리에 대한 하이젠베르크의 입장을 깔고 있다. 물리적 대상에 대하여 어떠한 정보를 얻기 위해서는 그 대상에 교란을 일으켜야 하며, 그 교란의 기록을 통해 대상에 대한 정보가 관찰자에게 전해진다는 것이다. 이와 같이 대상에 대한 정보를 얻기 위해 대상에 교란을 일으키는 과정 전체를 '관측觀測' 또는 '측정測定'이라 하면, 결국 양자역학의 해석에서 가장 뜨거운 쟁점은 이 '측정'을 어떻게 이해할 것인가에 있다. 코펜하겐 해석에서는 '측정'의 과정을 측정장치와 대상계 사이의 물리적 상호작용으로 보기 때문에, 언제나 관찰자의 '측정'의 행위 자체가 근본적인 고려의 대상이 된다. 다시 말해 '측정'의 과정이 없는 대상의 성질은 존재하지 않는 것으로 볼 수 있다는 것이다. 이렇게 해서 이제까지 체계적으로 무시되어왔던 관찰자를 어떻게 보아야 하는가 하는 문제가 심각하게 제기된다.

상대성이론이나 양자역학이 근본적으로 물리적 세계가 작동하는 법칙을 형성한다면, 대상을 항상성이 있는 계로 보고 그 본원적 성질을 탐구하고자 하는 사이버네틱스의 경우에도 관찰자의 문제가 핵심으로 부각되는 것은 자연스러운 일이다. 하지만 본격적으로 생명의 문제를 사이버네틱스와의 연관 속에서 이해하기 위해서는 사이버네틱스의 틀을 넘어서야 했다. 이를 위해 다음 절에서 인공생명에 대해 상세하게 살펴보고자 한다.

II. 인공생명과 생명의 철학

일본 오시이 마모루 감독의 애니메이션 〈공각기동대〉는 사이버펑크의 대표적인 작품이다. 프로젝트 2501에서 생겨난 일종의 버그 덩어리 같은 프로그램이 '인형사'라 불리는 하나의 독자적인 존재로 등장한다. 그는 말한다. "하나의 생명체로서 정치적 망명을 희망한다."라고. 이를 터무니없다고 부정하는 공안 6과와 공안 9과의 부장에게 '인형사'는 말한다.

> **부장:** 생명체라고?
>
> **나카무라:** 말도 안 돼! 단순한 자기 보존의 프로그램에 지나지 않아!
>
> **인형사:** 그렇게 말한다면 당신들의 DNA도 역시 자기 보존을 위한 프로그램에 지나지 않는다. 생명이라는 건 정보의 흐름 속에서 태어난 결절(마디)과 같은 것이다. 종으로서의 생명은 유전자란 기억 시스템을 가

지며, 사람은 단지 기억에 의해 개개인일 수 있다. 설령 기억이 환상의 동의어였다고 해도 사람은 기억에 의해 사는 존재이다. 컴퓨터의 보급 덕분에 기억을 외부화할 수 있게 되었을 때 당신들은 그 의미를 더 진지하게 생각했어야 했지.

단순한 애니메이션에 지나지 않는다고 할 수도 있지만, 프로그램의 한 모듈을 생명체라고 말할 수 있을지 한번 진지하게 생각해 보는 것은 의미 있는 일일 것이다.

생명이란 무엇인가? 생명을 생명이 아닌 것과 구별할 수 있는 근거는 무엇인가? 생명체는 어떻게 세대를 바꾸어 가며 진화하는가? 진화의 단위는 유전자인가, 개체인가, 군집인가? 이와 같은 질문들은 생명과학과 관련하여 대단히 중요하며 의미 있는 논제이다. 그러나 그만큼 이러한 논제를 명료하고 확실하게 다루기는 힘들다. 이에 대한 한 가지 보완적인 연구가 '인공생명'이다.

인공생명Artificial Life(A-Life)은 시늉내기simulation와 종합synthesis을 통해 생명과정이나 생명과 유사한 과정을 연구하는 광범위한 통합학문이다. 인공생명은 임의의 환경에서 있을 수 있는 생명의 형태를 주로 컴퓨터 시늉내기(시뮬레이션 또는 에뮬레이션)를 통해 탐구하는 것을 가리킨다. 따라서 인공생명의 주요 연구는 인공적인 환경을 만들어서 적당하게 정의된 생명의 형태를 컴퓨터 프로그램의 모듈 형태로 집어넣고 이것이 시간이 흐름에 따라 어떻게 변화하는지 관찰하는 것이다.

인공생명은 크게 세 가지로 나뉜다. '부드러운 인공생명soft A-Life'은 컴퓨터 프로그램에서 적절한 모형을 만들어 생명의 형태를 탐구하는 것이고, '단단한 인공생명hard A-Life'은 하드웨어에서 생명과 관련된 것을 구현하는 것으로서 로봇공학과 밀접한 연관이 있다. '젖은 인공생명wet A-Life'은 생화학적 물질로부터 생명이 있는 계를 합성하려는 것이다. 이 중에서 주류는 부드러운 인공생명이지만, 나머지 두 분야도 상당히 발전해 있다.

'인공생명'이란 말을 처음 제안한 것은 랭턴Christopher Langton이었다. 1988년 인공생명과 관련되는 국제적인 학술대회가 열렸는데, 이 국제워크숍의 테마는 '생물학적 계의 종합과 시늉내기Synthesis and simulation of biological systems'였다. 이후 매년 같은 제목의 국제학술대회가 개최되어 왔으며, 발표논문집은 『인공생명Artificial Life』이란 제목으로 출판되고 있다. 전통적인 생물학은 생물학적 질서의 위계에서 위로부터 아래로 내려가는 분석적 방법을 고수해왔으며, 이 때문에 나타나는 한계를 극복하기 위해서는 아래로부터 위로 올라가는 종합적 방법을 고안할 필요가 있다는 것이 랭턴의 생각이었다. 그에 따르면,

> 인공생명은 자연의 살아 있는 계의 행동특성을 나타내는 인공적인 계를 연구하는 것이다. 이는 지구상에서 진화한 특정의 사례에 국한하지 않고 가능한 어떠한 발현이든 생명을 설명하고자 한다. 여기에는 생물학적 및 화학적 실험, 컴퓨터 시늉내기, 순수하게 이론적인 노력 등이 포함된다. 분자수준, 사회적 수준, 진화적 수준에서 일어나는 과정이 모두 연구대상이다. 궁극적인 목표는 살아 있는 계의 논리적 형식을 추출하는 것이다. […] 극소전자공학 기술과 유전공학을 통해 우리는 실험실의 생명in vitro뿐 아니라 반도체의 생명in silico을 새로운 형태로 창조할 수 있게 될 것이다.(Langton 1989)

인공적인 생명의 개념은 1980년대에 처음 나타난 것이 아니다. 이에 대한 직접적인 논의는 폰노이만과 위너까지 거슬러 올라간다. 1940년대에 폰노이만은 '세포 자동자cellular automata'를 이용하여 자기복제를 하는 존재자를 이론적으로 제안했다. 이것은 복잡한 적응구조의 진화와 자기복제를 연구하려는 것이었다. 세포 오토마타는 살창(격자)으로 구성된 세계의 각 위치(사이트)마다 유한한 수의 상태를 할당한 뒤, 그 상태가 특정한 동역학적 규칙에 따라 자발적으로 변할 수 있게 한다. 대개 그 규칙은 그 사이트와 이웃하는 사이트 사이의 간단한 상호작용으로 주어진다. 가령 바둑판과 같은 2차원 살창(격자)에 흰색과 검은색이라는 두 상태를 할당하는 상황을 상상해보자. 각 점(사이트)마다 4개의 이웃이 있고 조금 멀리 있는 4개의 다음 이웃이 있다. 만일 4개의 이웃 중에서 3개나 4개가 그 점의 색과 반대의 색이면, 그 점의 색을 바꾼다. 1개나 2개인 경우에는 변화가 없게 한다. 이렇게 만들었을 때 어느 정도 시간이 흐른 뒤, 즉 몇 단계의 변화가 있은 뒤, 전체적으로 색깔의 분포가 어떻게 달라지는지 살펴봄으로써 전반적인 변화에 대해 의미 있는 함축을 얻을 수 있다. 규칙을 부여하는 방식이나 살창(격자)을 배열하는 방식이 매우 많으므로, 그중 가장 적절한 것을 찾아나가는 것이 세포 오토마타 연구자의 주된 과제가 된다.

인공생명의 뿌리 중 하나는 물리학에 있다. 통계물리학, 복잡계이론, 비선형동역학(혼돈이론), 전산물리학, 스스로 짜임 이론 등은 인공생명 연구에서 중요한 틀이 되고 있다. 특히 카우프만의 독특한 생명론은 자기조직화이론을 바탕으로 하고 있다. 자기조직화이론은 물리학이나 재료공학이나 기계공학 같은 딱딱한 분야를 넘어 경제학이나 사회학에서도 활발하게 원용되는 새로운 복합학문이다. 인공생명이 이러한 새로운 접근을 폭넓게 수용하고 있는 것은 자연스러운 일이다.

또한 인공생명은 전산과학에도 여러 가지 도구를 가져왔다. 특히 인공지능Artificial Intelligence(AI)은 인공생명에 가장 중요한 도구 중 하나이다. 인공생명의 연구가 인지과학에서 중요한 연구흐름으로 자리를 잡아가고 있는 것은 자연스러운 일이다. 인공지능 연구가 인공생명의 연구와 겹치는 부분이 많은 것은 아니지만, 연결주의 등 몇 가지 측면에서는 인공생명과 직접 관련된다. 인공지능 연구는 인공생명 연구와 중대한 차이점을 지닌다. 인공지능에서는 전체 계를 관장하는 중심처리장치가 가정된다. 이것은 일종의 '위로부터 아래로top-down'의 접근이다. 이와 달리, 인공생명은 개별적인 요소들을 제시하고 그 요소들 사이의 상호작용의 규칙을 할당하는 것 외에는 전체 계가 어떤 모습으로 달라질지 미리 정해 놓은 것이 없다. 이것은 '아래로부터 위로bottom-up'의 접근이다. '위로부터 아래로'의 방법은 원론적으로 말해서 미리 정해 놓은 것 외에 새로운 것을 얻어내기는 힘들다. 가령 로봇의 경우에도 '위로부터 아래로'의 원칙에 따라 만들어진 로봇은 스스로 창조적인 일을 하는 것이 원천적으로 차단되어 있다. 그러나 '아래로부터 위로'의 원칙에 따라 로봇을 만들 수 있다면, 아시모프의 과학소설에 등장하는 것처럼 예술작품을 만드는 로봇도 불가능한 것은 아니다.

인공생명을 연구하는 주요한 철학자 중 하나인 베다우Mark A. Bedau는 인공생명의 연구목적을 크게 (A) 생명의 기원, (B) 생명의 진화적 가능성, (C) 생명과 정신·문화의 관계 등으로 나누고, 각각의 세부적인 목적을 제시하고 있다.

(A) 부류의 질문들에서 첫째 과제는 젖은 인공생명에서 관심을 두는 문제이다. 생화학적인 방식으로 생명체를 이루는 분자들을 합성할 수 있

다면 생명의 이해에 한 걸음 더 다가가는 것임에 틀림없다. 그러나 현 단계는 전반적으로 답보상태인 것으로 평가되며, 자연스럽게 둘째 과제로 이어진다. 인공화학artificial chemistry은 컴퓨터 안에서 이와 같은 연구를 하는 분야를 가리킨다.

특히 (B) 부류의 질문들은 생명과학 자체에서는 답변하기 힘들다. 물리과학의 경우나 분자생물학과 같은 미시적인 분야의 연구에서는 이러저러한 방식으로 다양한 실험을 할 수 있지만, 가령 진화적 전이 같은 것이 일어나려면 대단히 긴 시간이 필요하다. 군집 하나의 변화를 보는 것도 수십 년의 시간이 소요되는데, 하물며 진화적 전이를 경험과학의 수준에서 확인하는 것은 사실상 불가능한 일이다. 그러나 인공생명을 이용한다면 이와 같은 질문들에도 의미 있는 결과를 산출할 수 있을 것이다.

철학의 관점에서 볼 때 인공생명은 생물학의 철학philosophy of biology에 매우 중요한 틀이 된다. 인공생명이 철학적 통찰이 필요한 새로운 대상이라기보다는 오히려 철학의 새로운 연구방법을 제시해주는 틀로 더 적극적으로 수용할 필요가 있다. 인공지능이 심리철학philosophy of mind에 중요한 역할을 하고 있듯이, 인공생명의 연구를 통해 생물학의 철학이 도움을 받을 수 있다는 것이다. 가령 창발emergence의 문제, 생명의 정의 문제, 진화에 대한 해석과 이해, 마음(정신)의 문제 등에서 인공생명은 새로운 통찰을 보여준다. 경제학이나 사회학에서 인공생명의 연구를 원용하여 창발성의 문제들에 접근하는 것도 같은 맥락에서이다.

먼저 생명의 정의 문제를 보자. 생명을 어떻게 정의할 것인가 하는 문제는 사실상 누구나 대체로 공감하는 보편적인 해답이 없기로 악명이 높다. 생명이라 볼 수 있는 대상들의 속성을 나열하는 방법이 있지만, 이중 무엇이 더 근본적인지, 최소한의 정의적 속성은 무엇인지, 외계생명체에도 이러한 속성이 적용될 수 있는지 등 많은 문제점을 안고 있다.

일반적인 수준에서 인공생명은 창발과 수반supervenience의 문제를 탐구하기에 좋은 발판이 된다. 물질과 생명의 관계를 계의 자기조직화를 통해 이해함으로써 창발이 어떤 경우에 어떤 조건 아래 나타나는지를 구체적으로 밝힐 수 있다. 인공생명은 이론간 환원의 문제나 수반의 논제에서도 의미 있는 통찰을 줄 수 있다.

인공생명은 마음의 이해에도 큰 역할을 할 수 있다. 현재의 단계에서 인공생명의 연구를 인지과학의 맥락으로 끌어올리는 것은 결코 쉬운 일이 아니다. 특히 생명계에서 어떻게 지능이나 마음이 나타날 수 있는지 이해하는 것은 인공생명의 연구에서도 큰 진작이 없는 과제이다. 그러나 인공생명의 연구가 인공지능의 연구와 만나는 접점이 많기 때문에, 이 분야의 연구자들은 낙관적인 편이다. 특히 인지과학의 연구결과와 인공생명의 연구를 결합함으로써 새로운 통찰을 얻을 수 있으리라는 기대가 널리 퍼져 있다. '아래로부터 위로'의 접근과 '위로부터 아래로'의 접근은 상호보완적이며, 이러한 결합을 통해 마음과 지능에 대한 더 깊이 있는 이해를 추구할 수 있다.

그런데 인공생명의 연구가 생명론에서 얼마나 의미 있는 것인지를 둘러싼 논쟁도 만만치 않다. '강한 인공생명strong A-Life'이라고 부르는 분류의 연구자들은 컴퓨터 프로그램 안에서 생명과 유사한 모습을 보이는 것도 원론적으로 생명체라고 본다. 굳이 우리가 직관적으로 생명체로 간주하는 것만 생명체라 주장할 수 없다는 것이다. 인공생명은 단지 실제적인 생명에 대한 모형일 뿐이며, 이를 생명의 일종으로 간주하는 것은 적절하지 않다고 보는 '약한 인공생명weak A-Life'의 관점에서도 최근에는 생명에 대한 적절한 모형인지 의심하는 논의가 진행되고 있다. 랭턴은 인공생명은 지구상에 존재하는 '우리가 알고 있는 생명life-as-we-know-it'에 국한되지 않고 생명논리biologic적으로 가능한 생명life-as-it-could-be이라는 더 큰 영역을 다룬다고 말한다. 그러나 만일 '생명-논리적으로 가능한 생명'이 '우리가 알고 있는 생명'과 상충한다면, 우리는 어느 쪽을 선택해야 할까? 인공생명은 몸과 기계 사이의 경계에 대해 무엇을 말해줄까?

이와 같은 질문에 답하기 위해, 인공생명에서 자주 거론되는 보캉송의 '기계오리'를 생각하는 것이 유익하다. 1739년 프랑스의 보캉송(Jacques de Vaucanson, 1709-1782)은 플루트를 부는 인형과 더불어 특이한 기계오리를 만들어 왕립과학학술원에 보였다. 이 기계오리는 400여개의 부품으로 되어 있었으며, 날개를 푸드덕거리기도 하고 음식을 먹고 배설을 하기도 했다.[5] 이렇게 기계부품을 이용하여 만들어진 자동인형은 정교하긴 해도 생명체라고 부를 만한 수준이 되지 않았다. 그러나 〈공각기동대〉의 '인형사'처럼 컴퓨터 프로그램 속에서 만들어지는 인실리코로서의 인공생명의 형태들은 '우리가 알고 있는 생명'은 아니더라도 틀림없이 '논리적으로 가능한 생명'이다. '단단한 인공생명'의 경우에는 생명체와 어딘가 다른 면이 있다고 생각하기 쉽지만, '부드러운 인공생명'이나 '젖은 인공생명'은 그렇지 않다. 가령 '단단한 인공생명'으로서의 보캉송의 기계오리는 생명체와 달리 아무런 느낌도 갖지 않은 채, 그리고 아무런 의도도 없이 음식을 먹거나 배설을 하는 것이라고 말할 수 있을 것이다. 그

---

5) 보캉송의 기계오리와 다른 자동기계들에 대해 더 상세한 것은 예를 들어 Landes(2007: 97-100) 참조.

러나 컴퓨터 프로그램으로 구현한 '부드러운 인공생명'은 정의상 생명논리로부터 가능한 생명을 도출한 것이므로, 그것을 생명이 아니라고 말하기 힘들다. 물론 '부드러운 인공생명'의 경우에도 느낌이나 의도를 찾아내기는 어렵다. 그렇지만 이제 다른 문제가 아니라 생명과 기계 사이의 경계만을 문제로 삼는다면, '인형사'와 같은 존재를 쉽사리 기계로 내몰수는 없다.

인공생명의 논의는 이제야 본격적으로 시작되고 있다고 할 수 있으며, 인공생명의 논의에서 몸과 기계 사이의 경계에 대한 최선의 적절한 대답을 찾아내는 것은 이후의 연구과제로 돌려야 한다. 다만 인공생명에 대한 논의에서 분명해진 것은 몸과 기계 사이의 경계가 확연하지 않다는 점이다. 보캉송의 기계오리처럼 전체가 모두 기계인 경우에도 생명논리적으로 가능한 인공적인 생명은 있다고 말할 수 있다. 한편 '인형사'와 같은 인실리코의 생명은 쉽지는 않지만 적합한 요건만 갖추어진다면 대체로 언제든지 새롭게 창조될 수 있는 존재이다. 소프트웨어로서 구현되는 '부드러운 인공생명'은 확실히 유연하다.

인공생명은 생명에 대한 새로운 접근으로서, 생명과 비-생명 사이의 경계에 대해 적절한 대답을 줄 수 있을 것처럼 보였다. 그러나 실제로는 몸과 기계 사이의 경계가 고정적이지 않다는 점을 알게 해준 것 외에는 그 경계에 대한 의미 있는 대답은 주고 있지 않다. 왜냐하면 인공생명의 목표 자체가 그러한 경계를 희미하게 만들어 없애가는 데 있으며, 인공생명의 접근은 존재론적인 명제를 구성하는 것이 아니라 기능적인 구체화에 주안점을 두고 새로운 생명의 형태를 창안하는 것이기 때문이다.

Ⅲ. (확장된) 좀비 논변

생명의 문제를 올바로 이해하기 위해서는 몸-마음 문제를 통해 생명 속의 마음을 논의하는 것이 반드시 필요하다(Emmeche 1991; Thompson 2004; Thompson 2007). 잘 알려져 있듯이, 몸-마음 문제에 대한 일종의 사고실험으로서의 철학적 좀비 논변은 물질주의 또는 물리주의[6]에 대한 반박의 일환으로 상세하게 논의되어왔다(Chalmers 1996).[7] 좀비는 우리와 기능적으로, 생물학적으로, 의학적으로, 물리적으로 완전히 동일하지만 현상적(지각적) 의식은 없는 존재로 정의된다.

이 논변은 다음과 같이 요약할 수 있다.

[A1]. 우리 세계에는 의식적 경험이 존재한다.

[A2]. 우리 세계와 물리적으로 동일하면서도 우리 세계에서 나타나는 의식에 관한 긍정적 사실들이 성립하지 않는 세계가 논리적으로 가능하다.

[A3]. 따라서 의식에 관한 사실은 물리적 사실들 이상의 것으로서 우리 세계의 추가적 사실이다.

---

6) 대개 물질주의(materialism)는 존재론적인 주장인 반면 물리주의(physicalism)는 언어적 및 서술적 주장으로 간주된다. 그러나 여기에서는 물질주의와 물리주의를 같은 의미로 사용하며, 주로 언어적 측면에 비중을 둔다.

7) 좀비 논변과 몸-마음 문제의 관계에 대해 더 상세한 것은 Kirk 1974; Kirk & Squires 1974; Moody 1994; Güzeldere 1995; Balog 1999; Bringsjord 1999; Skokowski 2002; Tanney 2004; 최훈 2005; Floridi 2005; Lynch 2006; Webster 2006; Kirk 2008; 한우진 2008; Hanrahan 2009; Beisecker 2010; Kirk 2011 등 참조.

[A4]. 따라서 물질주의는 거짓이다.

물질주의(유물론)는 세계(우주)의 모든 것이 기실(미소)물리학적 기본존재자들에 대한(미소)물리학적 언어와 법칙으로 서술될 수 있다는 믿음을 가리키며, 의식에 관해서 보면 환원주의의 일종으로 보아도 좋다. 유물론에 대비되는 믿음은 이원론이다. 이는 물질적인 것 외에 추가적인 것이 있다고 보는 관점이다. 차머스(Chalmers 2009)를 따라 좀비 논변을 도식화하면 다음과 같다.

[B1].(P&~Q)는 상상 가능하다.
[B2].(P&~Q)가 상상 가능하면, (P&~Q)는 형이상학적으로 가능하다.
[B3].(P&~Q)가 형이상학적으로 가능하면, 물질주의는 거짓이다.
[B4]. 따라서 물질주의는 거짓이다.

여기에서 P는 기본적인 미소물리학적 존재자들의 기본적 특징들을 미소물리학의 언어로 규정하는, 우주에 관한 미소물리학적 진리들 전체의 연언이며, Q는 임의의 현상적(지각적) 진리이다. 예를 들어 누군가가 현상적 의식을 갖는다는 것일 수도 있고, 어떤 특정의 개인이 특정의 현상적 속성을 지닌다는 것일 수도 있다. (P&~Q)는 P에도 불구하고 Q가 사실인 아닌 상황이다. 만일 Q가 현상적 의식을 갖는 사람이 존재한다는 것이라면, (P&~Q)는 세계의 모든 것이 미소물리학의 언어로 규정되며 현상적 의식을 갖는 사람이 존재하지 않는다는 것을 가리키므로, 좀비 세계를 의미하게 된다. 만일 Q가 어떤 특정의 개인이 특정의 현상적 속성을 지닌다는 것이라면, (P&~Q)는 굳이 좀비 세계는 아니더라도 미소물리학이 지배하는 세계 속에서 그 특정의 개인이 특정의 현상적 속성을 지니지 않는 좀비라는 말이 된다. 그러므로 좀비 세계가 상상 가능하든가, 아니면 특정의 사람[가령(Kirk 1974)의 Dan]이 좀비라는 것이 상상 가능하면, 위의 논변에 따라 좀비 세계나 그 사람이 좀비라는 것이 형이상학적으로 가능할 것이고, 결국 유물론 또는 물리주의는 옳지 않음을 보일 수 있다.

이 논변에서 [B1]은 인식적인 주장epistemic thesis이다. 상상 가능하다 conceivable는 말의 의미에 대한 상세한 분석도 결코 쉬운 문제가 아니지만, 상상 가능하다는 것은 존재론적인 주장과는 다르다. [B2]는 인식적인 주장으로부터 양상적인 주장modal thesis으로 나아가는 단계이다. 이것은 가능세계에 대한 주장이다. 이 경우에도 "형이상학적으로 가능한"이란 말 대신 "논리적으로 가능한"이란 말을 쓸 수도 있고, 그에 따라 논의가 더 상세해진다. [B3]은 존재론적인 주장metaphysical thesis이다.

차머스는 이 논변에 대한 반론을 A유형, B유형, C유형으로 나눈다 (Chalmers 1999, 2002). A유형 물질주의(또는 선험적 물리주의)는 논변의 단계에서 [B1]을 부정하는 사람들이고, B유형 물질주의(또는 후험적 물리주의)는 [B2]을 부정하는 사람들이다.[8] 즉 A유형 물질주의는 좀비의 상상 가능성을 부정한다. 미소물리학이 법칙을 따르지 않는 현상적 의식이 애초

---

8) 차머스의 분류에서 A유형 물리주의자는 Dennett 1991; Dretske 1995; Harman 1990; Lewis 1988; Rey 1995; Ryle 1949 등이며, B유형 물리주의자는 Block and Stalnaker 1999; Hill 1997; Levine 1983; Loar 1990/1997; Lycan 1996; Papineau 1993; Perry 2001; Tye 1995 등이다(Chalmers 2002).

에 존재할 수 없다는 것이다. 그런 점에서 A유형 물질주의는 제거주의에 속한다. 이보다 약한 입장으로서 현상적 의식을 기능주의적으로나 행동주의적으로 모두 이해할 수 있을 것이라는 주장도 포함된다. 이와 달리 B유형 물리주의는 좀비가 개념적으로 상상 가능함을 인정하지만 그렇다고 해서 이것이 존재론적으로도 가능한 것은 아니라고 주장한다. C유형 물질주의는 좀비와 같은 존재가 겉보기에는 상상 가능prima facie conceivable하지만 이상적으로 상상 가능한ideally conceivable 것은 아님을 주장한다. 즉 현상적 의식에 관한 진리들이 원리적으로는 물리적 진리들로부터 연역될 수 있지만, 그 과정은 대단히 복잡하고 난해하기 때문에 현재의 상황에서는 실질적으로 알 수 없는 부분이 있다는 것이다. 게다가 현재 물리적 세계에 관한 진리들도 모두 알고 있는 것은 아니기 때문에, 현상적 의식에 대한 고려 없이 미소물리학의 법칙만으로 온전히 이해할 수 있는 좀비는 상상 가능하다. 따라서 물리적 과정과 의식 사이에는 뭔가 틈새가 있는 것처럼 보이지만, 언젠가는 물리적 세계에 대해 모든 것을 알 수 있고 현상적 의식에 대한 것을 모조리 미소물리학의 언어로 이해할 수 있게 될 것이다. 즉 자연 속에서는 물리적 과정과 의식 사이에는 틈새가 없다. 따라서 좀비 논변은 물리주의의 오류를 증명하지 못한다는 것이 C유형 물질주의의 접근이다.[9]

좀비 논변을 통해 물질주의를 공격하려는 이원론자 또는 비환원주의

---

9) C 유형 물리주의에 대한 옹호로 Dowell 2008 등 참조. 차머스는 세 가지 유형의 물질주의와는 구별되는 F유형 일원론으로 Russell 1926; Feigl 1958/1967; Maxwell 1979; Lockwood 1989; Chalmers 1996; Griffin 1998; Strawson 2000; Stoljar 2001 등을 들고 있다(Chalmers 2002).

자들은 다시 이러한 다양한 반론을 재반박하면서 논의를 더 세련되게 만들어 가고 있다(Chalmers 2002).

그런데 이러한 좀비 논변을 확장한 논변들이 최근에 관심을 불러일으키고 있다. 먼저 브라운이 제안하는 줌비 논변zoombie을 살펴보자(Brown 2010). 좀비 논변의 핵심은 물리적으로 모든 면에서 나와 똑같지만 단지 현상적 의식이 없는 존재, 즉 좀비가 상상 가능한가 하는 점에 있다. 좀비가 물리주의에 대한 논박이 될 수 있다면, 이를 이용하여 이원론에 대한 형식적인 논박을 구성할 수 있다. 이원론은 물리적으로 환원할 수 없는 세계에 대한 진리가 존재한다는 믿음으로 정의할 수 있다. 다시 말해서 비물리적인 진리가 존재한다는 것이다. 또한 이원론은 현상적 의식과 같은 질적 속성이 비물리적인 속성이라는 주장이다. 이원론을 공격하기 위해 고안된 줌비zoombie는 비물리적으로 모든 면에서 나와 똑같지만 단지 비물리적인 현상적 의식이 없는 존재이다. 나에 관한 모든 비물리적 진리들의 총체를 NP라 하고, 나에 관한 어떤 현상적(질적) 진리를 Q라 하자. 좀비 논변의 경우와 마찬가지로 다음과 같은 논변을 구성할 수 있다.

[C1]. (NP&~Q)는 상상 가능하다.
[C2]. (NP&~Q)가 상상 가능하면, (NP&~Q)는 형이상학적으로 가능하다.
[C3]. (NP&~Q)가 형이상학적으로 가능하면, 이원론은 거짓이다.
[C4]. 따라서 이원론은 거짓이다.

좀비와 달리 줌비가 어떤 모습으로 보일지는 직관적으로 느끼기 힘들지만, 논변의 전개 자체는 원래의 좀비 논변과 같은 구조로 되어 있기 때문에, 좀비 논변이 성립한다면 이 논변도 성립한다. 좀비가 존재할 수 있다는 것은 현상적 의식이 비물리적이라는 말이 틀렸음을 의미한다. 즉 현상적 의식은 물리적이라는 뜻이다. 결국 좀비의 존재는 물리주의를 옹호하는 근거가 될 수 있다.

다음으로 안티좀비anti-zombie 또는 숌비shombie 논변을 살펴보자 (Frankish 2007). 안티좀비는 미소물리학적으로 나와 똑같고, 의식 경험을 가지고 있다. 그리고 안티좀비는 완전히 물리적이다. 안티좀비의 세계에서는 의식 경험이 완전히 물리적인 과정이다. 안티좀비는 비물리적인 속성을 전혀 갖지 않는다. 앞에서와 같은 형식의 논변을 만들면 다음과 같다.

[D1].(P&Q)는 상상 가능하다.

[D2].(P&Q)가 상상 가능하면, (P&Q)는 형이상학적으로 가능하다.

[D3].(P&Q)가 형이상학적으로 가능하면, 이원론은 거짓이다.

[D4]. 따라서 이원론은 거짓이다.

여기에서 P는 기본적인 미소물리학적 존재자들의 기본적 특징들을 미소물리학의 언어로 규정하는, 우주에 관한 미소물리학적 진리들 전체의 연언이며, Q는 임의의 현상적 진리이다. 즉 Q는 누군가가 의식을 가지거나 질적 속성을 갖는다는 것이다. 이를 더 직관적으로 보기 위해 위의 논변을 다음과 같이 다시 쓸 수 있다.

[D1']. 안티좀비는 상상 가능하다.

[D2']. 안티좀비가 상상 가능하면, 안티좀비는 형이상학적으로 가능하다.

[D3′]. 안티좀비가 형이상학적으로 가능하면, 의식은 물리적 과정이다.

[D4′]. 따라서 의식은 물리적 과정이며, 이원론은 거짓이다.

이원론에 대한 안티좀비 논변의 공격을 방어하기 위해서는 물질주의에 대한 좀비 논변의 경우와 마찬가지로 A유형, B유형, C유형이 가능할 것이다. 즉 안티좀비의 상상 가능성을 부정하거나(A), 안티좀비의 상상 가능성이 형이상학적 가능성으로 이어지지 않음을 주장하거나(B), 안티좀비가 겉보기에는 상상 가능하지만 이상적으로는 상상 가능하지 않음을 주장하는(C) 것이다.

이 확장된(또는 변형된) 좀비 논변은 본래의 좀비 논변과 달리 물질주의 또는 물리주의가 아니라 이원론이 거짓임을 보이는 방식으로 구성되어 있다. 즉 좀비 논변과 같은 선험적 논변만으로 이루어지는 물질주의에 대한 공격은 그대로 이원론에 대한 공격이 될 수 있다.

이 점에서 호로위츠(Horowitz 2009)의 논의는 심각하게 다시 검토해볼 문제를 던져준다. 호로위츠는 좀비 논변을 변형하여 오히려 물리주의를 옹호할 수 있음을 보이고 있다. 호로위츠는 좀비 논변에 반대하는 물리주의자들이 [B1]이나 [B2]를 의심하면서 대안적인 논의를 하는 데 비해 [B3]을 의심하는 사람이 별로 없다는 점을 지적한다. 그런데(P&~Q)가 형이상학적으로 가능하다고 해서 P로부터 필연적으로 Q가 옳다는 결론이 도출되는 것은 아니다. 제거주의적 물질주의에서는 맨 처음부터 현상적 의식의 가능성을 부정한다. 그렇기 때문에(P&~Q)의 형이상학적 가능성으로부터 물질주의가 거짓이라는 결론이 나오는 것은 아니다. 표준적인 논변은 단지 현상적 상태의 가능성을 용인하는 비제거주의적 물질주의에만 타격을 입힌다.

이제 호로위츠를 따라 좀비 논변을 재구성해보자. 앞에서와 마찬가지로 P는 물리적 세계에 관한 모든 참인 명제들의 연언이며, Q는 임의의 현상적(지각적) 상태를 얻을 수 있다는 임의의 참인 명제이다.

[H1]. (P&~Q)는 상상 가능하다. [전제]

[H2]. (P&~Q)가 상상 가능하면, (P&~Q)는 형이상학적으로 가능하다. [전제]

[H3]. (P&~Q)가 형이상학적으로 가능하면, P가 Q를 필연적으로 예화시키지 않는다. [전제]

[H4]. 따라서 제거주의가 아닌 물질주의는 거짓이다. [H1~H3으로부터의 결론]

[H5d] 그런데 현상적 상태가 존재한다. 다시 말해서, 현상적 상태가 있을 수 없다는 제거주의는 거짓이다. [전제]

[H6d] 그러므로 물질주의는 거짓이다. [H4와 H5d로부터의 결론]

이렇게 더 상세하게 만든 논변에서는 확장된 논변을 구성할 수 있다. 이는 위의 논변에 대한 일종의 대우명제에 해당한다. 즉,

[H1]. (P&~Q)는 상상 가능하다. [전제]

[H2]. (P&~Q)가 상상 가능하면, (P&~Q)는 형이상학적으로 가능하다. [전제]

[H3]. (P&~Q)가 형이상학적으로 가능하면, P가 Q를 필연적으로 예화시키지 않는다. [전제]

[H4]. 따라서 제거주의가 아닌 물질주의는 거짓이다. [H1~H3으로

부터의 결론]

[H5m] 그런데 물질주의는 참이다. [전제]

[H6m] 그러므로 제거주의적 물질주의는 참이다. 즉 현상적 상태는 있을 수 없다. [H4와 H5m으로부터의 결론]

확장된 좀비 논변은 물질주의가 거짓임을 보여주는 논변이 되기도 하지만 내용을 조금만 바꾸면 제거주의적 물질주의가 참임을 보여주는 논변이 되기도 한다. 즉 이렇게 확장된 좀비 논변에서 보면, 좀비가 상상 가능하다는 것만으로는 물질주의가 옳지 않다는 주장뿐 아니라 제거주의적 물질주의가 참이라는 주장도 도출될 수 있다. 즉 이 확장된 좀비 논변이 옳다면, 물질주의 전체를 송두리째 부정하거나 아니면 현상적 의식에 관한 제거주의적 물질주의를 받아들여야 한다. 이 두 선택지, 즉 [H6d]와 [H6m] 중 어느 것이 올바른 것인지를 판단한 기준은 없다.

좀비 논변, 줌비 논변, 안티좀비 논변, 확장된 좀비 논변 등이 말해주는 것은 경험적 논의 없이 아프리오리 논변만으로 의식의 문제를 해결할 수 없다는 사소한 교훈일 수도 있다. 그러나 거기에 그치는 것은 아니다. 좀비 논변은 의식의 문제에 관련한 물리주의(유물론)와 이원론 사이의 논쟁에서 고안된 것이지만, 네이글이 제시한 이에 대한 가장 초기의 논의에 주목함으로써 다른 통찰을 얻을 수 있다.

데카르트의 논변은 뒤집어진 형태로도 가능하다. 그러나 데카르트는 내가 알기에 이를 전혀 수행하지 않았다. 몸이 없는 마음의 존재만큼이나 마음이 없는 몸의 존재도 상상 가능하다. 즉 나는 내 몸이 안팎에서 행위(자기의식적인 행위를 포함하여)의 완전한 물리적 인과에 따라 그 하는 일을 정확히 하고 있지만 내가 지금 경험하고 있는 정신 상태는 전혀 없는 것을 상상할 수 있다. 그것이 정말 상상 가능하다면 정신 상태는 몸의 물리적 상태와 구별되어야 한다. […] **데카르트의 논변을 쳐부수기 위해서는** 우리가 신체 없는 마음이나 마음 없는 신체를 상상하려 할 때 그렇게 할 수 없고 그렇다고 오해할 만한 뭔가 다른 것을 하게 된다는 것을 보여 주어야 한다. […] 우리가 분리된 몸과 마음을 상상할 수 있다고 생각하는 **데카르트가 틀렸든지**, 아니면 어떤 종류의 이원론 어딘가가 잘못된 것이다.(Nagel 1970: 401-2, 강조는 인용자)

좀비 논변을 닮은 네이글의 논의는 의식에 대한 물질주의 내지 물리주의의 주장이 옳지 않다는 주장으로만 해석될 수 있는 것은 아니다. 오히려 전체적인 맥락에서 볼 때, 데카르트의 논변(즉 몸과 마음을 분리하는 것이 상상 가능하기 때문에 이 둘은 다르다는 생각)을 근본부터 다시 검토해보자는 것으로 해석할 수도 있다.

사실 좀비 논변에서 제대로 다루어지지 않은 채 자연스러운 전제로 여겨져 온 문제는 생리학적·물리적으로 나와 똑같으면서도 현상적 의식이 없을 수 있다는 것이다. 이는 맨 처음부터 생리학적·물리학적 몸과 현상적 의식을 분리될 수 있는 것으로 가정하는 것이다. 논의 자체는 데카르트적인 논의의 연장선에서 몸과 마음의 관계인 것처럼 서술되어 있지만, 실질적인 것은 '통 속의 뇌brain in a vat'와 의식의 관계이다. 네이글의 문제의식을 더 발전시킨다면, 대비되는 두 범주를 어떻게 선택할 것인지를 다시 밑바닥부터 생각해 볼 필요가 있다. 과연 '통 속의 뇌'는 단지 피와 영양분 같은 필수적인 요소만 공급받으면 제 기능을 다할 수 있을까? 그것이 가능하다면, '통 속의 뇌'가 제 기능을 하기 위해서는 어떤 것을 공급받아야 할까? '통 속의 뇌'는 일종의 신체일까? 생리학적으로 똑같은 몸과 물리적으로 똑같은 몸은 동일할까? 물리적으로 똑같은 몸은 기능적으로도 똑같을까?

이 글에서는 이러한 의문들을 해결하기 위한 실마리를 모색하기 위해 현상학자인 로버트 한나와 에반 톰슨의 제안을 출발점으로 삼고자 한다 (Hanna & Thompson 2003). 이들은 몸과 마음에 관한 철학적 문제를 (1) 전통적인 몸-마음 문제 (2) 신체 문제 (3) 몸-신체-마음 문제와 같이 세 가지로 구별하자고 제안한다. 신체 문제는 마음이나 의식의 문제를 제외하고 물리적인 언어로 몸 또는 신체를 이해할 수 있는가의 문제이다. 신체에 대한 포괄적이면서 종합적인 이해가 가능한가 묻는 것이다. 전통적인 몸-마음 문제와 달리 몸-신체-마음 문제는 현상학의 전통 아래 있다. 현상학에서는 물리학·화학·생물학과 같은 자연과학 또는 의학의 대상이 될 수 있는 일종의 객관적인 대상으로서의 '신체(Körper, corporeality)'와 존재의 느낌과 관점과 내적인 생명을 지니고 있는 살아 있는 또는 살아가는 '몸(Leib, lived body)'을 구별한다.[10] 몸-신체-마음 문제는 이 셋 사이의 관계를 해명하려는 것이다. '신체'와 '몸'은 살아 있는 것(즉 동물)의 외적인 측면과 내적인 측면이라 할 수 있다. 현상학은 살아가고 있는 몸이 어떻게 세계와 관계를 맺는가 하는 문제뿐 아니라 살아가고 있는 몸이 어떻게 그 자신과 관계를 맺는가를 묻는다. 현상학적 사유를 염두에 둔 몸-신체-마음 문제 안에는 '몸-신체 문제'가 포함된다. '몸-신체 문

---

10) Körper(corporéalité)와 Leib(corps propre)는 원래 모두 '몸'을 가리키지만, 실질적인 의미에 비추어 각각 '신체'와 '몸'으로 지칭하기로 한다.

제'는 의식이 있는 마음과 물리적인 신체 사이의 관계에서 나타나는 설명의 틈새보다는 물리적 신체와 주관적 생명 사이의 관계에서 나타나는 설명의 틈새에 더 주목한다. 데카르트의 틀 안에서 몸-마음 문제는 근본적으로 다른 두 존재론적 범주에 대한 설명의 틈새가 문제가 되지만, 현상학적 사유의 틀 안에서 문제가 되는 것은 한 가지 체현의 두 유형 사이에서 드러나는 설명의 틈새이다(Thompson 2005). 물리적 신체가 세계 속에 있는 반면, 주관적 생명은 자신의 존재에 대한 느낌이다. 그런 점에서 '몸'과 '신체'의 관계는 주관적으로 살아가고 있는 몸(1인칭)과 세계 속에 있는 생명체로서의 신체(3인칭)의 관계이다(Thompson 2007).

몸-신체-마음 문제를 염두에 둘 때 의식에 대한 설명에서 드러나는 틈새(간극)는 더 세분화된다. 신경과학에서 절대적 틈새는 "신경과정에 왜 의식경험이 수반되는가?"라는 문제이지만, 몸-신체-마음을 고려한다면, 두 가지의 상대적 틈새가 더 제기된다(Hurley & Noë 2003). 양태간intermodal 상대적 틈새는 "특정의 신경과정이 왜 여러 다른 가능성에도 불구하고 특정의 의식경험 양태로 연결되는가?"라는 문제로서 시각 경험과 청각 경험의 차이 같은 것이 논의의 대상이다. 다시 말해서 왜 특정의 신경의 발화가 청각 경험이 아닌 시각 경험으로 이어지는가 하는 것이다. 양태내intramodal 상대적 틈새는 "특정의 신경과정이 왜 특정 의식경험으로 연결되는가?"라는 문제로서, 왜 특정 신경의 발화가 시각 경험 중에서도 빨간색이 아니라 녹색을 경험하게 하는가 하는 것이다(O' Regan & Noë 2001, Noë 2002).

이러한 설명의 상대적 틈새를 잘 드러내는 것이 신경가소성neural plasticity의 문제이다. '피질 우위cortical dominance'는 환지(phantom limb)와 같은 것으로서, 운동신경 쪽이 절단되었더라도 피질의 다른 부분이 그

영역을 대신 담당하는 것이다. 이와 달리 '피질 양보cortical deference'는 가령 선천적 시각장애의 경우 촉각으로 점자를 읽을 때 시각중추가 활성화되는 것과 같은 현상이다. 헐리와 노에는 피질 양보가 일반적이고 피질 우위는 예외적임을 논증하면서, 이를 바탕으로 이른바 '동적 감각-운동 가설dynamic sensorimotor hypothesis'을 제안한다. 즉 질적 표현의 변화는 감각 입력과 해당 뇌 영역의 속성만으로는 설명되지 않으며 감각 자극과 체현된 활동 사이의 상호의존성의 동적 패턴으로 설명해야 한다는 것이다.

'동적 감각-운동 가설'의 핵심적인 내용은 의식을 이해하고 설명하기 위해서는 신경활동의 내재적 속성, 예를 들어 특정 피질 영역의 뉴런 패턴에만 주목하는 것이 아니라 신경활동, 몸, 세계 사이의 동적 감각-운동 관계를 모두 살펴보아야 한다는 것이다. 즉 외부로부터의 감각 입력이 인과적으로 경험을 일으키는 것이 아니라, 행동과 감각 자극을 모두 포함하는 숙련활동이 현상적 경험을 일으킨다는 것이다.

신경과학을 통해 의식을 이해하고자 하는 철학적 사유는 이제 전통적인 데카르트식의 논의에서 벗어나야 한다. 이제 대안의 모색을 위해 인지과학·생명과학·신경과학과 같은 개별과학을 근거로 하는 현상학적 사유들을 살펴보기로 한다.[11]

---

11) 현상학적 사유의 정점은 후설과 메를로-퐁티의 현상학이지만, 이 논문에서는 후설이나 메를로-퐁티의 사상적 측면을 따로 본격적으로 고찰하지 않는다. 철학적 사유에 대한 주석에 머무르는 대신, 인지과학·생명과학·신경과학 등의 과학을 둘러싼 여러 사유를 통하여 상보적으로 현상학적 사유의 강점을 부각시키는 것이 더 생산적이기 때문이다.

IV. 현상학적 사유들

1. 야콥 폰 윅스퀼의 둘레세계

에스토니아 출신의 동물학자 야콥 폰 윅스퀼(Jakob von Uexküll, 1864-1944)은 인과율을 토대로 유기적인 계에 관한 지식을 조직하려는 생리학과 구분되는 생물학을 추구했으며 그 핵심을 목적성Zweckmässigkeit 또는 계획성Planmässigkeit으로 보았다. 그의 연구는 유기체가 어떻게 주변의 환경을 인식하며 그 인식이 유기체의 행동을 결정하는가 하는 데 초점이 맞추어져 있었다. 윅스퀼은 생명체의 기능성과 설계를 기계적 법칙으로 설명하려는 순수한 인과율 옹호자(다윈주의)나 유기체의 고유법칙성Eigengesetzlichkeit으로 설명하려는 순수한 설계 옹호자(생기론자) 양자에 반대하면서, 설계는 유기체의 특정 법칙을 통해 설명하고 기능은 기계적 법칙을 토대로 설명하는 기계주의machinalist 또는 상호작용주의interactionist의 입장을 전개했다.

윅스퀼이 '둘레세계Umwelt'라는 용어를 제안한 것은 저서『동물의 둘레세계와 내부세계』(Uexküll 1909)에서였으며,『이론생물학』의 2판(Uexküll 1928)에서 더 명료해졌고,『동물과 인간의 둘레세계 산책』(Uexküll & Kriszat 1934)을 통해 널리 알려졌다.

'둘레세계'는 유기체가 주관적으로 받아들이는 의미적 세계를 가리킨다. 하나의 동물 또는 생명체에게 둘레세계는 감각세계와 작용세계의 만남이다.

우리의 감각기관이 감각행위Merken에, 우리의 운동기관이 작용행위

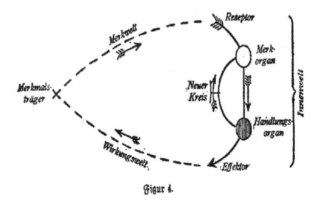

ℱigur 4.

그림 3-2 기능고리(Funktionskreis)

Wirken에 기여한다면, 동물에서 단순히 기계적 배치만이 아니라 기계
공도 볼 수 있게 되며, 동물은 단순한 객체가 아니라 지각행위와 작용
행위를 그 본질적 활동으로 지니는 주체로 볼 수 있게 될 것이다. 이로
써 둘레세계Umwelt로 가는 문이 열린 셈이다. 왜냐하면 주체가 지각하
는 모든 것은 그의 감각세계Merkwelt가 되고, 주체가 작용하는 모든 것
은 그의 작용세계Wirkungswel)가 되기 때문이다. 감각세계와 작용세계
는 함께 하나의 닫힌 단위, 즉 둘레세계를 형성한다.(Uexküll 1934)

그림 3-2에서 보듯이 내부세계Innenwelt에서 감각기관Merkorgan이 수
용기Rezeptor를 통해 감각세계와 만나며 운동기관Handlugsorgan이 작용기
Effektor를 통해 작용세계와 만나면 내부세계에서 새로운 고리가 만들어
진다. 이 때 감각세계와 작용세계가 함께 둘레세계를 이룬다.
웍스퀼이 즐겨 인용하는 진드기Ixodes rhitinis의 예를 통해 이 개념을 쉽
게 이해할 수 있다. 진드기는 시각도 청각도 없으며, 진드기를 둘러싼 거

대한 외부세계Welt와 일반적 환경Umgebung은 존재하지 않는 것과 마찬가지이다. 진드기는 포유류의 땀 냄새에 있는 부티르산酪酸만 감각할 수 있다. 번데기에서 부화한 진드기는 나무 같은 데 매달려 있다가 부티르산을 지각하면 나무에서 스스로 떨어짐으로써 포유류의 몸에 달라붙게 되며, 이를 통해 포유류의 피를 얻는다. 다른 감각이 없기 때문에, 오히려 부티르산을 통해 그릴 수 있는 그 세계가 더 강렬하게 존재하게 된다. 진드기가 작용하며 살아갈 수 있는 세계는 부티르산에 대한 감각을 매개로 진드기 안에 만들어진 둘레세계이다.

굵은눈왼손집게Dardanus pedunculatus와 말미잘Calliactis parasitica의 상호작용을 보여주는 그림 3-3은 『동물의 둘레세계와 내부세계』(Uexküll 1909)에서 윅스퀼이 브로크의 동물행동학 연구를 인용하면서 소개하는 예이다.[12] 맨 위의 두 그림은 껍질이 있는 집게가 말미잘을 만날 때의 행동을 보여준다. 집게는 자신의 껍질에 말미잘을 붙인다. 이를 통해 말미잘은 움직일 수 있는 다리를 얻고, 집게는 말미잘의 촉수에 있는 독을 통해 천적인 문어로부터 자신을 지킬 수 있게 된다. 집게의 껍질에 붙어 있는 말미잘 덕분에 집게는 위장을 할 수 있다. 중간의 그림은 껍질이 없는 집게가 말미잘을 만나는 경우이다. 집게는 껍질을 얻기 전까지 말미잘을 보호용으로 이용한다. 말미잘 자체가 껍질이 되는 것이다. 세 번째 그림은 말미잘과 공생하고 있는 집게가 새로운 말미잘을 만날 때이다. 이미 보호용 말미잘이 있으면 집게는 다른 말미잘을 먹이로 여긴다.

세 가지 상황의 기능고리에서 집게에게 말미잘의 의미는 모두 다르다.

---

12) 원출처는 Brock 1927.

그림 3-3 굵은눈왼손집게와 말미잘의 상호작용과 둘레세계

첫 번째 상황에서 집게에게 말미잘은 천적으로부터 자신을 위장하고 보호할 수 있는 공생의 파트너이다. 두 번째 상황에서 말미잘은 집게의 보호를 위한 집의 역할을 하는 패각의 대용물이다. 세 번째 상황에서 이미 패각과 공생의 파트너를 가지고 있는 집게에게 말미잘은 먹이가 된다. 이와 같이 집게를 장면에서 제거한 채 제삼자의 시각으로 집게와 말미잘을 보는 대신 집게의 입장에서 말미잘을 본다면 전혀 다른 세계가 열리

게 된다.

생명체는 수동적으로 주어진 자극에 반응하는 무심한 기계가 아니라 능동적으로 자신이 무엇을 감각할지를 결정하고 만드는 시스템이다. 그런 점에서 해석주체와 의미와 기호 사이의 3자 관계를 주된 관심으로 삼는 기호학의 접근이 생명체에 대한 이해에서 큰 의미를 갖게 된다.

경험의 대상과 감각의 요소 사이의 차이는 물리적 환경 자체에 있는 어떤 것으로부터 결정되는 것이 아니라 오히려 실제로 주변에 물리적으로 존재한다고 할 수 있는 것과 지금 여기에서 그 주변과 상호작용하는 생물학적 유기체의 인지적 구성 사이에서 얻을 수 있는 관계 또는 관계들의 망으로부터 결정된다(Deely 2001, Chebanov 2001).

둘레세계는 물질과 생명과 의식이라는 세 층위가 만나 감각과 작용을 통해 독자성을 얻게 되는 것이며, 그런 점에서 둘레세계는 의식과 무관하게 외부에 존재하는 것이 아니다. 자체생성성에 토대를 둔 생물학적 인지이론과 인지과학의 기연적 접근을 둘레세계의 이론은 자연스럽게 만난다. 둘레세계에 대한 논의가 생명체가 인지하는 세계에 초점을 맞추고 있다면, 자체생성성 이론과 기연적 접근은 그러한 둘레세계에 대한 의식이 어떻게 형성되며 발전하는지에 주목하고 있다.

2. 움베르토 마투라나의 자체생성성과 생물학적 인지론.

초기 사이버네틱스 연구자들에게 베이트슨이나 폰푀르스터가 제기한 문제는 논란에 휩싸였지만, 관찰자를 사이버네틱스적인 계에 포함시켜야 한다는 생각은 칠레 출신의 신경생물학자 움베르토 마투라나Humberto Maturana가 무대에 나타나면서 새로운 전기를 맞게 되었다.

마투라나는 1959년에 인지과학자 레트빈Jerome Ysroael Lettvin, 신경생리학자 매큘럭Warren McCulloch, 인지심리학의 논리학자 피츠Walter Pitts와 함께 "개구리의 눈이 개구리의 뇌에 대해 무엇을 말해주는가?"라는 제목의 논문을 썼다(Lettvin et al 1959, Maturan et al. 1960). 마투라나는 이 논문을 쓸 때 인지과정에 대해 다음과 같은 암묵적인 가정을 하고 있었다고 말하고 있다. 즉 객관적인(절대적인) 실재가 있으며, 이는 동물의 외부에 있고 동물과 무관하며(동물로부터 결정되지 않으며), 동물이 지각(인지)할 수 있다는 가정이었다. 그러나 관찰자로서의 동물(가령 눈을 사용하는 개구리)을 더 면밀하게 연구면서 이러한 가정에 문제점이 있음이 드러났다. 마투라나와 동료연구자들은 관찰자로서의 동물의 망막에 상이 맺히고 신경생리학적인 자극이 생기는 것이 외부에 있는 객관적 실재로부터 오는 물리적 자극이라기보다는 오히려 동물 내부에서 오는 색에 대한 경험과 연결된다고 해석할 수 있는 현상들을 발견했다.

잘 알려져 있듯이 개구리는 움직이지 않는 벌레에 대해 반응하지 않으며 다만 움직이는 벌레에만 민감하게 반응한다. 즉 개구리는 신경생리학적으로 움직이지 않는 것은 보지 못한다고 말할 수 있다. 개구리의 망막에 맺히는 빛의 상은 개구리의 두뇌에 그 자체로는 아무런 역할을 하지 않는다. 특히 벌레를 잡아먹은 적이 없는 개구리는 망막에 벌레의 상이 맺혀도 여기에 반응하지 않는다. 개구리가 움직이는 벌레를 볼 수 있는 것은 개구리 자신의 경험과 직접 연결되어 있다는 것이 마투라나와 그의 동료연구자들의 발견이었다.

1969년 시카고에서 열린 '인류학 연구를 위한 웨너-그렌 재단' 후원으로 열린 심포지엄에서 마투라나는 살아 있는 계의 작동과 인지를 결합시키겠다는 새로운 발상을 발표한다. 그렇게 해서 나온 글이 『자체생성성

과 인지: 살아 있는 것의 실현』(Maturana & Varela 1980)의 1부를 이루는 "인지의 생물학"이다. 이 글은 인지를 생물학적 과정으로 보아야 한다는 주장을 확립하기 위해 기능으로서의 인지는 무엇인지, 그리고 과정으로서의 인지는 무엇인지 밝히는 것을 목적으로 삼고 있다. 결론적으로 "살아 있는 계의 자기지칭하는 순환적 조직self-refering circular organization of the living system의 서술을 통해, 그리고 그러한 조직이 규정하는 상호작용 영역의 분석을 통해, 결국 서술을 할 수 있고 언어 영역과 자기의식 영역을 생성할 수 있는 자기지칭계(즉 관찰자)의 창발을 밝히는"(Maturana & Varela 1980: 48) 것이 자체생성성과 생물학적 인지이론의 목표이다.

바로 그 자기지칭조직이 바로 관찰자이다. 인지가 생물학적 현상임을 이해하기 위해서는 관찰자와 생물학적 현상 속에서 관찰자가 하는 역할을 설명해야 한다. 이 논의의 과정에서 마투라나는 "관찰자가 살아 있는 계The observer is a living system"임을 주장하며, 한 절을 모두 '살아 있는 계'에 대한 논의에 할애하고 있다(Maturana & Varela 1980: 9-11). 이 절의 내용을 확장하여 바렐라(Francisco J. Varela)와 함께 쓴 글이 『자체생성성과 인지』의 두 번째 글, "자체생성성: 살아 있는 것의 조직"(1973)이다.

흥미롭게도 1970년에 발표된 첫 번째 글은 두 번째 글과 상당한 차이를 보인다. 결론 부분에서 "살아 있는 조직은 그것을 규정하는 성분들의 생산과 유지를 보장하는 순환적 조직이며, 그 작동의 산물이 바로 그것을 생산하는 조직과 같다."(Maturana & Varela 1980: 48)라고 말할 때에는 자체생성성의 개념이 엿보이는 것처럼 보이기도 한다. 그러나 "살아 있는 계는 상호작용의 단위로 정의되며, 그 상호작용의 상대방인 주변의 환경 ambience/niche과 무관하게 이해될 수 없다."(Maturana & Varela 1980: 9)라고 말할 때, 여기에는 자체생성성의 개념이 아직 명백하지 않다. 무엇보다도 자체생성성 개념에서 나타나는 완결성이 거의 논의되지 않는다.

관찰자는 누구인가? 인지를 생물학적 과정으로 보고자 하는 마투라나에게, 관찰자는 고찰하고 있는 실체(e.g. 유기체)를 볼 수도 있고, 동시에 관찰자가 놓여 있는 우주(e.g. 유기체의 환경)를 볼 수도 있다. 따라서 관찰되는 실체와도 상호작용할 수 있고 주위환경 내지 니치(niche)와도 상호작용할 수 있는 '계system'이다. 관찰자가 실체entity를 서술한다는 것은 서술되는 실체의 실제적 또는 잠재적인 상호작용과 관계들을 나열한다는 의미이다. "관찰자는 자기 자신의 상호작용 영역을 특정함으로써 그 자신을 일종의 실체로 규정할 수 있다. 관찰자는 언제나 이 상호작용의 관찰자로 남을 수 있으며, 그 상호작용을 독립적인 실체로 다룰 수 있다."(Maturana & Varela 1980: 8)

여기에서 주목할 점은 관찰자가 '살아 있는 계'로 정의된다는 것이다. 유기체는 물론이거니와 관찰자도 일종의 '계'라고 보는 것은 일반체계이론과 사이버네틱스의 영향이다. 1940년대 말, 위너가 정보이론과 자기조절과정(항상성)의 분석을 원용하여 생명에 대한 새로운 관점을 제안할 무렵에는 아직 생명의 본질을 정보(음의 엔트로피)로 보는 슈뢰딩거의 제안이 널리 퍼져 있지 않았다. 원래 인공두뇌학은 목표추격 유도탄 같은 자체제어과정의 연구에서 시작되었다. 이것은 항상성을 지니는 생명체의 특성에도 잘 적용되는 것으로 보였고, 자연스럽게 자기조절과정의 연구 결과들을 원용함으로써 생명의 특수성에 대해 더 이해할 수 있는 길이 열렸다.

자체생성성autopoiesis 이론을 제창한 움베르토 마투라나의 생물학적 인지론의 핵심은 인지cognition가 생물학적 과정의 일종으로서 생물학적인 고찰만으로 인지에 대해 모두 알 수 있으리라는 것이다(Maturana &

Varela 1980, 1987; Maturana 1988, 2002). 이것은 최종적인 과학이론이라기보다는 그러한 작업가설을 토대로 하는 장기적 연구프로젝트에 더 가깝다. 인지를 생물학적 현상으로 보게 되면, 인지에 대한 이해는 살아 있는 계로서의 관찰자를 통해서만 설명될 수 있다는 주장이 가능해진다. 결국 무엇인가를 안다는 것은 곧 그 무엇인가에 어떤 식으로든 작용을 한다는 것을 의미하게 된다. 이를 단순화한 구절이 바로 "함으로서의 앎"이다.

3. 인지과학의 기연적 접근enactive approach

의식과 인지 과정 일반에 대한 논의는 전통적으로 심리학의 영역이었다. 그러나 심리학의 역사를 보면 애초에 철학의 한 분과로서 출발했던 심리철학이 행동주의 심리학과 분리되면서 의식과 인지 과정 자체에 대한 의미 있는 철학적 논의는 심리학과는 거리가 먼 것처럼 여겨져 왔다. 이에 대한 대안으로 등장한 것이 인지과학이다. 인지과학은 심리철학, 인공지능, 언어학, 신경과학, 인지심리학 등 다양한 요소들이 통합된 새로운 학문분야로서 의식과 인지 과정을 다룬다.

　인지과학의 기반 중 하나는 1950년대에 시작된 인공지능이다. 인공지능은 튜링 기계의 구현으로서의 컴퓨터에서 자극을 받아 현실에 존재하는 지능을 재현하고자 하는 노력을 통틀어 가리킨다. 인공지능은 비단 컴퓨터 과학의 한 조류일 뿐 아니라 지능과 인지과정을 꼼꼼하게 살펴본다는 점에서 인지과학과 심리철학에서도 중요한 자원이다.

　잘 알려져 있듯이, 인공지능에 대한 접근은 크게 세 가지로 구별된다. 먼저, 소위 '물리적 기호체계 가설'에 기반을 둔 계산주의가 있다. 물리적 기호체계 가설은 "물리적 기호체계가 인지 작용의 필요충분조건이다."라는 믿음을 가리킨다. 이에 따르면 마음은 튜링 기계 또는 컴퓨터와 근본적으로 다르지 않다. 계산주의는 인지주의로 부르기도 한다. 1970년대에 상식적인 지식을 자연언어로 구현하는 문제에서 계산주의 접근이 근본적인 한계가 있음이 밝혀지면서, 계산주의에 대한 비판적 대안으로 제기된 것이 연결주의 또는 창발주의이다. 이에 따르면 인지적 학습은 뉴런 사이의 연결이 변형되는 것이며, 인지과정은 뉴런들의 창발적 연결로 이해해야 한다. 이 접근은 뉴런들이 같은 자극에 함께 발화되면 그 연결이 강화되며, 그렇지 않으면 연결이 약화된다는 헵 가소성 규칙에 기반을 두고 있다. 연결주의의 접근은 대개 신경망 이론을 통해 전개되었기 때문에 이를 단순히 신경망 접근이라고도 부르며, '신경망의 정보 병렬분산처리'(PDP)가 핵심이 되었다. 인지과학 안에서는 신경망을 마음의 중심 은유로 보는 연결주의가 1980년대 이후에 널리 퍼졌다. 연결주의에서는 뉴런과 같은 하부 단계의 요소들로부터 예측할 수 없는 새로운 속성들이 상부 단계에서 나타난다는 창발성이 중요한 역할을 한다. 계산주의와 연결주의의 한계를 지적하면서 로봇공학에 기반을 둔 로드니 브룩 등의 '행동기반 상향접근'은 새로운 AI로 자처하면서 현재의 AI를 주도하고 있다.

인지과학에서의 이러한 세 가지 흐름, 즉 계산주의(인지주의), 연결주의(창발주의), 행동기반 상향접근은 인지라는 것을 일단 주어진 것으로 간주하고 대체로 심리상태의 하나로서 다루기 때문에, 많은 한계를 보인다. 이에 대한 비판적 대안 중 하나가 바로 '기연적 관점(起緣的 enactive perspective)'이다.[13]

신경생리학자이자 면역학자인 프란시스코 바렐라가 철학자 에반 톰슨과 심리학자 일리너 로슈와 함께 쓴 저서(Varela et al. 1991)에서 제안된 '기연적 관점'은 계산주의(인지주의)와 연결주의(창발주의)를 넘어서는 제3의 접근이다.[14] '기연적 관점'은 인지를 외부세계와 연결된 구조적 결합의 역사로 보면, 나아가 상호연결된 신경망들의 다양한 층위로 이루어진 네트워크를 통해 인지작용이 이루어진다고 본다. 그 주장의 핵심은 불교의 명상전통과 메를로-퐁티의 몸의 현상학을 대안으로 삼아 인지과학의 오래된 문제를 해결할 수 있다는 것이다. 이를 잘 요약하는 용어가 '체현된

---

13) 여기에서 '기연'(起緣)으로 번역한 enactive는 "행동을 하게 만드는" 또는 "행위를 일으키는"의 의미로 사용된다. 이 접근에서는 동역학적 상호작용 모형이 큰 역할을 하며, 행위주체와 세계 사이의 상호작용이 핵심적이란 점에서 enaction은 불교용어로서의 '연기'(緣起)와 상당히 가깝다. 연기는 모든 현상이 생기 소멸하는 법칙을 의미한다. 현상은 무수한 원인과 조건이 서로 관계해서 성립하는 것으로, 인연이 없으면 결과도 없다. 그런 맥락에서 enactive는 이러한 "연(緣)을 일으키는"이란 의미에서 '기연'이라고 할 수 있을 것이다. 석봉래 1997은 enactive를 '발제적'이라고 번역했는데, 이는 "법률이나 규약을 제정한다"(發制)라는 enaction의 사전적인 의미를 그대로 가져온 것으로 보인다. 미국의 인지심리학자 브루너(Jerome Bruner)가 어린 아이의 인지가 발전하는 세 단계 중 하나로 제안한 enactive stage 또는 enactive representation은 '작동적 단계' 또는 '작동적 표상'으로 번역된다. 여기에서 enactive의 의미는 어린 아이가 만지고, 잡고, 씹는 것과 같은 운동적 반응을 통해 외부 세계에 대한 지식을 얻는 것을 가리킨다. '作動'은 문자로만 보면 기계나 장치를 조작하여 실행시키는 것을 뜻하기 때문에 브루너가 의도한 개념도 잘 반영하지 못하는 번역어라 할 수 있다. 이기홍 2007에서는 enactivism을 '활동주의'라고 간단히 소개하고 있다. 유권종 & 박충식 2009은 Varela(1999)의 한국어판 번역에서 enaction의 한국어 용어로 '구성'(構成)을 택했다. 그 이유는 더 많은 구성주의 연구자와 구성주의적 입장을 포괄하기 위해서라고 말하고 있다. 그러나 일반적으로 구성주의의 '구성'은 construction과 대응하며, 이러한 용어는 "개체가 스스로 자신의 규칙을 만드는"이나 "행동을 통해 만들어지는"이라는 본래의 의미를 제대로 반영하지 못한다. 무엇보다도 바렐라 등의 관점과 접근은 구성주의와 다르다. 이와 관련하여 Proulx 2008, Kenny 2007 등 참조. 한편, 인지철학에서 이 용어를 처음 제안한 바렐라, 톰슨, 로슈는 불교의 명상 전통과의 연관을 강조하고 있다. 이는 맹자와 도덕경뿐 아니라 티벳불교를 강조하는 Varela 1999의 논의에서도 명료하게 드러난다. 이런 상황을 고려할 때, enaction과 enactive의 번역어로 '기연'과 '기연적'이 적절할 것이다.

14) Varela et al. 1991에서 행동기반 상향접근은 논의의 대상이 아니었다.

마음embodied mind'이다.[15] 이는 몸과 마음이 분리불가능한 하나를 이루고 있음을 말한다. 체현된 마음은 기연적 접근의 중요한 요소이지만, 기연적 접근은 더 포괄적이고 총체적인 연구프로그램이다.

기연적 관점은 다음의 여러 아이디어들이 체계적으로 종합된 것이다(Thompson 2007: 13). 첫째, 살아 있는 존재는 스스로를 능동적으로 만들어내고 유지하는 자율적 행위자이며, 그렇기 때문에 자신의 인지영역을 직접 만들어 내거나 일으킬 수 있다. 둘째, 신경계는 자율적인 동역학계로서 외부에서 입력된 신호를 처리하는 일종의 정보처리장치가 결코 아니라 스스로 의미를 만들어낸다. 셋째, 인지는 상황적인 체현된 행위에 대한 숙련된 노하우이다. 인지구조와 인지과정은 감각과 행동의 반복적인 감각-운동 유형sensorimotor pattern에서 생겨난다. 생명체와 외부 환경 사이의 감각-행위 결합은 신경활동의 동적 유형들이 만들어지는 것을 조절하지만 결정하는 것은 아니다. 넷째, 살아 있는 존재가 인지하는 세계는 뇌가 재현(표상)하는 애초부터 미리 규정된 영구적인 외부 영역이 아니라 그 존재와 환경 사이의 결합양식으로서 일으켜지는 관계영역이다. 다섯째, 마음과 경험은 서로 불가분의 관계를 맺고 있다. 경험은 마음과 동떨어져 부수적으로 일어나는 것이 아니며, 마음은 경험을 통해 다듬어지고 형성된다.

에메케의 생명기호학적biosemiotic 정의에 따르면 "생명은 스스로의 '둘레세계'를 만드는 스스로 짜인 물질적 코드계에서 일어나는 기호들의 기

---

15) 국내 연구에서는 바렐라 등의 논의 자체보다는 그와 연관성을 지닌다고 여겨지는 '확장된 마음' 또는 '분산된 인지'에 초점이 맞추어져 왔다. 이기흥 2007, 윤보석 2008, 이영의 2008, 이정모 2010 등 참조.

능적인 해석"이다(Emmeche 1998).[16] 움베르토 마투라나와 프란시스코 바렐라는 자체생성성이란 개념을 통해 생명을 이해할 수 있다고 제안했다. 바렐라는 여기에서 한 걸음 더 나아가 '의미 만들기sense-making'란 개념을 논의했다. 첫째, 생명체는 근본적으로 자체생성성에 기초를 둔 자기긍정적이며 정체성을 만드는 과정이다. 둘째, 이 자기긍적적 정체성은 논리적으로 조작적으로 의미 만들기와 상호작용 영역의 준거점 또는 관점을 수립한다. 바렐라가 말하는 의미 만들기는 물리화학적 세계를 의미와 가치를 갖는 환경으로 바꾸며 그 계에 대한 둘레세계를 창조하는 것이다. 의미 만들기는 규범적이지만, 자체생성성이 자기연속성의 전체 아니면 없음이라는 이분법적 규준일 뿐, 순차적인 규준은 아니다. 그런 점에서 바렐라의 관점은 자체생성성을 조직화의 보존에 국한시키는 마투라나와 다르다.

바렐라는 자체생성과정을 보충하기 위해 의미만들기가 필요하다고 역설한다. 바렐라의 의미만들기 과정은 다음과 같은 다섯 단계로 이루어진다. 첫째, 생명은 자체생성성과 인지로 규정된다. 둘째, 자체생성성에 따라 신체적 자기가 창발하게 된다. 셋째, 자기의 창발에 따라 세계가 창발한다. 넷째, 자기와 세계의 창발하여 둘이 만나면서 의미 만들기가 이루어진다. 다섯째, 의미 만들기는 곧 행위하기enaction이며 자기와 세계의 만남이다. 바렐라의 논의는 에메케의 생명기호학적 정의를 가장 일반적인 수준으로 확장한 것으로 볼 수 있다.

---

16) "life is the functional interpretation of signs in self-organized material code-systems making their own Umwelts"

4. 온생명론에서 보생명과 둘레세계의 관계

생명이라는 개념을 정확히 찾아내고 이를 통해 물질과 생명 사이의 관계를 해명하는 데 주안점을 둔 온생명론은 인간 또는 의식이라는 층위에서 부족함을 드러내는 것처럼 보인다는 점을 서두에 언급했다. 이제 자체생성성 이론과 기연적 접근과 둘레세계 이론이 어떻게 온생명론의 난점을 해결할 수 있는지 살펴보자. 이를 위해서는 보생명의 개념을 꼼꼼하게 검토할 필요가 있다. 보생명(co-life)은 특정의 개체생명에 대해 "온생명에서 그 개체생명 자신을 제외한 나머지 부분"으로 정의된다(장회익 2009; 2014a; 2014b).[17]

여기에서 개체생명은 유전자나 세포나 기관이나 종이 아니라 직관적으로 하나의 연속체를 이룬다고 여겨지는 개체 또는 유기체들의 생명이다. 개체(個體 individuum)는 어원 그대로 더 나눌 수 없는 하나의 단위로서의 존재를 가리킨다. 개체는 피부 또는 껍질로 둘러싸인 공간적 부분으로서 에너지 교환과 호흡(즉 산소와 이산화탄소의 교환)의 경계가 된다는 점에서 유기체(有機體 organism)이기도 하다.

온생명 및 보생명의 개념은 열역학적 고찰을 근거로 삼지만, 자유에너지만이 아니라 구성입자들의 교환까지 포함될 수 있다는 점에서 통계역학에 기반을 두고 있으며, 일반체계이론의 논의와 직접 연결될 수 있다.

---

17) 온생명 및 보생명의 개념은 열역학적 고찰을 근거로 삼지만, 자유에너지만이 아니라 구성입자들의 교환까지 포함될 수 있다는 점에서 통계역학에 기반을 두고 있으며, 일반체계이론의 논의와 직접 연결될 수 있다. 그런 점에서 보생명은 단순히 온생명을 기준으로 한 개체생명의 여집합이 아니다.

그런 점에서 보생명은 단순히 온생명을 기준으로 한 개체생명의 여집합이 아니다.

만일 개체생명을 개체나 유기체와 동등한 것으로 보면, 보생명은 사실상 개체를 둘러싸고 있는 물질적 환경 또는 다른 개체나 다른 종들의 군집과 같은 것이 된다. 지구상에 존재하는 많은 요소들을 모두 고려할 수 없으므로 가장 가까이에서 직접적으로 영향을 미칠 수 있는 것만을 그 개체에 대한 보생명이라고 보는 것이 합리적이다. 그런 점에서 보생명의 규정은 개체-특정적인 동시에 근사적이다. 그러나 그 경우 보생명은 기존의 환경 개념이나 니치 개념과 실질적으로 다른 것이 아닌 것처럼 보인다. 어떤 면에서는 같은 것을 다른 이름으로 부르는 것에 지나지 않는다고 볼 수도 있다.

그러나 개체생명을 개체나 유기체가 지닌다고 흔히 여겨지는 생명이라고 보면, 보생명의 개념은 단순히 환경을 다르게 부르는 것이 아님을 알 수 있다. 온생명(즉 진정한 의미의 생명)에 대한 정의를 다시 보면, 생명은 곧 유기적 체계의 연계적 국소질서에 해당한다. 임의의 계가 연계적 국소질서를 이루기 위해서는 그 국소질서를 유지할 수 있게 하는 외부적 요소가 반드시 작용해야 한다. 그 외부적 요소는 비단 생존을 위한 환경에 그치는 것이 아니라 개체의 피부를 경계로 출입하는 에너지와 공기까지 포함된다. 따라서 보생명은 단순히 환경이 아니다.

그런데 여기에서 보생명의 정의가 개체-특정적이라는 점에 주목해야 한다. 일반적인 의미에서 환경은 특정한 개체에 대한 환경이라기보다는 개체들이 퍼져서 서식하는 공간으로서 개체들과 직접 연관을 맺지 않은 채 주어지는 것으로 간주된다. 개체생명을 "개체들의 살아 있음"으로 이해하면, 보생명은 철저하게 어느 개체생명의 보생명인가에 따라 달라질 수밖에 없다. 가령 심해어에게 뭍에 있는 관목은 그 살아 있음에 아무런 직접적인 영향을 미치지 않는다는 점에서 관목은 심해어의 보생명이 아니다. 곤충을 먹이로 삼는 개구리에게 날아가는 곤충 뒤의 배경이 되는 수풀은 직접적으로는 보생명이 아니다. 이런 점에서 보생명은 각 개체마다 다르게 주어지는 것으로 보아야 하며, 개체생명을 생명체로 볼 때 보생명은 그 생명체의 존속에 중대한 의미를 갖는 다른 생명체나 무생물을 포함하는 보생명'들'로 보는 것이 더 적합하다.

보생명을 일반적인 의미의 '환경'과 같은 것으로 보는 관점은 환경을 애초에 주어진 것으로 보는 것이다. 각 개체의 생명 또는 개체생명을 고려하지 않고 환경을 그 자체로 객관적이라고 생각하는 것은 과도한 상정이다.

실질적으로 보생명은 윅스퀼의 둘레세계와 직접 이어지는 개념이다. 둘레세계는 개별적인 유기체들 또는 종들이 각각 고유하게 인지하거나 감각하는 세계를 가리키는 개념이다. 오컴의 면도날을 기준으로 삼는다면, 뉴턴의 실체적 공간 개념보다 라이프니츠의 관계적 공간 개념이 더 우월한 것처럼, 생명체들과 무관하게 주어진 것으로 간주되는 환경 개념이 아니라 각 개체생명들에 특정적인 보생명으로서의 둘레세계의 개념이 더 우월한 개념이 된다.

그런데 인식 또는 의식을 바렐라-톰슨-로슈의 기연적 관점으로 이해하면, 인식 또는 의식은 각 개체가 자신을 둘러싸고 있는 세상과 만나는 것을 통해 비로소 가능해진다. 이것은 인식 또는 의식이 피부와 두개골 안에 갇혀 있는 어떤 신비한 물질적 조합이 외부에 대해 선형적인 인과에 의하여 생겨나는 것이 아니라, 오히려 둘레세계에 대한 적극적인 개입과 감각-운동을 통해 직접 만들어나가는 순환적 인과라는 의미이다.

생명이 피부 내지 껍질로 외부와 구획된 가시적 존재로 한정되지 않는 것처럼 인식 또는 의식도 개체생명의 신체 안에 국한되는 것이 아니다.

보생명이라는 개념은 둘레세계의 개념이 정확히 생명에 대한 정의 속에 포함될 뿐 아니라 개체생명과 보생명의 상호작용을 통한 의식의 형성을 잘 드러내준다. 그런 점에서 보생명의 개념은 둘레세계 이론과 기연적 접근을 연결해주는 핵심적인 고리이다.

V. 생명을 물리학으로 이해할 수 있을까?

『생명을 어떻게 이해할까?』는 생명에 대한 철학적 및 과학적 사유의 역사에서 독보적인 저서이다(장회익 2014a). 이 책은 "물리학의 눈으로 바라본 생명의 바른 모습"을 상세하게 논의하고 있다. 물리학자가 생명의 문제에 관심을 두는 것은 매우 자연스러운 일이기도 하다. 물리학은 자연세계 전체에 보편적으로 내재한 법칙과 원리를 밝히는 것을 목표로 삼고 있기 때문에 생명현상이 예외가 되지는 않는다. 그중에서도 가장 유명한 것은 "생명이란 무엇인가?"라는 제목의 1943년 에르빈 슈뢰딩거의 강연이다. 그러나 물리학적 관점에서 바라본 생명의 정의를 제기한 것이 슈뢰딩거가 처음인 것은 아니다.

두드러진 예로서 모페르튀(Pierre-Louis Moreau de Maupertuis, 1698-1759)의 논의를 살펴보는 것이 의미 있다(Bowler 2009). 모페르튀는 1745년에 출판된 Vénus physique(The Earthly Venus)에서 생명이 무엇인가에 대한 독보적인 논의를 보여준다. 이 책의 1부는 동물의 기원Sur l'origine des animaux을 다루고 있고, 2부는 인간 종의 다양성Variétés dans l'espèce humaine을 다루고 있다. 모페르튀는 맨 처음에 신이 생명을 만들었다거나 생명체의 실체가 모두 조상에 이미 확립되어 있다는 전성설을 비판하면서 생명이 만들어지는 과정을 중시 여기는 후성설epigenesis을 강조한다. 모페르튀는 생명체의 탄성에 대해 어머니의 자궁 속에서 남성의 정수male semen와 여성의 정수female semen의 입자들이 혼합된다는 오래된 주장을 받아들인다. 입자들의 혼합에 변이 또는 다양성이 있으며 그중에 적절한 것이 남게 된다. 환경에 적합한 것이 새로 얻은 속성을 유지하면서 후손에 그 속성을 전달해준다. 배아의 구조를 이루는 패턴이 미리 정해져 있지 않다면, 어떻게 남성 정수와 여성 정수의 입자들이 올바른 질서로 모일 수 있을까? 자연발생의 과정에서 물질적 입자들이 어떻게 맨 처음에 살아 있는 구조를 만들 수 있었을까? 뉴턴역학적 힘은 필연적이어서 그러한 구조를 만드는 데 적합하지 않다. 모페르튀는 물질이 자연발생적으로 복잡한 구조를 가지는 고유한 경향을 지닌다고 가정한다. 이는 루크레티우스가 에피쿠로스를 인용하며 논의한 클리나멘과 연관된다. 루크레티우스에 따르면,

> 원자는 그 자신의 무게 때문에 허공 속에서 연직 아래로 떨어지면서, 거의 정해져 있지 않은 때, 그리고 거의 정해져 있지 않은 곳에서, 살짝 엇나간다네. 그것은 이른바 경향(운동)을 조금 바꿀 따름이라네. 그것이 없어서 살짝 엇나가지 않았다면 모든 원자가 빗방울이 그러듯이 밑이 없는 허공 속으로 한없이 떨어졌을 거라네. 기본 원소들 속에서 충돌도 일어나지 않아서 자연은 마땅히 있어야 할 것을 아무 것도 만들어내지 못했을 것이라네."Lucretius 2,216-93)

새로운 것이 창조되기 위해서는 필연성에서 벗어나는 복잡성이 있어야 하며, 바로 그것이 자유의지의 가능성으로 연결되는 원자의 중요한 속성이 된다. 모페르튀의 논의는 라메트리(Julien Offray de La Mettrie)의 *L'Homme machine*(Man a Machine, 1748)를 통해 계승된다. 라메트리는 인간을 순전히 물질적인 것으로 보아야 하며 마음이나 영혼은 별개의 존재가 아니라 몸에서 만들어진 부산물이라고 보았다. 즉 마음은 뇌와 신경의 활동에 따라 생겨난다는 것이다. 라메트리는 대개 기계론자 내지 유물론자인 것으로 서술되지만, 생명의 문제를 단순하게 기계나 물질적인 것으로 환원할 수 있다고 생각하지 않았다(Bowler 2009).

생명을 정의하는 문제는 지금도 여전히 매우 중요하다. 생명의 기원, 우주생물학, 복잡계 등과 같은 직접적으로 생명의 정의를 필요로 하는 분야 외에도 생명정보학이나 생물물리학 등에서도 생명이 무엇인가 하는 문제가 재조명되고 있다. 가령 생명의 기원과 생명계의 진화에 대한 논의를 기본 주제로 하는 학술지 Origins of Life and Evolution of Biospheres 가 2010년 4월에 발행된 제40권 제2호의 특집주제를 "생명을 정의하기"로 한 것이나, Synthese가 2012년 4월에 발행된 제185권 제1호의 주제를 "생명에 관한 철학적 문제들"로 정한 것은 이 문제의 중요성을 잘 보여준다.[18]

베다우(Bedau 2012)에 따르면 생명에 관한 철학적 문제는 존재론, 인식론, 가치론 모두에 걸쳐 있다. 존재론적 문제들은 생명의 본성은 무엇인

---

18) Origins of Life and Evolution of Biospheres 40(2), April 2010. "Special Issue: Defining Life"; Synthese 185(1), April 2012. "Philosophical problems about life"

가? 생명은 어떻게 정의되어야 하는가? 생명에 대한 가장 그럴듯한 이론이나 설명은 무엇인가? 등의 질문을 다룬다. 생명을 정의하는 문제는 생명의 특수한 몇 가지 속성을 논의하는 것이 아니라, 생명에 대한 가장 일반적이고 보편적인 본성을 밝히는 것이다. 무엇보다도, 생명에 관한 철학적 논의는 목적론과 기계론의 문제에 직접 부딪힐 수밖에 없다. 생명에서 기능, 목표, 목적 등과 같은 목적론적 요소들이 어떤 역할을 하는가? 둘째, 여러 가지 형태의 생명은 어떤 복잡한 화학적 기계의 일종일뿐인가? 셋째, 생명과 마음의 관계는 무엇인가? 넷째, 생명과 비생명의 구별은 이분법적인가, 아니면 그 구별은 어떤 식으로든 모호한 면이 있는가, 또는 생명은 정도의 차이로 나타나는가?

생명의 철학에서 제기되는 인식론적인 논제들은 다음과 같다. 생명이 무엇인가를 정의하는 문제가 의견일치에 도달하기가 그렇게 어려운 까닭은 무엇인가? 생명의 본성에 관한 그럴듯한 정의나 이론이나 설명을 정식화하는 것이 왜 그렇게 어려운가? 둘째, 생명에 대한 과학적 논의에 대한 증거를 가장 일반적인 형태로 제시하는 올바른 방식은 무엇인가?

또한 생명과 윤리, 가치, 규준 사이의 연결에 관련된 쟁점들이 있다. 첫째, 생명이 목적론과 연관되어 있다면 생명의 규범적 측면은 무엇인가? 둘째, 모든 형태의 생명이 모종의 내재적 가치를 가지는가? 아니면 인간이라든가 느낌이 있는 동물이나 자연적이고 비인공적인 형태의 생명만이 가치를 지니는가?

루이스-미라소, 페레토, 모레노(Ruiz-Mirazo, Peretó, and Moreno 2004; 2010)는 생명에 대한 보편적 정의를 논의하면서 "생명은 자체생성적인 자율적 주체들의 복잡한 네트워크로서, 그 기본 조직은 집합적 네트워크가 진화하는 개방적이고 역사적인 과정을 통해 생성되는 물질적 기록을

통해 지시된다."고 말한다.[19]

장회익은 오래 전부터 생명 개념에 대한 메타적 고찰을 통해 온생명의 개념을 확립했다. 온생명은 "우주 내에 형성되는 지속적 자유에너지의 흐름을 바탕으로, 기존질서의 일부 국소질서가 이와 흡사한 새로운 국소질서 형성의 계기를 이루어, 그 복제생성률이 1을 넘어서면서 일련의 연계적 국소질서가 형성 지속되어 나가게 되는 하나의 유기적 체계"로 정의된다. 온생명은 "기본적인 자유에너지의 근원과 이를 활용할 여건을 확보한 가운데 이의 흐름을 활용하여 최소한의 복제가 이루어지는 하나의 유기적 체계"이다. 장회익(2014)은 루이스-미라소와 모레노가 제안한 보편적 정의를 수정하여 기존의 온생명 개념을 재정립하고자 했다. 그에 따르면, 생명은

> 자기촉매적 국소 질서의 복잡한 네트워크를 그 안에 구현하는 자체 유지적 체계이며, 각 국소질서의 기본 조직은 지속성을 지닌 '규제물'들에 의해 특정되고, 이 규제물들은 열린 진화적 과정을 통해 형성된다.(장회익 2014: 105)

생명이란 현상은 우리가 접할 수 있는 가장 심오한 현상인 동시에 가장 어려운 주제이다. 이를 제대로 이해하기 위한 서술은 어떤 틀로 진행되는 것이 올바른 것일까? 장회익(2014)의 접근은 매우 선명하다.

---

19) "Life is a complex network of self-producing autonomous agents whose basic organization is instructed by material records generated through the open-ended, historical process in which that collective network evolves."

1장에서는 생명을 일종의 '물음'으로 제기하고 이 '물음'에 대한 핵심을 소개한다. 책 전체가 하나의 논문처럼 다루어야 할 물음을 1장에서 정확하고 적절하게 요약하고 있는 것이다. 대표적으로 잘 알려진 에르빈 슈뢰딩거의 책『생명이란 무엇인가』와 리처드 도킨스의 『이기적 유전자』를 디딤돌로 삼아 해결해야 할 문제를 제안한다. 이는 1장의 마지막 문장에 잘 드러난다.

> 확실한 것은 살아 있음이라는 현상이 존재한다는 것이고, 따라서 '생명'이 어딘가에는 이써야 할 것임에 틀림이 없다. 그렇다면 이 생명이라는 것은 도대체 어디에 있을까? 우리는 과연 생명이라는 것을 규정할 수나 있을까?(장회익 2014: 49)

이렇게 풀어야 할 물음을 요약하고 나면 자연스럽게 이제까지 사람들이 생명을 어떻게 이해해왔는가를 살피는 것이 순서이다. 그렇다고 하더라도 생명에 대한 논의를 모두 백과사전적으로 망라하는 것을 가능하지도 않고 필요하지도 않은 일이다. 그렇다면 우리가 가지고 있는 사유의 전통에서 생명에 대한 이해를 어느 정도나 다루어야 할까? 이 책은 정확히 꼭 필요한 다섯 가지 접근을 소개한다. 이는 더도 덜도 아닌 정확히 이후의 논의를 위해 필요한 접근들이다. 먼저 일상 속의 생명 개념을 비판적으로 살핀다. 이것이 어떻게 베르나드스키의 생물권 이론으로 확장되었는지, 그리고 다시 라세브스키와 로젠의 이론생물학적 논의에서 어떻게 이것이 관계론적 생물학으로 발전했는지 검토한다. 이후의 논의에서 중요한 관건이 될 마투라나와 바렐라의 자체생성성 이론을 소개함으로써 2장이 완결된다.

장회익이 제안하는 생명의 정의는 자체생성성 이론에 대한 비판적 계승이다. 3장에서 생명의 정의 문제를 요약적으로 정리하면서 왜 생명의 정의가 어려운지 해명하고 있으며, 생명을 정의하는 최근의 흐름들을 소개한다. 특히 루이스-미라소, 페레토, 모레노의 논의를 비판적으로 원용한다. 그러나 생명을 가장 적절하게 이해하기 위해서는 엔트로피, 자유에너지, 질서, 정연성과 같은 주요 개념을 정립할 필요가 있다. 4장에서 열역학의 법칙과 자유에너지를 다루는 것은 바로 그 필요 때문이다. 특히 슈뢰딩거의 논의가 활발하게 계승되었음에도 불구하고 슈뢰딩거가 말한 '정보'와 '음의 엔트로피' 중 생명의 청사진을 담고 있다는 유전정보만이 부각되어 온 면이 있다는 점에서 엔트로피 개념을 확장한 질서와 정연성의 개념은 매우 중요하다.

그러므로 5장이 우주의 역사 속에서 전개되어 온 질서에 주목하는 것은 자연스럽다. 물질 세계에서 볼 수 있는 다양한 형상들에 대한 논의에 이어, 우주가 어떻게 출현하고 여기에서 기본입자들이 생겨나고 여러 상호작용들이 갈라져 왔는가 하는 것을 질서라는 개념을 중심으로 살피고 있다. 물질 세계 안에서 다양한 형태의 국소 질서는 어디에서든 언제이든 나타났다 사라질 수 있으며, 이것 자체가 신기한 일은 아니다. 국소 질서가 고립된 계가 아니라 일정한 흐름 안에서 유지된다면, 거기에서 매우 특별한 국소 질서가 생겨날 수 있다. 그것이 '자체촉매적 국소질서 ALO' 또는 줄여서 '자촉 질서'이다. 자촉 질서는 자신과 거의 닮은 다른 국소 질서를 생성하는 데 결정적으로 기여하는 존재이다.

"이러한 국소 질서가 일단 생성되어 그 존속 시간 안에 자신과 대등한 국소 질서를 하나 이상 생성하는 데 기여하게 된다면, 이러한 국소 질

서의 수는 기하급수적으로 증가하게 된다."(장회익 2014: 163-164)

  최초의 자촉 질서가 어떻게든 형성되기 위해서는 이에 앞서 충분히 풍부한 내용을 담고 있는 일차 질서가 마련되어 있어야 한다. 그 일차 질서 위에 우연히 만들어진 자촉 질서가 바로 우리에게 익숙한 바로 그 생명이 된다.

  자촉 질서는 생명이란 무엇인가라는 질문에 대한 물리학자의 가장 세련된 대답이다. 이는 일반적인 수준에서 생명을 이해할 수 있는 포괄적이고 명료한 틀이다. 생명에 대한 탐구에서는 원칙적으로 개념적 접근과 역사적 접근이 상호보완적인 역할을 한다. 실제로 지구상에서 어떤 일이 일어났는가를 굳이 따지지 않고 가장 근본적인 핵심개념을 골라내고 이를 토대로 생명의 가장 본질적인 면을 찾아내는 것이 개념적 접근이다. 이와 달리 역사적 접근에서는 다른 곳이 아니라 바로 지구상에서 어떻게 구체적으로 생명, 특히 지구상 생명체들의 공통요소인 세포가 만들어졌는지 등에 대한 경험적 증거들과 기존의 연구 성과들을 토대로 실질적인 시나리오를 구성하는 것이다. 이 두 접근은 어느 하나를 버릴 수 없이 함께 이루어져야 한다는 점에서 상보적이라 할 수 있다.

VI. 온생명과 인간의 관계

온생명론은 "생명에 관한 본질적 혹은 근원적 이해"를 추구한다. 이것은 "생명이라 불릴 현상이 생명이 아니라고 불릴 현상에 비해 어떠한 특징적 성격을 가질 것인지에 대해 명확한 과학적 기준을 설정하고 이에 맞추어 생명과 생명 아닌 것을 구분해낼 현실적 판단을 수행할 단계에 도달하는 것"을 목표로 한다(장회익 2001). 그런데 이러한 논의에서 인간에 대한 논의는 비교적 약한 편이다. 인간은 온생명의 '두뇌'로 비유되기도 하고, 온생명 안의 구조들 중 최상의 지적 기능을 지닌 존재임이 강조되기도 하며, 현대 문명에서 온생명에 대한 논의가 가지는 함축이 깊이 있게 논의되고 있기도 하지만, 여전히 인간이란 도대체 무엇인가 하는 문제에 한 걸음 더 나아간 고찰이 필요한 것으로 보인다.

사실 온생명론에서 인간에 대한 논의가 없는 것은 아니다. 온생명론의 주된 관심이 "무엇이 생명이고 무엇이 생명이 아닌가, 그리고 더 나아가 생명이란 도대체 무엇인가 하는 근원적 문제"에 있긴 하지만, 여기에 그치지 않고 "생명의 일부로서의 인간은 무엇이며, 이러한 인간은 생명의 세계 안에서 어떠한 위상을 지니는 존재인가 하는 문제"(장회익 2014b: 273)에도 심오한 고찰이 이루어지고 있으며, 이것은 특히 현대 과학기술 문명에 대한 비판에 중요한 함의를 지닌다.

온생명은 태양과 지구 사이의 자유에너지 흐름을 바탕으로 하여 유지되는 존재이다. 이는 시간 및 공간 위에서 연결된 고리들로 이루어지는 정합적 체계로서, 그 모든 부분들이 일정한 시간 동안 생존을 유지하는 의존적인 존재들이다. 그중 인간은 온생명 자체에 대한 반성적 사유에 이를 수 있을 만큼 영특한 존재로 여겨진다. 또한 비록 개체생명의 보편적 생존 양상에서 크게 벗어날 수 없지만, 생태계 안에서의 위상을 보면 다른 모든 생물종들을 바탕에 깔고 있는 최상위에 속한다. 그렇기 때문에 인간은 "두뇌와 중추신경계를 통해 명료한 내적 의식을 지니는 최초의 생물체가 되었으며, 이러한 내적 의식은 다시 삶의 주체적 영위자가 되어 자신을 중심으로 사물을 인식하고 자신의 의도에 따라 사물을 조작해가는 새로운 존재양상"(장회익 2014b: 212)으로 이어졌다는 것이다. 무엇보다도 중요한 것은 인간이 집합적 지성에 의해 자신이 속한 전체 생명의 모습인 온생명을 파악하는 최초의 존재가 되고 있다는 점이다(장회익 2014b: 274-276).

그런데 온생명론에서 막상 인간이란 과연 무엇인가 하는 질문을 던진다면, 의외로 그에 대한 개념은 정교하지 못한 것으로 보인다. 여기에서 말하는 인간은 호모 사피엔스 사피엔스인가? 호모 하빌리스는 어떠한가? 진화론의 맥락에서 볼 때 호모 사피엔스와 연속적으로 매우 가까운 계보에 속하는 다른 영장류는 과연 온생명의 전모를 파악하지 못한다고 할 수 있을까? 가령 19세기 이전의 인류 역사를 보면 인간이 집합적 지성을 사용하여 생명 전체의 모습을 보고 있지 못한 것 같기도 한데, 그렇다면 19세기 이전의 인간은 지금의 인간과 다르다고 할 수 있을까?

이와 같은 질문은 다음과 같은 표현에서 미묘한 문제에 부딪힌다.

> 만일 온생명 안에서 온생명을 '나'로 의식하는 그 어떤 집합적 지성이 형성된다면, 이는 곧 온생명 자신이 스스로를 의식하는 의식주체가 되는 것이다. 이는 마치 신경세포들의 집합적 작용에 의해 인간의 의식이 마련되듯이 인간의 집합적 활동에 의해 온생명의 의식이 마련되는 것이며, 이러한 의미에서 인간은 온생명의 신경세포적 기능을 지닌 존재라고 말할 수 있다.(장회익 2014b: 276-7)

현대 신경생물학의 연구 성과에 의하면, 인간의 의식이 생겨나기 위해서는 신경세포의 체계가 적절하게 마련되어 있어야 한다고 할 수 있다. 그러나 18세기 초 메리 셸리의 소설 『프랑켄슈타인』에서와 달리 신경세포들의 적절한 체계를 준비한다고 해서 이로부터 의식이 생겨나는 것은 아니다. 신경세포들로부터 의식이 생겨나는 현상은 하부체계들이 모여서 하부체계들만으로는 설명할 수 없는 창발적 속성emergent property을 갖게 되는 것으로 보아야 할 것이다. 그런데 그렇게 창발적 속성이 나타나는 것을 굳이 인간에 국한시킬 이유가 없다. 실제로 예쁜꼬마선충 C. elegans과 같은 '하등한' 동물에서도 명백하게 신경세포들의 집합적 작용을 통해 일종의 의식으로 간주할 수 있는 현상을 확인할 수 있다. 또한 현대의 심리철학 및 인지과학에서 풍부하게 논의되어 온 것처럼, 신경세포들의 집합과 의식 사이의 연관을 밝히는 것은 원론적으로 불가능한 철학적 사유의 문제로 여겨진다. 그렇다면 인간을 온생명의 신경세포로 '유비'하는 것만으로는 온생명 안에서 인간이 차지하는 위상과 지위를 알 수 없다.

무엇보다도 앞에서 제시한 프로스테시스의 문제에서 이 점이 더 두드러진다. 인간이 사용하는 다양한 도구는 인간의 인식에서 매우 중요한 역할을 하며, 그런 점에서 단순히 인간을 피부 뒤에 감추어 있는 어떤 것과 동일시하는 것은 위험하다. 가령 영화 〈더 게임〉의 내용처럼 뇌 전체를 바꾼다면 그 때의 정체성 개념은 뇌로 갈 것인가, 아니면 뇌 이외의 몸으로 갈 것인가?

온생명론이 생명 일반에 관한 논의를 전개하고 이미 알려져 있는 인간의 개념을 사용하여 낱생명과 온생명의 개념을 설명하고 있다고 단순화시켜 말하면, 지금 우리의 논의는 인간이 무엇인가 하는 질문에 대한 답을 거꾸로 온생명론에서 찾으려는 시도이다. 또한 그런 시도를 통해 프로스테시스의 문제를 토대로 한 인간론에서 지평을 확장하려는 것이기도 하다.

이와 관련하여 주목할 용어가 '온우리'이다(장회익 2009). 이는 온생명의 인식적 측면을 강조하는 개념으로 제시된 것이다. 이는 '나'의 개념을 확장하여 '더 큰 나'에 대비되는 '가장 큰 나'를 지칭하는 것이며, '함께 사는 사람들로서의 우리'를 넘어선 '온생명으로서의 우리'에 해당한다. '온생명'이 일종의 존재론적 개념이라면, '온우리'는 일종의 인식론적 개념이라 할 수 있다. 그런데 바로 이 대목에서 프로스테시스 또는 포스트휴먼의 문제를 되짚어볼 단초를 볼 수 있다. 즉 존재론적 측면에 국한된 관점이 아니라 인식론적 측면을 아울러 살펴봄으로써 사이버네틱스와 인공생명론의 한계를 넘어설 수 있다는 것이다.

앞에서 논의한 것처럼 인공생명의 접근은 '우리가 알고 있는 생명'이 아니라 '논리적으로 가능한 생명'을 찾는 진지한 노력이었으나 존재론적으로 생명과 비-생명(또는 물질)의 차이를 구별해내지는 못했다. 인공생명의 접근과 달리 온생명론은 생명과 비-생명의 존재론적 관계를 해명하는 데 성공한 것으로 평가된다. 그러나 만일 '온생명'이 '온우리'로 발전되지 않는다면, 사이버네틱스에 대한 자성의 목소리, 즉 관찰자의 문제가 제대로 해결되지 않는 한 사이버네틱스가 제대로 설 수 없다는 스스로의 비판이 온생명론에도 적용될 수 있을 것이다. 베이트슨과 폰푀르스터와 마투라나가 주목한 것이 바로 이 관찰자의 문제였다. 그렇다면 어떻게 해야 존재론적 개념으로서의 '온생명'을 인식론적 개념으로서의 '온우리'로 발전시켜 프로스테시스의 문제를 논의할 수 있을까?

이 대목에서 양자역학의 서울해석이 지니는 새로운 함축이 중요해진다.[20] 양자역학의 서울해석은 무엇보다도 양자역학이라는 특수한 물리학 이론의 한 가지 해석이다. 그런데 이는 단순히 양자역학이라는 특별한 이론에 대한 대안적 해석을 제시하기 위해 고안된 것이 아니다. 양자역학의 서울해석은 동역학 일반에서 드러나는 고유한 인식적 구조에 주목하고, 그러한 구조적 고찰을 토대로 다른 모든 동역학을 포괄할 수 있는 일반적인 논의를 전개하는 과정에서 만들어진 것이다.

양자역학이 고전적인 물리학이론들과 차별성을 보이는 것 중 가장 핵심적인 것은 무엇일까? 어떤 사람은 파동함수를 말하고, 어떤 사람은 불확정성원리를, 어떤 사람은 연산자를, 어떤 사람은 힐버트 공간을, 어떤 사람은 확률적 기술을 말할 것이다. 양자역학의 서울해석에서는 상태서술과 사건서술이 일대일 대응되지 않는다는 점을 가장 핵심적인 차이로 본다. 일반적으로 동역학의 인식 구조에서 상태서술과 사건서술을 구분하고 나면, 측정의 문제가 쉽사리 해결된다.

양자역학의 서울해석은 소위 측정의 문제를 올바로 이해하기 위해서는 측정장치를 '주체라고 하는 영역'에 포함시켜야 함을 강조하고 있다. 이에 따르면, 물리학적 의미의 '측정'은 단순히 측정장치와 물리적 대상 사이의 '상호작용-interaction'이 아니라, 측정주체가 외부 대상으로부터 정보를 획득하는 '교촉(交觸, transaction)'이다. 다시 말해 '측정'은 측정주체 바깥에 있는 두 존재자, 즉 대상과 측정장치 사이의 관계로 규정되는 것이 아니라, 측정주체 바깥에서 안쪽으로 정보가 전해지는 인식론적 과정이다. 그렇기 때문에 다음과 같은 주장이 강한 설득력을 갖게 된다.

"우선 세계를 서술 대상과 이와 정보적 접촉을 지닌 여타의 부분으로 나누어 볼 수 있으며, 이 때 인식의 주체는 이 여타의 부분에 속하게 된

20) 양자역학의 서울해석에 대해서는 대표적으로 장회익 외 2015; 장회익 2012 참조.

다. 즉 세계의 한 부분(주체)이 세계의 다른 한 부분(대상)에 대한 동역학적 서술을 수행하는 것이다. 이를 위해 필수적인 것은 이 대상의 존재만이 아니라 이와 정보적 접촉을 지닐 수 있는 주체의 물리적 존재성이다. 제삼자의 관점에서 이들 사이의 정보적 접촉을 본다면 이는 오직 물리적 상호작용일 수밖에 없을 것이므로 주체로서는 대상과의 상호작용이 가능한 물리적 실체를 자기 쪽에 지니지 않을 수 없다. 이것이 곧 주체의 영역에 속하는 감각기구 혹은 관측장치들이다. 여기에 감지된 내용들이 바로 정보이며, 이러한 정보들은 주체 내부에서 동역학적 방식이 아닌 정보적 방식으로 전달되고 처리된다."(장회익 2009: 25-26)

이제 관점을 뒤집어보자. 원래 양자역학의 서울해석은 양자역학을 어떻게 해석할 것인가 하는 문제에 대한 답변으로 제안된 것이지만, 동시에 이러한 양자역학의 새로운 해석으로부터 인간 개념에 대한 근본적인 통찰을 얻는 것이 가능하다. 양자역학이 인간 개념에 대해 말해줄 수 있는 가장 중요한 것은 '측정'을 둘러싼 인식주체의 문제이다. 주체는 누구인가, 또는 무엇인가? 온생명론에서 주체는 정보의 흐름에 따라 정의된다. 여기에서 주목할 점은 관측장치 또는 감각기구는 주체의 영역에 속한다는 사실이다. 물리학적 의미에서 관측은 추상적으로 대상에 대한 사건서술을 얻는 것에 해당하지만, 이것을 인간의 관점에서 본다면 외부 대상으로부터 정보를 획득하는 '교촉'이다.[21]

---

21) '온생명'을 '온우리'로 확장하는 것은 이러한 '교촉'의 개념과 직접 맞닿아 있다. 그러나 이에 대한 더 상세한 논의를 위해서는 심도 있는 후속 연구가 필요하다.

시각장애인이 길을 걸어가기 위해 필요한(길에 대한) 정보를 얻게 하는 장치인 지팡이는 틀림없이 훌륭한 측정장치이다. 만일 측정장치를 '주체라고 하는 영역'에 포함시켜야 한다면, 시각장애인의 지팡이를 그 사람의 일부로 보지 않을 이유가 없다.[22] 다시 말해 시각장애인의 지팡이는 그 용도를 고려할 때 틀림없이 주체의 일부이다.

VII. 결론

이제까지 우리는 몸과 기계의 경계(인터페이스)를 사이버네틱스와 인공생명과 온생명의 맥락에서 논의했다. 이를 위해 프로스테시스의 문제를 소개하고 이에 대한 논의로서 베이트슨의 사이버네틱스와 마투라나의 자체생성성이 갖는 함의를 다루었다. 이에 따르면, 동물과 기계를 모두 아우르는 것으로 표방된 사이버네틱스가 제대로 의미를 갖기 위해서는 반드시 관찰자의 문제가 해결되어야 한다. 다음으로 생명과 기계의 경계를 허무는 것처럼 보이는 인공생명의 접근을 검토했다. 이것은 어떤 면에서 생명철학 내지 생물학의 철학과 통하는 것으로 평가할 수 있지만, 몸과 기계의 경계를 논구하는 우리의 접근에서는 제대로 된 존재론적 주장을 찾아보기 힘들다는 점에서 한계를 보인다. 인공생명의 접근은 몸과 기계의 경계가 고정적이지 않고 오히려 유연할 수 있음을 보여주었다.

---

22) 이러한 관점은 '몸의 틀'(schéma corporel)을 '몸의 이미지'와 대비시켜 외부와의 상호작용 속에서 몸의 의미를 이해하려는 메를로-퐁티의 현상학과 연결된다. Merleau-Ponty 1945; Hansen 2006 특히 pp.38-43.

관찰자의 문제가 불거져 나온 사이버네틱스와 존재론적 함축이 약한 인공생명의 접근을 종합하는 것이 바로 온생명론이다. 온생명론은 원래 생명이라는 것이 비-생명과 어떻게 다른지 논의함으로써 '생명이란 무엇인가?'라는 근원적 질문에 답하는 이론이다. 그러나 프로스테시스의 문제에 답을 얻기 위해서는 생명이란 무엇인가 하는 문제에 그치지 않고 인간이란 무엇인가라는 더 큰 맥락의 문제로 가야 한다. 이로써 우리는 양자역학의 서울해석이 프로스테시스의 문제에 어떤 함의를 갖는지 주목하고, 결국 관찰자의 문제를 양자역학의 서울해석을 통해 해결함으로써 프로스테시스의 문제에서도 도구를 몸의 일부로 수용하는 것이 근원적으로 올바른 입장이라는 결론을 얻었다.

　이러한 결론은 이 글의 성격상 잠정적일 수밖에 없다. 몸과 기계 사이의 경계를 다루는 것 자체가 거대한 논제이고, 사이버네틱스와 인공생명론에서의 참신한 접근방법과 문제의식을 토대로 하기 위해서는 이에 대한 더 심도 있는 토론이 전제되어야 하기 때문이다. 무엇보다도 온생명론의 성과와 양자역학의 서울해석을 연결시키고, 특히 최근에 제안된 '온우리'의 개념을 발전시키는 것은 이 글의 한계를 넘어서는 일이며, 이는 향후의 과제가 될 것이다.

　이 글에서 주목한 몸과 기계의 인터페이스는 커뮤니케이션, 즉 교통이다. 결국 커뮤니케이션에서의 핵심을 외부로부터 얻은 정보를 바탕으로 내부의 지성적·감성적 활동이 외화되는 과정이다. 그렇게 본다면, 이제 우리는 명실 공히 시각장애인의 지팡이는 그의 일부이며, 나의 존재는 나의 외부와의 커뮤니케이션을 통해 막힘없이 펼쳐져 가는 확장된 '나'로 다시 태어난다고 말할 수 있을 것이다. 그러나 이 확장된 '나'를 기계로 환치된 대상적 존재자로 혼동해서는 안 된다. 몸과 기계 사이의 경계선(인터페이스)이 고정되어 있지 않으며, 교촉과 상호작용과 커뮤니케이션이라는 맥락에서 그 경계가 유동적인 것은 분명하지만, 한쪽이 다른 쪽을 제거해 버리는 것은 아니기 때문이다.

현대 신경과학의 엄청난 발전에도 불구하고 의식에 대한 이해는 그다지 나아가지 못하고 있다. 철학적 좀비는 우리와 기능적으로, 생물학적으로, 의학적으로, 물리적으로 완전히 동일하지만 현상적(지각적) 의식은 없는 존재로 정의된다. 좀비 논변 자체는 의식에 대한 환원주의적 물리주의가 지니는 한계를 드러내는 데 초점을 맞추고 있었지만, 확장된 좀비 논변들을 통해 오히려 이원론을 공격할 수 있음을 보았다. 철학적 사유로서의 좀비 논변은 의식에 대해 실질적으로 아무런 새로운 말을 해주지 못하는 셈이 되었다. 이제 공은 다시 경험적 실증적 과학으로서의 신경과학에 넘어온 것처럼 보이며, 철학은 신경과학의 시녀로 전락할 것처럼 보인다. 그러나 이는 전통적인 데카르트 식의 몸-마음 문제에 머물러 있기 때문에 나타나는 피상적인 모습에 지나지 않는다. 현상학적 사유의 전통을 적극적으로 수용하여 문제의 틀을 몸-신체-마음으로 확장한다면, 의식에 관해 훨씬 더 풍부한 철학적 논의가 가능해진다. 마음과 몸과 신체의 삼각관계를 염두에 둔다면, 물리주의의 맥락과는 다른 차원에서 좀비와 같은 존재가 있을 수 없으며, 오히려 현상적 의식이야말로 생물학적·생리학적 토대 위에 있음이 분명해진다.

데카르트의 몸-마음 문제를 넘어서는 현상학적 사유들로서 움베르토 마투라나와 프란시스코 바렐라의 자체생성성 이론, 에반 톰슨 등의 인지과학에 대한 기연적 접근, 야콥 폰 윅스퀼의 둘레세계 개념, 장회익의 온생명론이 긴밀하게 만날 수 있는 계기와 연결고리를 모색했다. 아직은 이 마디점들이 다소 병렬적으로 배치되어 있으며, 입체적인 구조가 분명하게 제시되지는 않았다. 이 마디점들이 어떻게 만나서 창발적으로 새로운 통찰과 혜안을 마련해줄지 더 많은 것이 해명되어야 한다. 그러나 좀비 논변과 확장된 좀비 논변을 검토함으로써 현상학적 사유의 필요성을 도출하고, 이러한 마디점들의 연결가능성을 논의함으로써 이후의 더 나아간 연구를 위해 중요한 디딤돌을 마련할 수 있을 것이다.

4장

인공지능 시대,
철학은 무엇을 할 것인가

이중원

(서울시립대 철학과 교수)

서울대학교 물리학과를 졸업하고 동대학원 과학사 및 과학철학 협동과정에서 과학철학으로 이학박사 학위를 받았다. 현재 서울시립대학교 철학과 교수로 재직 중이며, 주요 관심 분야는 현대 물리학인 양자이론과 상대성이론의 철학, 기술의 철학, 현대 첨단기술의 윤리적·법적·사회적 쟁점 관련 문제들이다.

저서로는 『서양근대철학의 열가지 쟁점』(2004), 『과학으로 생각한다』(2007), 『필로테크 놀로지를 말한다』(2008), 『양자·정보·생명』(2016) 등 다수가 있다.

I. 인공지능 시대

인류 역사에서 17세기의 근대혁명은 근대적 개인은 물론 근대적 사회를 탄생시켰고, 나아가 인간 개개인의 존엄성과 주체성을 강조한 인본주의 곧 휴머니즘을 탄생시켰다. 인간의 본성과 관련 그 핵심 요소에 해당하는 이성, 감성, 의식, 가치, 도덕성, 자의식, 자유의지 등에 대한 철학적 논의들이 본격적으로 시작되었고, 인간과 신의 관계, 인간과 인간의 관계, 인간과 자연의 관계, 인간과 기계의 관계에 대해서도 인간중심적인 관점에서 논의가 이루어졌다. 인간과 인간이 아닌 다른 모든 것들 사이에 경계가 명확하고, 다른 모든 것들은 주체인 인간을 중심으로 그 주위에 객체로서 마주하고 있는 것이다. 한마디로 모든 사유가 '나'를 중심으로 이루어지는 인간중심주의가 정착한 것이다.

근대부터 본격적으로 발전하기 시작한 과학기술의 경우도 이러한 인간중심주의에 기초해 있다. 과학의 발전에서 인간은 객체이자 대상인 자연을 탐구하는 인식의 주체이자 능동적 행위자이다. 자연의 모든 정보들은 인간이 설계한 관측 장치나 실험도구에 의해 인간이 감지할 수 있는 형태의 정보로 수집·분석되며, 자연의 모든 법칙과 현상들은 인간이 만들어낸 언어 및 개념체계에 의해 규정되고 해석되며 이해된다. 기술의 경우에도 기술 개발의 주요한 목적은 인간 생활의 풍요로움과 윤택함에 있다. 결국 인간의, 인간에 의한, 인간을 위한 과학기술문명이 구축된 셈이다.

그렇다면 우리가 살고 있는 지금, 21세기는 어떠한가. 그동안 기계는 지난 20세기까지 주로 인간의 육체적 활동들을 대신해주는 방향으로 발전해왔다. 인간의 주된 육체적 활동은 물론이고 인간이 지닌 물리적, 생물학적 능력의 한계를 뛰어넘는 일까지 척척 해줄 수 있는 기술문명이 발전해왔다. 이 경우에도 기계는 단순한 도구에만 머물지 않았다. 가령 나의 감각지각 기능을 높여주는 다양한 기계적 장치들(가령 안경 등)이나 나의 기억의 일부를 보존하거나 기억 능력을 확장시켜주는 장치들(가령 메모리 장치나 스마트폰 등)은 나의 신체의 일부로서 나의 자아를 확장시켜준다. 나아가 인간의 감각지각의 한계로 인해 접근할 수 없었던 미시세계와 초거시적 우주에 대해서도 기계는 우리에게 중요한 원천정보를 제공해준다. 인간은 이 정보에 대한 해석을 통해서만 세계에 대한 유의미한 지식을 얻을 수 있다. 그런 기계가 없다면 인간과 세계는 단절될 것이고 더 이상 인간은 세계를 탐구하는 인식주체가 될 수 없을 것이다. 그런 면에서 그런 기계는 인식주체에게 없어서는 안 될 인식주체의 일부를 구성하는 필수 요소라고 말할 수 있다. 그런데 21세기에 오면서 이제는 인간의 육체적 활동을 뛰어넘어 인간의 정신적 활동까지 대신해줄 수 있는 기술이 발전해오고 있다. 그 결과 인간처럼 이성적으로 생각하고 판단하며 감성적으로 교감할 수 있는 인공지능이 등장할 뿐 아니라, 앞으로는 인공지능을 갖춘 인간의 형상을 지닌 그래서 인간처럼 행동하는 휴머노이드 로봇도 등장할 것이다. 나아가 인간의 신체 일부가 기계로 대체돼 기존의 인간의 능력을 훨씬 뛰어넘는 사이보그도 등장할 것이다. 그런 의미에서 21세기는 인간과 기계의 탈경계 시대, 그동안 인간에게만 고유한 것으로 인식됐던 능력들(감성, 이성, 행동 등)이 인간이 아닌 기계에서도 구현 가능한 시대, 나아가 기계가 인간 외부에서 객체인 도구로 머무는 것이 아니라 인간의 몸과 마음의 일부로서 주체가 되는 시대, 한마디로 인공지능 시대 또는 포스트휴먼 시대가 될 것이다. 2016년 알파고의 등장은 이의 시작을 알리는 것에 다름 아니다.

II. 왜 인공지능의 철학인가

2016년 봄, 알파고의 등장은 우리 사회에 커다란 충격을 던져 주었다. 인간에게 유용한 스마트한 도구 정도로 인식했던 인공지능이, 인간의 능력을 훨씬 뛰어넘어 자율적 행위자로서 인간을 위협할 지도 모른다는 공포심을 낳은 것이다. 인공지능은 아직은 특정한 영역에 국한해서만 인간처럼 이성적으로 생각하고 판단하거나 감성적으로 교감할 수 있다. 또한 휴머노이드 로봇도 아직은 인간의 신체적 특징이나 행동 능력에 훨씬 못 미치는 초보적인 수준에 머물러 있다. 하지만 기술의 급속한 발달로 머지않은 미래에 사고와 행동 모두에서 인간을 많이 닮은 인공지능 로봇이 등장한다면, 우리는 이를 어떤 존재로 이해하고 받아들여야 할까. 이는 우리가 21세기 포스트휴먼 시대에 던지고 답해야 할 근본적이고 중요한 질문이다.

이 질문에 보다 근원적이고 의미 있게 대응하기 위해서, 인공지능의 본성과 그것의 존재적 지위 및 사회적 역할에 대해 보다 통합적이면서 심도 있는 분석과 연구가 필요하다. 도대체 인공지능의 정체가 무엇인가, 스스로 학습하여 똑똑해지는 이들을 우리는 어떤 존재자로 봐야 할 것인가, 이들의 등장으로 인간의 생활세계는 어떻게 달라질 것인가, 달라진 생활세계에는 어떤 윤리적 문제들과 사회적 문제들이 발생하는가, 우리는 이들과 어떻게 공존할 것인가, 다가올 인공지능 시대에 인간의 정체성은 무엇인가 등등. 이러한 질문들을 우리가 얼마나 진지하게 숙고하고 이에 어떻게 선제적으로 대응하는가에 따라, 앞으로 다가올 인공지능 시대에 대한 인간의 대처능력은 많이 달라질 것이며, 앞서 우리가 겪었던 두려움의 실체도 보다 명확해질 것이다.

알파고나 자율주행차로 상징되는 인공지능은 우리 사회 속에 이미 들어와 있고, 앞으로 더 많이 유입되어 우리 삶의 일부가 될 것이다. 이러한 인공지능의 등장은, 더 이상 인간의 직접적 조작에 의해 작동하거나 지속적인 개입을 필요로 하는 수동적 존재가 아니라, 일종의 직권 위임에 의해 스스로의 자율적 판단을 통하여 작동하는 능동적 행위자이자 비인간적 인격체, 곧 '로보사피엔스'[1]의 출현을 예고한다. 로보사피엔스의

---

1) 이 말은 미국의 TV 뉴스 연출자인 페이스 달루이시오(Faith D'aluisio)와 사진 작가인 피터 멘젤(Peter Menzel)이 2000년에 쓴 책인 『새로운 종의 진화, 로보사피엔스』에서 처음 사용됐는데, 진화론적 시각에서 호모 사피엔스인 인간을 대체할 수 있다는 가능성을 함축하고 있다. 이 글에서는 그 책 속에 쓰인 '로보사피엔스'의 의미와는 다르게, 그 의미를 좀 더 넓게 재해석한 보다 확대된 '인공지능 로봇'의 의미로 로보사피엔스라는 표현을 사용하고자 한다.

출현으로 인간은 앞으로 과거에 전혀 경험하지 못했던 새로운 유형의 다양한 윤리적·사회적 문제들에 직면하게 될 것이고, 인간과 인공지능의 공존이라는 새로운 시대적 과제를 안게 될 것이다. 이러한 문제들에 보다 능동적이고 미래지향적으로 대처하기 위해, 인공지능에 관한 존재론적, 윤리학적, 인간학적 관점에서의 체계적인 철학적 연구, 곧 포스트휴먼 시대의 인공지능 철학에 대한 연구가 필요하고 중요하다.

앞서 언급한 바와 같이 앞으로 맞닥뜨릴 인공지능은 인간에게 유용한 스마트한 도구가 아니라 인간과 흡사한 인격체로서의 본성을 지닐 가능성이 높다. 그런 연유로 지금까지 인간중심적인 관점을 견지하고 있는 철학적 견해들은 이러한 인공지능의 본성을 올바로 해석하고 판단하는 데 많은 어려움을 겪을 수밖에 없다. 그래서 탈인간중심적인 관점에서 인공지능의 이 같은 본성을 제대로 해석하고 평가할 수 있는 미래지향적인 철학 체계, 곧 인공지능의 존재론, 윤리학, 인간학의 통합 체계가 필요하다. 이러한 철학 체계의 구축을 위해, 다음의 세 가지 작업들이 상호 긴밀한 연관성을 갖고 설정될 필요가 있다.

첫 번째, 인공지능의 존재론으로 인공지능의 물리적 특성에 대한 과학적 이해와 인격체의 다양한 요소들에 대한 철학적 분석을 토대로 인공지능의 존재론적 본질을 새롭게 규명하는 것이다. 특히 비인간적 인격체로서의 가능성에 주목하는 것이 중요하다. 두 번째, 인공지능의 윤리학으로 이렇게 정립된 인공지능의 존재론적 본질에 기초하여 인간과 인공지능의 관계에 대한 새로운 재정립은 물론 인공지능과 관련된 새로운 윤리적 문제들을 제기하고 이를 해결하기 위한 규범 원리들, 그리고 이 원리들을 정당화할 수 있는 새로운 윤리학 이론을 모색하는 것이다. 세 번째, 앞서 진술한 존재론적 관점과 윤리학적인 제반 논의들에 바탕해서, 인간과 인공지능이 조화롭게 공존할 수 있는 미래 사회의 모습과 그에 필요한 사회적 거버넌스 체계를 인간학적 관점에서 고찰하는 것이다.

III. 인공지능의 존재론적 쟁점과 과제들

그렇다면 우선 존재론과 관련하여 무엇을 할 것인가. 가장 시급한 것이 최근 인간의 능력을 뛰어넘는 인공지능의 다양한 활동들에 근거하여 급격하게 강조되고 있는 인격체로서의 인공지능의 가능성에 대해 철학적 분석이 될 것이다. 그동안 인간에게만 당연하게 적용돼왔던 인격체의 여러 요소들, 곧 감성, 이성, 자율성, 자의식, 도덕성과 같은 개념들이 인공지능에도 언급되면서, 이런 개념들이 진정 어떤 의미를 지니고 그 본성이 무엇인지에 대한 철학적 명료화 작업과 더불어 이런 개념들을 과연 인공지능에도 합당하게 적용할 수 있는지에 대한 검토가 매우 시급하고 중요해졌다. 이는 인공지능을 하나의 행위주체로 간주할 때, 그것의 정신적 혹은 의식적 토대에 관한 연구가 될 것이다. 좀 더 구체적으로 쟁점들을 살펴보자.

우선 인격성의 중요한 요건 중의 하나인 자율성 개념과 관련하여, 인공지능은 자율성을 가질 수 있는가, 달리 말해 인간 이외의 존재자에게 자율성을 부여할 수 있는가, 부여할 수 있다면 어떤 의미의 자율성인가, 즉 인공지능의 자율성은 인간의 자율성과 어떻게 다른가, 특히 현재 딥러닝 메커니즘에 기반한 인공지능에서 자율성을 정도의 문제로 본다면 이를 어떻게 등급화할 것인가, 이렇게 자율성을 지닌 인공지능이 궁극적으로 자유의지를 가질 수 있는가 등등.[2]

다음으로 중요한 쟁점은 감정의 문제다. 궁극적인 질문은 인공지능은 감정을 가질 수 있는가이다. 실제로 인공지능은 마치 인간처럼, 감정이나 정서를 가진 것처럼 행동할 수 있다. 그렇다면 인공지능이 감정을 갖고 있거나 실현한 것으로 보아야 하는가, 아니면 단지 감정을 표현한 것에 불과한 것으로 보아야 하는가의 문제가 제기된다.[3] 전자와 관련해서는 인간고유의 본래적 본질적 정서란 무엇인지 그 의미를 규정하고 인공지능이 이러한 본래적, 본질적 정서를 과연 구현할 수 있는지 그 가능성을 검토하는 것이 중요하다. 후자라면 인공지능이 어떤 물리적 절차와 알고리즘적 과정을 통해 감정 인지 및 표현을 수행하는지 그 메커니즘을 규명하는 것이 중요하다. 동아시아 전통의 묵가집단은 인간의 의지와 욕구도 계산적 지성에 의해 조절 가능한 것으로 보았다.[4] 이들은 효나 형제 간의 우애 같은 감정도 공적 이익을 증진시키는 지성의 능력에 의해 잘 구현될 수 있다고 보았는데, 묵가의 이런 기본적 입장은 마치 감성을 가진 인공지능의 가능성을 시사하는 것처럼 보인다. 묵가의 보편적 사랑인 겸애가 철저한 지성적 태도이면서도 사랑으로 묘사되는 것에 주목할 필요가 있다.

한편 인격성에서 빼놓을 수 없는 요소가 바로 지향성과 자의식이다. 지향성은 크게 본래적 지향성과 파생적 지향성으로 나뉘는데, 인공지능

---

2) 이에 대한 자세한 논의는 다음의 논문들을 참조할 것. 이영의(2009); 이중원·김형찬(2016) ; Bechtel, W., & Abrahamsen, A.(2007); Muller, V. C. (2012).

3) 이에 대한 자세한 논의는 다음의 논문들을 참조할 것. Aleksander, I., Lanhnstein, M., & Rabinder, L.(2005); Bartneck, C.(2002); Bates, J.(1994); Minsky, M.(2010).

4) 이에 대한 자세한 논의는 다음을 참조할 것. 정재현(2012, 2015).

은 예상 불가능한 사태에 직면할 경우 유연한 처리 능력을 갖고 있지 못한 관계로 그동안 파생적 지향성을 갖는 것으로 평가돼왔다. 하지만 기술의 발달은 인공지능의 지향성이 파생적 지향성에 머물러 있지 않도록 할 텐데, 그럴 경우 인공지능의 본래적 지향성은 인간과 어떻게 다른가가 중요한 쟁점이 된다.[5] 또한 인공지능에 자아(자의식)이 있는가도 중요한 논쟁적 문제다. 이와 관련하여 자아(자의식)에 관한 다양한 철학적 견해들에 대한 분석과 함께, 인공지능이 어떤 자아를 가질 수 있는지 논의하는 것이 필요하다.

마지막으로 인격성 개념 그 자체도 논쟁이 되고 있다. 서양 철학적 관점에서 인간과 인격성은 많은 철학자들—가령 로크, 화이트헤드 등—에 의해 구분돼왔다.[6] 여기서 인격성의 조건이 무엇인가가 중요한 쟁점이 된다. 한편 동양 철학적 관점에서 보더라도 인격성이라는 개념을 그대로 언급하고 있진 않지만 그런 인격성에 준하는 요건들을 인공지능에 부여할 수 있는 가능성이 제공될 수 있다. 유학의 관점에서는 행위자의 행위를 중심으로 공부와 수련을 통해 연마하는 것을 인격성과 밀접히 연관시키고 있는 반면, 불교의 경우 생명체뿐 아니라 무생물도 지니고 있는 불성 자체를 인격성과 연관시킬 수 있다.[7] 인공지능이 딥러닝을 통해 이와 같은 자기 수련이나 공부를 수행한다면, 인공지능에게서도 스스로 인격성을 함양할 수 있는 가능성이 열려 있다고 말할 수 있을 것이다.

---

5) 이에 대한 자세한 논의는 다음의 논문을 참조할 것. David Leech Anderson(2012).

6) 이에 대한 자세한 논의는 다음을 참조할 것. Locke, J.(1975, chap 27); 김재현 외(2014).

7) 이에 대한 자세한 논의는 다음을 참조할 것. 정재현(2006).

이러한 다양한 쟁점들에 대한 체계적인 연구를 위해서는, 기존에 동서양의 철학적 관점을 막론하고 철학사에서 언급되어 온 감성, 이성, 자의식, 자율성, 도덕성 등에 관한 면밀한 분석과 더불어, 오늘날 이 개념들과 관련한 뇌 과학이나 인지과학에서의 새로운 연구 성과들을 반영한 탈인간중심적인 관점에서의 새로운 철학적 분석이 필요하다. 다시 말해 한편으로는 동서양을 막론하고 전통적인 철학 체계 가운데서 인격성의 다양한 요소들을 인간에게만 배타적으로 적용하지 않은 철학적 견해들을 중심으로 살펴보면서, 다른 한편으로 최근의 뇌 과학 및 인지과학 그리고 컴퓨터 과학의 연구 성과들에 기반하여 인공지능에 대한 새로운 철학적 해석을 시도하는 것이다. 그래야 인공지능의 물리적 특성에 대한 과학적 이해와 인격체의 다양한 요소들에 대한 철학적 분석을 토대로 인공지능의 존재론적 본질을 새롭게 규명해볼 수 있을 것이다.

특히 후자의 접근방식은 철학적인 차원에서 탈인간중심적인 존재론의 정립과 긴밀히 연관돼 있다. 탈인간중심적인 존재론을 정립하기 위해선 다음과 같은 작업들이 필요하기 때문이다. 우선 인지과학, 인공지능 공학, 뇌 과학 분야에서 쏟아내고 있는 인격성 요소들의 본성에 대한 경험 과학적 연구 성과들에 대해, 보다 심화되고 정교한 철학적 분석과 규명이 필요하다. 즉 인격성의 요소들에 대해 정도/수준/등급 등에 근거한 다양한 층위를 철학적으로 명확히 구분하여 규명해줄 필요가 있다. 이는 인공지능 로봇에서 기술적으로 구현된 인격성의 요소들이 인간의 그것들과 유사하면서도 어떻게 다른가를 명확히 하기 위함이다. 나아가 경험과학이 제공하고 있는 수많은 정보들에 대한 이러한 철학적 분석을 바탕으로 로보사피엔스의 존재론적 본질을 보다 명확히 이해하고 담아낼 수 있는 존재론적 담론을 구축할 필요가 있다. 전통적인 경험론의 철학적 사유만으로 앞으로 등장할 인공지능 로봇의 인격성 혹은 존재론적 본성을 보다 면밀하게 분석하는 데는 한계가 있어 보인다. 경험론 역시 전통적인 합리론의 철학적 사유처럼 물질과 의식, 주관과 객관이라는 전통적인 이분법에 기초하고 있는 까닭에, 이분법적 경계가 상대적으로 약한 사이보그나 인공지능 로봇과 같은 새로운 존재자에 대한 이해가 쉽지 않을 것이기 때문이다.

이러한 연구는 인공지능 시대에 다음과 같은 의의를 지닌다. 우선 인공지능의 등장을 계기로 인간의 고유한 속성으로 가정되어 온 인격성의 주요 요소들인 이성, 감정, 자율성, 도덕성, 자아 등의 개념을 철학적으로 보다 정교하게 분석함으로써, 인격성 개념을 세분화하고 재개념화할 수 있을 뿐 아니라, 이러한 개념들을 인공지능에 보다 정확하게 적용토록 함으로써 인공지능의 발전에 기여할 수 있을 것이다. 예컨대, 자율성, 도덕성, 자아 개념이 여러 유형으로 분류되거나 정도를 가진 개념으로 재규정된다면, 앞으로 개발될 인공지능에 자율성, 도덕성, 자아를 그 유형이나 정도에 맞게 적합하게 부여함으로써 인공지능 기술의 진화적발전 및 관련 학문의 성장에 기여할 수 있다. 개발된 인공지능이 감정혹은 자율성 혹은 도덕성을 갖고 있다고 할 때, 그것이 어느 정도의 감정혹은 자율성 혹은 도덕성을 가졌는지 보다 정확하게 진단할 수 있기 때문이다.

다음으로 최근의 뇌 과학 및 인지과학, 그리고 컴퓨터 과학의 연구 성과들에 기반하고 있는 인공지능 연구는 이성, 감성, 자율성, 도덕성, 자아 등에 관한 과학적 이해와 설명을 제공함으로써, 이 개념들에 관한 철학의 발전에도 기여할 것으로 기대한다. 가령 이성, 감성, 자율성, 도덕성, 자아 등의 개념은 더 이상 선험적으로 가정되는 것이 아니라, 경험적으로 설명이 충분히 가능한 탐구 대상이 되는 것이다. 뿐만 아니라 지금까지 우리가 경험하지 못했던 인공지능이라는 새로운 존재자에 대해 미래지향적인 관점에서 통합적인 철학적 사유체계를 제공해줌으로써 다가올 미래 사회에 대한 대비적 성찰을 가능하게 해준다.

IV. 인공지능의 윤리(학)적 쟁점과 과제들

인공지능의 윤리(학)와 관련하여 어떤 쟁점과 과제들이 있는가. 로봇윤리(학)의 등장은 사실상 로봇기술이 등장했던 2000년 초기로 까지 거슬러 올라간다. 사실 이 시기에는 인공지능이 적용된 로봇보다는 다양한 분야(군사, 섹스 등)에서의 일반 로봇의 사용과 관련한 윤리적 쟁점들이 더 큰 문제였다. 따라서 제한된 적용 사례들의 윤리적 쟁점들에 논의가 국한될 뿐, 인공지능 로봇을 대상으로 제기될 수 있는 새로운 윤리적 쟁점들이나, 이를 해결하기 위한 새로운 윤리학적 담론의 모색, 그리고 이에 근거한 적극적인 윤리적 대응방안에 대한 논의들은 상대적으로 미흡하였다. 인공지능의 시대, 포스트휴먼 시대에 오면 이에 대한 문제의식이 필요하다.

인간이 로봇의 존재론적 지위에 대해 논하는 것은 인공지능 로봇이라는 새로운 존재를 현 사회의 한 구성원으로서 어떻게 인정할 것이며, 나아가 어떻게 인간과 로봇이 공존할 것인가에 관심을 가지기 때문일 것이다. 그러한 의미에서 로봇의 존재론적 지위에 대한 논의는 로봇과 인간, 나아가 로봇과 자연생태계 사이의 공존의 규칙으로서의 윤리·도덕의 문제와 필연적으로 연관돼 있다. 이를 다음과 같이 되물어볼 수 있다. 만약 로보사피엔스에게 인격성을 부여할 수 있다면, 이들의 사고와 행동에 대한 도덕적 평가도 가능하지 않을까? 다시 말해 비록 인간 수준의 도덕성은 아니더라도, 이에 준하는 어느 정도의 도덕적 사고와 행위를 수행할 수 있는 존재로 볼 수 있지 않을까? 이와 관련하여 다양한 주장과 수많은 논쟁이 있을 수 있다. 하지만 미래에 인간이 인공지능 로봇과 한 사회 속에서 어떻게 공존할 것인가가 중요한 화두라고 한다면, 인공지능 로봇의 윤리(학)에 대한 연구는 매우 중요하다고 할 수 있다. 이와 관련 다음의 연구들이 강조될 필요가 있다.

첫째는 인공지능이 우리 사회의 일부로서 인간들과 병존할 경우 새로운 유형의 윤리적 문제들 혹은 쟁점들을 야기할 수 있으므로, 일차적으로 이에 대해 연구할 필요가 있다. 가령 자율주행차의 경우 기존의 윤리적 문제들 외에도 어떤 윤리적 쟁점들이 새롭게 부각되고 제기될 것인지에 대한 연구가 필요하다. 둘째는 인공지능을 어떤 윤리적 가치에 의해 지배되는 존재로 만들 것인가의 문제와 관련된다. 이는 물론 윤리적 가치 지향을 실제로 어떻게 엔지니어링할 것인가의 문제를 포함한다. 인공지능의 설계는 자율성과 윤리적 민감성(감수성)의 두 가지 차원을 통해서 분석될 수 있다. 지금까지 인공지능의 개발과 관련된 대부분의 논의가 인간과 비슷한 수준의 지성적 자율성을 발휘하는 존재를 만드는 것의 문제에 집중되어 있었다면, 이제는 그것들이 지녀야 할 윤리적 책무 차원으로 눈을 돌려야 할 때이다. 마이크로소프트사의 AI 채팅봇인 '테이Tay' 사례에서도 쉽게 확인할 수 있듯이, 인공지능이 우리 인간과 공존하기 위해서는 단지 자율적이기만 한 것이 아니라 도덕적으로 판단하고 행동할 수 있는 존재여야 한다. 따라서 우리가 동의한 도덕적 판단의 가치나 기준을 실제로 어떻게 인공지능에 구현시킬 것인가의 문제가 인공지능의 윤리(학)이 답해야 할 과제인 셈이다.

인공지능 윤리학의 세 번째 중요한 과제는 궁극적으로 인공지능이 갖게 될 도덕적 지위가 무엇인가라는 질문에 답하는 것이다. 인공지능 로봇의 도덕적 지위에 관한 논쟁과 관련하여 다음의 두 가지가 강조될 필요가 있다. 첫째는 인격성 개념이 탈 인간중심적 관점에서 다양한 의미로 규정되고 사용되고 있듯이, 도덕성 개념 역시 그러한 관점에서 재조명이 필요하다는 점이다. 지금까지 인간중심적 관점에서 언급돼 온 도덕성은 인간에게만 고유한 본성으로 간주된 도덕성이다. 따라서 종족 안에 일정한 윤리적 질서를 갖고 사회생활을 하는 고등동물이라 할지라도 어떤 의미에서건 도덕적 존재로 간주될 수 없었다. 그런 면에서 사고나 행동에서 인간을 흉내 내는 듯한 인공지능로봇에 대해서는 인간중심적 관점의 도덕성 개념을 적용할 여지는 더더욱 희박해 보인다. 하지만 자율주행차 예에서 볼 수 있듯이 어떤 선택은 도덕적인 선택이다. 또한 앞으로 등장할 자율형 군사 킬러로봇의 경우, 로봇의 자율적 판단에 의해 살인이 행해지는 만큼 그 행위 자체가 매우 민감한 도덕적 판단의 대상이 될 수밖에 없다. 그런 맥락에서 로보사피엔스의 경우 이에 적용할 도덕성 개념을 새롭게 재규정할 필요가 있다. 전통적인 인간 중심적 관점에서의 도덕성을 완전한 도덕성 개념으로 본다면, 이 보다는 한 차원씩 낮게 기능적 도덕성 개념과 조작적 도덕성 개념을 새롭게 정립해 볼 수 있다.[8] 조작적 도덕성은 도덕적 판단과 행위가 컴퓨터 프로그램에 의해 완

---

8) 이에 대한 자세한 논의는 다음을 참조할 것. Allen, C.(2002); Allen, C., Smit, I., & Wallach, W.(2006); Bryson, J. J. and Kime, P. P.(2011).

벽하게 조작·통제되는 도덕성을 말하며, 기능적 도덕성은 컴퓨터 프로그램에 기반하고 있지만 이에 완전히 얽매이지 않고 어느 정도의 자율적 판단에 의거하여 도덕적인 기능을 수행할 수 있는 도덕성을 말한다. 가령 아시모프의 세 가지 법칙처럼 기본적이고 근본적인 윤리적 규범들의 경우, 프로그램을 통해 조작적으로 구현할 수 있을 것이다. 반면 좀 더 현실적인 실제적 상황의 경우 기본적인 윤리적 규범 외에도 실제의 다양한 상황들의 분석에 근거한 윤리적 판단들이 필요하므로, 도덕적 행위에 관한 거대자료와 이에 대한 머신러닝을 결합한 방식으로 기능적 도덕성을 구현해 볼 수 있을 것이다. 그런 면에서 이 기능적 도덕성 개념은 특히 자율주행차나 자율형 군사킬러로봇 등에 충분히 적용해 볼 수 있다.

둘째는 도덕성 개념에서 어떤 개체가 지니는 속성으로서의 측면도 중요하지만, 개체들 간의 관계적 측면이 인간 사회에서는 보다 더 중요하다는 점이다. 속성적 측면에서 본다면 인간처럼 고등동물 또는 로보사피엔스도 도덕성을 가지는가가 중요한 문제가 될 것이고, 이에 대해서는 앞서 언급한 도덕성 개념의 세분화가 새로운 생산적 논의를 제공할 것으로 기대해 볼 수 있다. 관계적 측면에서 본다면 어떤 도덕성을 지녔느냐가 아니라, 고등동물이나 로보사피엔스의 행위가 인간과의 관계에서 어떤 도덕적 문제들을 일으키는가가 중요하다. 그것이 자연적 존재자이건 인공적 존재자이건 인간에게 어떤 도덕적·윤리적 영향을 끼치는 판단과 행위를 한다면, 그 자체가 이미 도덕적인 판단이자 행위가 되는 것이다. 그런 의미에서 본다면 앞으로 등장하게 될 인공지능로봇, 곧 로보사피엔스는 인간과의 삶 속에서 당연히 도덕적 존재자일 수밖에 없다.

어쩌면 인공지능의 도덕적 지위와 관련, 행위자agent와 피동자patient의 구분이 필요할 수도 있다.[9] 혹은 전통적인 의미의 행위자/피동자 구분을 넘어서는 새로운 도덕적 상상력이 필요할 수도 있다. 정리하면 이러한 연구들을 통해 인공지능과의 공존을 위한 새로운 윤리학을 모색할 필요가 있다. 이 새로운 공존의 윤리학은 어쩌면 동양과 서양의 사상을 융합한 새로운 관계론적 윤리학을 통해 성취될 수 있을지도 모른다. 따라서 이 역시 중요한 연구가 될 수 있다.

V. 인공지능의 인간학적 쟁점과 과제들

마지막으로 인격체로서의 인공지능의 존재론적 본성과 이로부터 야기되는 새로운 윤리적 문제들 및 이를 해결하기 위한 새로운 윤리학적 담론을 바탕으로, 포스트휴먼 시대에 인간과 인공지능이 어떻게 인간 사회에서 조화롭게 공존할 것인가의 문제와 관련한 인간학적 연구가 필요하다. 인공지능의 발달로 초지능이 등장할 가능성을 염두에 두고, 인공초지능에 의해 제기될 다양한 사회 정치적 변화들에 의해 인류의 삶의 양식이 어떻게 변화할지 예상해보고 이들 변화에 적절하게 대응하기 위해서 어떤 대응 전략이 필요한지 연구할 필요가 있다. 또한 초지능의 등장 이전에도 인공지능이 사회에 미칠 영향력은 상당할 것이므로 이에 대해서도 그 변화와 대응 전략을 심도 있게 논의할 필요가 있다.

인공지능의 등장은 (초지능 여부에 상관없이) 인간이 그동안 경험하지 못

---

9) 이에 대한 자세한 논의는 다음의 논문들을 참조할 것. Bechtel, W., & Abrahamsen, A.(2007); Bryson, J. J. and Kime, P. P.(2011).

한 생활세계의 근본적인 변화를 야기할 것이다. 가깝게는 삶의 양식의 근본적인 변화, 인공지능의 남용이나 오용이 가져올 부정적인 사회적 영향에서부터, 자율주행차에서 보듯 자율성을 지닌 인공지능의 사회적 행위와 그에 따른 책임 문제, 인공지능의 법인격체로서의 가능성과 그에 따른 법적 권리 및 의무, 그리고 처벌 문제, 더 멀게는 인간과 인공지능 간의 감성적 대화와 교감이 가져 올 상호 관계의 재정립 문제, 인공지능을 통해 반추해 보는 인간의 존엄성과 정체성의 문제 등으로 이어질 것이다. 따라서 공존을 위해서는 인공지능을 바라보는 우리들의 인식의 변화와 함께, 제기된 문제들에 효과적으로 대응하기 위한 사회적 거버넌스 체계를 구축하는 것이 중요하다.

다양한 형태의 인공지능이 지수적인 기하급수적 발전의 결과 수십 년 내에 인간의 지능을 뛰어넘는 상황, 즉 특이점singularity이 도래할 것 이라는 주장이 여러 미래학자들에 의해 제기되어왔다.[10] 인공지능 연구자들은 대체로 미래학자들보다는 보다 더 조심스럽지만 여전히 컴퓨터 하드웨어 발달과 최근 크게 각광받고 있는 딥러닝 기법과 같은 혁신적인 휴리스틱의 개발이 언젠가는 인간 수준의 지능을 갖춘 인공지능의 개발로 이어질 수 있다는 점을 부인하지는 않는다. 인공초지능의 등장은 거의 모든 인간들이 네트워크로 연결되고, 사회 곳곳에 분산되어 있는 정보들이 인공적으로 수집되고 관리 가능하며, 그에 따라 인간이 관여하지 않은 인공지능에 의한 자율적 판단시스템이 일상적으로 활용 가능한

---

10) 이에 대한 최초의 논의는 커즈와일에 의해 시작됐다. Kurzweil, R.(2006). 이외에도 다음을 참조할 것. Chalmers, David John.(2010).

시대를 예고한다. 인공초지능 시대를 살아갈 인류는 데카르트가 규정한 "사고하는 존재Cogito ergo sum"로서의 인간과는 달리 자신의 정체성에 대한 새로운 이해를 강요받을 수 있다는 점에서 인류는 이전까지 경험하지 못한 새롭고 급진적인 도전에 직면하게 될 것이다. 이와 관련하여 다음과 같은 질문들이 자연스럽게 제기된다. 인공지능 로봇이 고도로 발달한 사회에 인간으로 살아간다는 것은 어떤 것일까, 인공지능시대에 인류는 그 이전에 비해 더 행복한 삶을 영위할 수 있을까? 이에 대한 대답과 관련하여 낙관론과 비관론의 입장이 대립할 수 있겠지만, 현실은 두 가지 입장 사이의 양자택일이 아니라 공존을 위한 중간 지대의 모색을 요청하는 것처럼 보인다. 이 공존의 모색을 위해 다음과 같은 주제들에 대한 연구가 필요하다.

가장 먼저 인공지능 시대의 새로운 사회적 문제들, 그리고 그에 따른 인간의 실존적 위험들에 대한 분석이 필요하다. 한마디로 인공지능 시대에 인간의 삶의 양식 혹은 생활세계의 변화에 대한 철학적 성찰이 필요하다. 고도로 발달한 인공지능이나 인공초지능은 실업이나 빈부격차와 같은 구체적인 삶의 문제를 야기할 것으로 예상된다. 또한 노동의 성격에 있어서 근본적인 변화가 발생할 것이다. 인공지능이 전통적인 인간 노동의 상당수를 대신하게 됨에 따라 인간은 상대적으로 자유로운 시간을 갖게 될 것이기 때문이다. 또한 대다수의 인간이 네트워크에 연결되어 있고, 그들의 삶의 중요한 부분들이 네트워크상에 존재하는 인공지능 시대는 현재와는 크게 다른 사회적·법률적 문제들이 발생할 것이다. 특히 인간 삶의 핵심적 정보들이 네트워크상에 저장되어 있는 상황에서, 인간의 정보를 수집하고 관리하는 일을 인공지능이 전적으로 맡게 될 때 이와 관련된 책임의 문제와 같은 새로운 사회적·법률적 문제들이 제기될 것이다.

다음으로 제기된 실존적 문제들에 대한 대응방안의 모색이 필요하다. 이를 위해 첫째, 인간과 인공지능의 관계에 대한 통찰이 필요하다. 인간과 인공지능은 사회 속에서 다양한 존재적 인터페이스를 통해 서로가 마주치고 접하게 된다. 이성적 측면에서 보면 이성적 활동 영역에서 인간을 훨씬 뛰어넘는 인공지능의 능력과 관련하여 다양한 방식의 접촉이 불가피하고, 감성적 측면에서는 인간과 인공지능 간의 감성적이고 정서적인 교감이 가능할 수 있으며, 도덕적 측면에서 보면 인공지능의 자율적 판단 및 행위와 그에 따른 책임 문제와 같은 도덕적 문제들이 인간의 생활세계와 직접적으로 맞닿아 있다. 이러한 상황에서 인간과 인공지능의 관계를 바라보는 다양한 철학적 해석들이 가능하다.[11] 이 가운데 어떤 관점의 해석이 현재 및 미래의 인공지능과 인간의 관계를 보다 적절하게 해석하는지 살펴 볼 필요가 있다. 둘째, 포스트휴먼 시대의 인간과 기계의 상호작용, 그리고 인간과 기계의 공진화에 대한 성찰이 필요하다. 인공지능은 로봇기술과 결합함으로써 세상에서 행동할 수 있으며 인간과 상호 작용하게 된다. 이 때 인간과 로봇의 다양한 상호작용이 예상되는데, 이에 따라 인간이 아닌 고도의 지능을 갖춘 존재를 사회 구성원으로 참여하는 확장된 형태의 '공동체' 가능성과 그런 공동체에서의 사회규범이 필요하게 된다. 한편 인공초지능의 출현은 진화론적 관점에서 인간-기계의 공진화의 과정으로 볼 수 있다. 인간-기계 공진화를 주장하

---

11) 현상학의 관점에서의 해석, 하이데거의 기술철학적 관점에서의 해석, 드레이퍼스의 관점에서 본 해석, 그리고 최근의 사회학에서 관심을 끌고 있는 행위자 연결망 이론(Actor Network Theory, ANT) 관점에서의 해석 등이 가능하다.

는 학자들은 인간은 인공지능과 상호의존적인 공생 관계를 형성하면서 진화할 수 있다고 주장하는데,[12] 이럴 경우 공진화의 양상과 그에 따른 인간 삶의 양식의 변화가 중요한 문제로 대두된다. 앞에서 언급하였듯이 인공지능기술의 발전은 모든 기술이 그렇듯이 긍정적 영향과 부정적 영향을 미치게 될 것이다. 그러나 비관론자들이 주장하듯이, 인류에게 유익할 것으로 보였던 인공초지능이 인간이 전혀 예측하지 못한 방식으로 파괴적으로 전향할 가능성도 있다.[13] 그런 연유로 인공지능에 대한 통제가 필요하다. 정리하면 결국 인공지능 시대에는 인공지능의 거버넌스 문제가 중요하게 대두될 것이며, 따라서 이에 대한 철학적 성찰 역시 필요하다.[14]

---

12) 이에 대한 자세한 논의는 다음의 논문들을 참조할 것. Kurzweil, R.(2006); Clark, A.(2003).

13) 이에 대해서는 다음을 참조할 것. Bostrom, Nick.(2014).

14) 국가 차원에서 인공지능이 사회 경제적으로 긍정적으로 작용하기 위한 것을 보장하기 위해 행정적이고 제도적인 장치들이 검토될 수 있다. 최근 미국 오바마 행정부는 백악관에 인공지능 이슈들을 다루기 위해 "기계학습과 인공지능 소위원회"(Subcommittee on Machine Learning and Artificial Intelligence)를 신설하였다. 이 소위원회는 인공지능 개발의 진보와 성과를 모니터링 하여 국가과학기술회의(National Science and Technology Council)에 보고하도록 함으로써, 사회적 거버넌스의 문제를 부각시키고 있다.

5장

인공지능과 창의성
: 과학과 교육

최무영

(서울대학교 물리천문학부 교수)

미국 스탠포드대학교에서 물리학을 공부하였다. 현재 서울대학교 물리천문학부 교수 및 이론
물리학연구소장으로 재직하고 있으며, 과학사 및 과학철학 협동과정과 뇌과학 협동과정 겸임
교수를 역임하였다. 이론물리학, 주로 복잡계의 통계물리에 대해 연구해왔으며, 생명과 사회
현상이나 과학의 기초와 문화에 대해서도 관심이 있다.
저서로 『복잡한 낮은 차원계의 물리』와 『최무영 교수의 물리학 강의』, 공저로 『학문간 경계를
넘어서』, 『탈핵 학교』, 『다윈과 함께』, 『양자·정보·생명』 등이 있다.

지난 20016년 봄에 열린 바둑 대국에서 알파고AlphaGo가 승리한 이후, 인공지능artificial intelligence을 비롯한 과학과 기술 발전의 미래에 대한 낙관과 함께 두려움이 크게 일어났다. 심지어 인공지능이 숙련노동과 지식노동을 포함하여 다양한 분야에서 사람을 대체하고, 결국 일자리를 뺏을 수 있다는 우려도 널리 퍼지게 되었다. 이러한 우려가 얼마나 현실로 나타날지는 아직 불확실하지만, 인공지능을 비롯한 과학과 기술이 계속 발전하고 앞으로 인간의 삶에 커다란 영향을 끼칠 것이라는 점은 분명해 보인다. 이에 따라 심지어 4차 산업혁명(Schwab 2016)이라는 용어도 생겨났다. 이러한 변화에 대비한 교육의 방향 정립은 앞으로 다가올 사회에서 잘 적응함은 물론, 창의성을 지니고 주도적으로 발전을 이끄는 세대를 육성하는 데 매우 중요하다. 이를 위해서는 먼저 과학의 의미를 되새긴 후에 이러한 과학적 관점에서 인공지능의 정확한 현황과 전망을 살펴보고, 이로부터 얻어지는 교훈을 바탕으로 바람직한 교육의 방향을 논의할 필요가 있다.

I. 알파고와 인공지능

사람과 기계, 알파고의 바둑 대국 결과를 보고 의외라는 반응이 많았다. 하지만 체스chess에서는 여러 해 전에 이미 컴퓨터가 사람을 압도했고, 사실 바둑과 체스는 근본적인 차이는 별로 없다. 똑같이 연산이고, 원리적으로는 지능이 필요하지 않다. (단순히 연산을 생각하면 인간은 컴퓨터는커녕 조그마한 계산기도 당하지 못한다. 물론 이러한 연산 능력을 지능이라고 부르지는 않는다.) 다만 체스는 쉽게 연산할 수 있지만 바둑은 경우의 수가 훨씬 많기 때문에 연산이 매우 복잡하다. 원리적으로는 경우의 수를 다 따져서 최적의 풀이수를 찾으면 된다. 그러나 경우의 수가 워낙 많아서 아무리 빨리 계산하더라도 그걸 다 따져보려면 엄청난 시간이 걸리니까 불가능하다는 뜻이다. 다시 말해서 현실적으로 컴퓨터가 이 연산을 할 만큼 성능을 지니지 않았다고 생각한 것이다. 그런데 알파고는 인공지능이라 할 요소를 일부 사용해서 효율적으로 연산했다(Silver et al. 2016).[1]

1. 지능과 인공지능

지능이란 무엇인가? 지능의 정의는 쉬운 문제가 아니다. 분야에 따라 다양한 정의가 있겠는데 지능은 대체로 창의적인 요소, 예컨대 유사성을 넘어서 독창적인 개념화, 추상화, 지성 따위와 관련되어 있다. 가장 중요한 요소로 '대상을 이해하고 해석하는 창의적 능력'을 들 수 있을 것이다.

---

1) 알파고를 만든 사람들이 쓴 이 논문은 저자가 무려 20명에 이른다.

흔히 인공지능을 크게 강한 의미의 인공지능과 약한 의미의 인공지능의 두 가지로 나누어 생각한다. 일상에서 인공지능은 대체로 강한 인공지능을 가리킨다. 의식이 있고, 자기 인식이 있고, 따라서 자아가 있는 경우이다. 쉽게 말해서, 진정한 의미의 인공지능을 지닌 대상은 인간의 말을 듣지 않을 수 있다는 뜻이다. 공상과학 영화에서 보듯이 반란을 일으켜서 인간을 타도하고 기계들의 세상이 된다는 이야기는 강한 의미의 인공지능에 해당하는데 물론 현재 세상에는 없다. 현실에 존재하는 인공지능은 아주 약한 의미로서 특정한 기능을 사람처럼 수행하는 거동을 가리킨다. 스스로 생각하거나 하는 것이 아니라, 단지 사람이 시키는 특정한 기능을 마치 지능이 있는 것처럼 수행하는 것이다.[2]

약한 의미의 인공지능은 우리가 꼭 연산을 하나하나 지정하지 않고서도 주어진 작업을 수행할 수 있는 능력을 가리킨다. 전통적인 컴퓨터는 인간이 풀이법algorithm을 짜서 주면 그대로만 연산하고 그 이상은 아무것도 못한다. 체스 같은 경우는 풀이법에 따라 가능한 경우를 다 계산해서 최적을 찾아내게 된다. 그런데 바둑은 시간이 너무 오래 걸려서 모든 경우를 계산할 수 없다. 알파고의 경우에는 컴퓨터를 가르쳐서, 곧 반복적인 훈련을 시켜서 미리 지정해놓지 않은 상황이 들어와도 배운 대로 작업을 수행할 수 있도록 했는데 이것이 약한 의미의 인공지능이다. 이를 사람의 자연학습과 대조해서 기계학습machine learning이라고 부르는데 최근 많은 관심을 모으고 있는 연구주제이다.

---

2) 튜링검사Turing test에 따르면 이를 인간의 응답과 구분할 수 없으면 인공지능에 해당한다 (Turing 1950). 이러한 기준에 대해서는 중국어 방Chinese room이라 불리는 반론(Searle 1980) 과 그에 대한 재반론이 널리 알려져 있다.

그런데 기계학습이란 사실 완전히 새로운 개념은 아니다. 무늬인식 pattern recognition이라 부르는 프로그램은 널리 보급되어 있다. 예를 들어 사람 얼굴을 인식해서 사진을 보여 주면 누구인지 알아맞히고, 꽃을 보여 주면 무슨 꽃인지 인식한다. 이러한 영상인식과 마찬가지로 음성인식이나 무인 자동차도 컴퓨터가 학습과정, 곧 훈련을 통해 작업을 수행하는 약한 의미의 인공지능이라고 할 수 있다.

2. 신경그물얼개

그런데 지능의 근원은 무엇일까? 사람은 인식하고 지능을 지니고 있다. 판단하고 해석하고 이해하고 창조하는데, 이러한 창의적인 능력은 어떻게 생겨나는 것일까? 과학의 관점에서 보면 지능은 두뇌의 작용이고 두뇌는 신경세포들의 집합인 신경그물얼개neural network이다. 이러한 계에서 신경세포들의 상호작용 때문에 뭔가 새로운 기능이 전체 집단의 성질로 나타나게 된다. 이른바 떠오름emergence 현상이다. 컴퓨터와 마찬가지로 두뇌는 기본적으로 정보를 처리하는 기능을 가지고 있다. 그러나 두뇌는 기존의 컴퓨터와는 중요한 차이가 있다. 전체 계의 집단성질로서 정보의 저장과 만회가 이루어지며 정보의 저장, 곧 기억도 전체 계에 퍼져서 분포한다.[3] 또한 정보의 주소가 아니라 내용에 의해 만회하므로 연상기억associative memory을 보여주며 어느 정도 착오를 견딜 수 있다. 실

---

3) 따라서 컴퓨터의 기억장치와 달리 두뇌의 어느 한 부분이 망가져도 특정한 기억이 사라지지는 않는다.

제로 알파고도 사람의 두뇌를 시늉 낸 인공신경그물얼개artificial neural network를 사용했다.[4]

그러나 인공신경그물얼개의 기계학습은 자연신경그물얼개, 곧 두뇌에서 일어나는 사람의 학습과 비슷한 점도 있지만 다른 점도 있다. 자세한 사항은 여기서 논의할 수 없으나 한 가지 흥미로운 점만 지적하려 한다. 예를 들어 영상인식은 요새 많이 발전해서 필기를 인식하는 경우에 오차를 3%까지 낮췄다고 한다. 이는 사실 사람의 판단보다도 우수하다고 할 수 있다. 그런데 이렇듯 우수한 인식 성능을 보이는 인공지능이 어쩌다가는 엉뚱한 실수를 할 수 있다. 예컨대 전혀 말도 안 되는—사람이라면 누가 봐도 당연히 고양이가 아닌—이상한 영상을 보여주는데 고양이로 인식하는 경우가 있다.[5] 이러한 경우는 훈련을 지나치게 많이 했을 때 흔히 일어날 수 있는 학습의 부작용 현상으로서 너무맞춤(과적응)over-fitting이라고 부른다. 요즘 학생들이 과도하게 기계적인 공부만 하니까 기존 유형에만 너무 맞춰져서 틀에 박힌 문제는 쉽게 풀지만 조금만 벗어난 문제는 전혀 못 푸는 현상과 유사하다.

또한 인공신경그물얼개를 사용하는 인공지능과 두뇌 자연지능 사이의 중요한 차이로 구조의 설계를 들 수 있다. 인공지능의 경우에는 어떻게 학습할 것인가에 맞추어 일일이 그물얼개를 설계해주어야 한다. 요새 기

---

4) 신경그물얼개의 이론적 분석에 대해서는 Müller, Reinhardt, and Strickland (2013)을 참고하라.

5) 최근에 테이Tay라는 이름의 마이크로소프트Microsoft 회사의 대화기계chattingbot가 욕설과 인종차별을 학습한 경우나 구글Google 회사의 사진응용photo app이 유색인종을 고릴라로 판단한 경우가 널리 알려졌다.

계학습 분야에서 가장 인기를 끌고 있는 주제가 깊은 학습deep learning인데 한자어로 심화학습 또는 심층학습이라고 하며 이를 이용한 덕분에 알파고가 성공했다고 알려져 있다. 인공신경그물얼개에는 입력켜input layer와 출력켜output layer가 있는데 그 사이에 감춰진 켜들을 추가하여 설계한 그물얼개를 이용한 것이 심층학습이다. 감춰진 켜가 있어야 다양한 연산을 제대로 할 수 있기 때문이다. 이 경우에 입력정보의 각 부분에 적절한 무게를 주어 합성해서 처리하는 합성곱신경그물얼개convolutional neural network가 음성이나 영상인식에 효과적이라 알려져 있고, 더불어 입력에서 출력으로 정보가 한 방향으로만 나아가는 앞먹임feedforward뿐 아니라 되먹임feedback을 주어 되돌이신경그물얼개recurrent network를 만들기도 한다.[6] 이러한 구조를 맞추어 잘 설계해야 제대로 작동하는데 물론 사람이 직접 설계해야 한다.

그런데 우리의 두뇌는 그런 방식으로 설계되는 것이 아니다. 우리가 외부로부터 (감각기관을 통해) 정보를 받아들이고 학습하면 두뇌가 스스로 변하면서 설계가 이루어진다. 사람의 두뇌에서는 신경세포들이 자라나며, 그들 사이에 시냅스synapse라고 부르는 연결이 만들어지기도 하고 없어지기도 한다(Le Doux 2003; Bear and Connors 2015). 시냅스 연결이 정보를 저장하고 만회하는 과정에서 핵심적 구실을 하는데 이는 학습에 따라서 저절로 변화한다. 누군가 의도를 가지고 설계해서 만드는 것이 아니다.

결국 사람이 세세한 구조를 설계한 인공적인 기계가 특정한 작업에서

---

6) 이는 필기체 인식에 효과적이라고 알려졌다.

는 사람보다 뛰어난 성능을 보일 수 있다. 단순 연산에서는 사람이 컴퓨터와 비교도 할 수 없고, 약한 인공지능의 범주, 예컨대 바둑이나 영상인식에서도 인공신경그물얼개가 사람을 능가할 수 있다. 반면에 우리가 진정한 의미에서 지능, 그 핵심이라고 하는 창조적인 능력에 관련해서는 저절로 연결되어 구조가 만들어지는 자연신경그물얼개, 곧 두뇌가 월등하다. 이러한 지능에서는 상상이 중요하고, 또한 스스로 자아를 인식하는 자의식 등은 현재로서는 인공적인 설계를 통해 실현할 수 없다. 다시 말해서 강한 인공지능은 아직 실현되지 않았고 현재로서는 두뇌만이 그러한 작업을 수행할 수 있다. 심지어 영상인식 같은 부문에서도 인공신경그물얼개, 곧 기계가 사람을 능가할 수 있지만 또한 심각한 약점이 있기도 하다. 결국 약한 인공지능 부문에서도 어느 쪽이 더 우수한가는 어떤 면을 고려하는가에 따라 다를 수 있다. 어느 한쪽이 모든 면에서 더 우수하다고 하기는 어려울 듯하다.

바둑에서 알파고가 이긴 것을 어떻게 평가할지에 대해서는 여러 가지 의견이 있을 것이다. 일단 알파고는 컴퓨터의 두뇌라 할 중앙처리장치 central processing unit(CPU)와 영상처리장치graphic processing unit(GPU)를 무려 2,000개나 쓴 엄청난 기계이다. 이 점에서 보면 불공정한 경기라는 주장도 일리가 있다. 컴퓨터 하나만으로도 연산능력에서 인간보다 우수한데 2,000개를 갖고 한 셈이니 연산능력에서는 비교할 수도 없다. 다시 지적하지만 바둑은 원리적으로는 연산이다. 다만 엄청나게 많은 경우의 수를 어떻게 효율적으로 탐색할 수 있는가 하는 문제였는데 이를 자연지능을 시늉 낸 (약한 의미의) 인공지능을 도입해서[7] 상당히 잘 해결한 것이다(Silver et al. 2016).

사람이 기계한테 졌다고 하는 말이 널리 퍼져 있지만 이는 동의하기 어렵고, 정확히는 사람이 사람에게 진 것이라 생각한다. 심지어 이를 확대 해석해서 동양이 서양한테 졌다고 하는 말도 있는 것 같은데 물론 이것도 아니다. 좀 지나친 표현일 수도 있지만 바둑 기술자가 전산 기술자한테 졌다고 할 수 있다. 그리고 사람의 지능, 곧 자연지능이 인공지능에게 진 것인데, 사실 인공지능이란 다음에 논의하는 자연(지능)의 복잡성 complexity을 시늉 내려는 시도이며 연산에서 월등히 우수할 수 있으므로, 자연지능이 진 것은 당연하다고 하겠다.

II. 과학과 창의성

인공지능의 발전과 더불어서 이른바 4차 산업혁명이라는 용어가 등장했다(Schwab 2016). 이 4차 산업혁명으로 인해 일자리 감소와 나아가 인간성 파괴라는 심각한 사회 혼란이 야기되지 않을까 하는 우려가 많다. 영국에서 (1차) 산업혁명이 진행되고 나서 19세기 초에 일어났던 기계 부수기 운동, 러다이트Luddite가 연상된다.[8] 이에 대비하려면 앞으로 인간은 인공지능 등 기계보다 우수한 능력을 발휘할 수 있는 직업을 고려해

---

7) 감춰진 켜를 지닌 심층합성곱신경그물얼개를 이용한 정책얼개policy network와 가치얼개 value network에서 무려 3000만 수의 지도학습supervised learning과 서로 대전시키며 강화학습 reinforcement learning, 그리고 대전 기록을 복기하며 강화학습을 시키고 아울러 몬테카를로 Monte Carlo 탐색을 이용하여 다양한 경우의 수를 탐색하였다고 한다.

8) 이는 산업혁명에 따른 기계화를 반대하는 우매한 노동자 계급의 잘못된 인식에 기인한 것으로 흔히 말해지지만, 근본적으로는 저임금에 시달리는 노동자들이 생산한 제품의 이윤을 독점하는 자본가에 대한 저항으로서 계급투쟁의 성격을 띠었다고 할 수 있다.

야 할 것이고, 그러려면 기계와 대비해서 인간의 진정한 능력, 곧 창의성을 구현하는 삶에 노력을 기울일 필요가 있다.

그러면 창의성이란 무엇이고, 어떻게 해야 창의성을 발휘할 수 있을까? 일반적으로 인간의 활동 중에서 창의성이 가장 크게 요구되는 분야는 학문과 예술이라고 할 수 있다. 그 가운데서도 과학은 창의성과 함께 논리적 사고가 핵심적인 요소이고, 또한 인공지능 자체를 낳았다는 점에서 특히 중요하다. 과학에서 창의성에 관련된 논점으로서 과학의 성격과 의미, 그리고 과학적 사고를 간단히 살펴보기로 하자(장회익 2012; 최무영 2008).

1. 과학의 의미

현대사회에서 자연과학의 중요성은 새삼 강조할 필요가 없을 것이다. 자연과학은 인간 자신을 포함한 전체 우주를 대상으로 연구하면서 '신비로운' 자연 현상의 이해를 추구하는 정신문화이지만, 한편으로는 이른바 '과학기술'의 바탕으로서 에너지, 컴퓨터, 통신 등 전자기술을 발전시켰고, 병의 진단 및 치료, 유전공학, 나아가 인공지능에 이르기까지 물질문명을 낳았다. 이러한 자연과학은 인간의 지성이 만들어왔고 계속 만들어가고 있는 구조물이다. 구조물이란 특정한 형태와 기능을 지니고 있어서, 이를테면 건축물과 비슷하다고 할 수 있다. 물론 건축물처럼 물질적이 아니라 정신적인 구조물이라는 점이 다르다.

자연과학이 우리에게 주는 의미로는 먼저 합리적인 과학적 사고방식을 들 수 있다. 대체로 과학이라면 과학 지식이나 기술적 응용을 연상하기 쉽지만 진정한 과학의 위력은 과학적 사고에 있으며, 바로 여기서 창의성의 중요성이 극명하게 나타난다. 둘째로 인간 자신을 포함한 우주 전체에 대한 근원적 이해를 통해서 새로운 세계관과 삶의 의미를 추구할 수 있도록 한다는 점이다. 과학 지식을 어떻게 이용하느냐에 따라 풍요한 사회로 갈 수도 있고 엄청난 재앙을 몰고 올 수도 있다. 현대사회 구성원으로서의 이러한 점을 인식하는 소양 또한 과학의 중요한 의미라고 하겠다. 마지막으로 인간은 과학 활동의 대상이지만 동시에 주체라는 사실에서 과학은 소중한 문화유산의 근간이 된다. 과학은 본질적으로 정신문화이며, 이러한 점에서 실용성을 추구하는 기술 보다는 문학, 철학 같은 인문학이나 예술에 가깝다. 과학에서도 아름다움은 중요한 요소이며, 과학의 원동력은 실용성이 아니라 호기심이다. 특히 상상력에 의한 새로운 창조를 통해 발전이 이루어지며, 이러한 상상력이야말로 창의성의 근원이라 할 수 있다. 물론 논리의 정합성을 유지하는 창조라는 특징이 있지만. 이러한 논리와 상상력의 상호보완, 그리고 법칙과 의미의 해석을 살펴보면 자연과학은 사회과학이나 인문학과 본원적인 관련성이 존재함을 느낄 수 있으며, 이러한 인문학적 성격은 최근 활발히 연구되는 복잡계 과학(Johnson 2007; Nicolis and Nicolis 2012)에서 더욱 두드러진다고 할 수 있다.

창의성은 과학적 사고의 핵심이라 할 수 있다. 우리의 감각기관을 통해 받은 정보로부터 얻어지는 단편적 지식은 쉽게 변화할 수 있으나 사물의 보편적 양상으로서의 보편지식은 사회 문화 및 사고의 바탕에 깔려 있어서 일반적으로 당연하게 여겨진다. 과학적 사고는 이러한 지식에 대한 의식적 반성에서 시작한다고 할 수 있다. 이는 흔히 전통적 권위나 기존 경험에 대한 비판적 고찰을 요구하며 이는 창의성에 가장 중요한 전제이다. 다른 요소로서 객관적 기술의 필요성을 의미하는 정량화, 그리고 구체적 예측을 확인하는 실증적 검토가 중요한데[9] 이를 통해서 지식의 신뢰도는 높일 수 있지만 확증은 불가능하다는 점을 지적한다. 당연한 이야기지만 과학 지식은 '절대적 진리'가 아니며, 과학이란 이러한 것을 추구하는 학문이 아니다. 절대를 지향하는 획일화는 창의성을 억압하는 가장 큰 적이다.[10] 마지막으로 과학적 사고의 특징으로 여러 단편적 지식들을 하나의 합리적 체계에서 이해하려는 시도를 들 수 있다. 예를 들면 "사과가 나무에서 떨어진다.", "지구가 해 주위를 돈다.", "밀물과 썰물이 생긴다."는 사실들은 겉으로 보기에 아무 관련이 없는 조각난 지식이지만 이러한 특정지식들은 뉴턴에 의해서 중력의 법칙이라는 하나의 보편지식 체계로 설명되었다. 이렇게 구축한 보편지식 체계를 이론이라고 부르며, 조각을 모으는 이러한 과정에서 창의성의 구실이 두드러진다. 뉴턴의 경우에는 하늘(천상)과 땅(지상)으로 조각난 세계를 하나로 통합하여 중력의 법칙을 구축하였다. 특히 물리학은 이러한 성격이 두드러지므로 자연과학의 전형으로서 이론과학이라고 불린다. 근래에는 이러한 이론과학의 경향을 따라서 천체물리astrophysics, 화학물리chemical physics, 생물물리biological physics, 지구물리geophysics, 의학물리medical physics 등이 새롭게 나타나서 많이 연구되고 있으며, 최근에는 사회현상의 해석에도 이러한 경향이 나타나서 경제물리econophysics, 사회물리sociophysics 등의 분야가 만들어졌다.

---

9) 과학적 사고의 성격을 잘 보여주는 보기로서 갈릴레이G. Galilei의 낙하 실험을 들 수 있으며, 이에 따라 갈릴레이는 근대과학의 아버지라는 칭호를 얻었다.

10) 이러한 점에서 국정교과서는 바람직하지 않다.

2. 복잡성과 복잡계

현대사회에서 심각한 문제들은 한 영역이 아니라 여러 영역에 걸쳐 있으므로 분야 별로 조각난 관점으로는 근원적인 해결이 불가능한 경우가 많다.[11] 사회에서 일어나는 여러 현상을 자연과학적 방법으로 해석하려는 노력이 있어왔는데, 이는 자연과 사회라는 조각을 모으려는 시도라는 점에서 긍정적인 가능성이 있고 부분적인 성과도 있다고 생각된다. 구체적으로 현상의 정량적인 측면을 이해하는 데 도움이 되고 통찰력을 얻을 수 있으며, 특히 보편지식 체계를 구축해서 실제 사회, 경제, 정치 문제에서 단기적이고 비합리적인 처방을 넘어서는 계획을 세우는 데 유용할 수 있다(최무영 2011).

실제로 홉스T. Hobbes나 콩트A. Comte는 정치 및 사회 현상의 해석에서 자연과학적 관점으로부터 많은 영향을 받았다고 알려져 있다. 그러나 자연과학적 방법을 적용해서 사회현상을 해석할 때 오해의 소지가 있고 잘못된 적용 가능성도 있다. 어떠한 생각도 지나치게 연장하면 일반적으로 옳을 수 없으며, 특히 결정론과 환원론이 기본 전제인 기존의 고전 물리학 관점에서 사회현상을 해석하는 경우 지나친 자신감과 낙관주의의 위험성이 있다.[12] 나아가 현상을 한 가지 닫힌 체계로 해석하려는 통

---

11) 조각내기에 대해서는 Bohm (2002)를 참조하기 바란다.

12) 환원주의가 실패한 경우로서 힐베르트D. Hilbert의 수학 전체의 공식화 작업이나 아인슈타인A. Einstein의 통일마당이론unified field theory이 있다. 기본전제의 오류와 관련해서 근대경제학도 보기로 들 수 있을 듯하다. 이와 관련해서 Bohm (2002)과 Dyson (2006)을 참조할 수 있다.

일학문은 획일화를 지향해서 개인의 잠재적 능력인 창의성을 도리어 억압하게 된다.[13] 이에 반해서 최근 주목받고 있는 복잡계complex system 관점은 예측불가능성unpredictability과 전일론holism을 보완 개념으로 수용하면서 분과학문 사이의 지식 조각내기를 극복할 수 있는 가능성을 열었고, 창의성을 새롭게 조명하는 기회를 제시하였다.

이러한 복잡계 개념으로 볼 때, 기존의 컴퓨터와 두뇌 사이의 핵심적인 차이점이 극명하게 드러난다. 컴퓨터의 두뇌라 할 수 있는 중앙처리장치와 사람의 두뇌는 모두 많은 구성원(부속품)들로 '복잡하게' 이루어져 있고 각각 뛰어난 (단순) 연산 능력과 지능이라는 기능을 보여준다. 컴퓨터 중앙처리장치는 많은 부품 중에 어느 하나만이라도 고장이 나면 전체의 기능이 마비된다. 하지만 두뇌의 경우에는 구성원, 곧 신경세포들이 일부 고장이 나거나 심지어 제거되어도 전체 기능에는 거의 손상이 없다.[14] 인공물, 곧 컴퓨터나 자동차, 비행기 따위 인간이 만든 기계는 대부분 번잡한 데 반해서 자연물은 복잡한 경우가 많다. 이른바 복잡계로서 다양한 복잡한 현상이 떠오르게 한다(Bak 1999). 특히 두뇌는 궁극적인 복잡계이고 그것이 보여주는 지능이란 궁극적인 복잡성이라 할 수 있다. 지적했듯이 인공지능은 이러한 복잡성을 시늉 내어 작업을 수행한다.

일반적으로 복잡성이란 많은 구성 요소들로 이루어진 복잡계에서 그

---

13) 물리학에서 모든 것의 이론theory of everything이라 부르는 믿음(Smolin 2007; Laughlin 2006; Anderson 1972)이 대표적이며, 최근에 널리 알려진 통섭consilience이라는 개념(Wilson 1999)도 지나치게 강조하면 같은 범주에 속하게 될 수 있다.

14) 이 중요한 차이점을 구분하기 위해서 '번잡complicated'과 '복잡complex'이라는 표현을 쓰기로 하겠다.

요소들 사이의 비선형 상호작용에 의해 떠오르는 높은 변이성을 가리킨다(최무영·박형규 2007). 다시 말해서 복잡성이란 개개 요소에 있는 것이 아니고 그들의 특별한 짜임(체계)에 의해 전체의 집단성질로서 생겨나며, 각 단계마다 새로운 상세함과 다양성을 보이게 된다. 특히 각 요소는 적절한 자율성을 지녀서 충분히 자유로우나 상호참여를 통해 결맞는 전체를 이루게 되며, 결국 전체가 각 부분에 있고 각 부분이 전체에 있다고 할 수 있다. 이러한 온전함은 온생명(장회익 2014)과 1장에서 논의한 온문화의 특성이자 바로 창의성의 핵심이라 할 수 있을 듯하다.

일반적으로 복잡계는 커다란 변이성에 기인하여 질서정연함과는 대조적으로 다양한 기능성과 함께 모호함, 비효율성, 불완전성 등을 지닌다. 또한 처음 조건의 조그만 차이가 완전히 다른 결과를 가져올 수 있으므로, 예를 들어 환경 등 상황의 변화에 따른 적응에 유연성을 보일 수 있다. 따라서 복잡성은 상황의 변화에 대처하여 사회 현상을 유지하는 데에도 중요한 구실을 한다. 사회의 경우에 너무 질서만 있는 (경직된) 사회는 적당히 복잡성이 있는 사회에 비해 상황 변화에 대한 대처 능력이 떨어진다고 생각된다. 일반적으로 지나친 공식화는 기계적 질서와 획일화를 가져오고 이는 창의성을 억압하여 발전을 가로막아서 결국 문명의 몰락을 가져오게 된다. 이에 반해 복잡성은 새로운 가능성을 의미하며, 이는 새로운 창조를 향해 끝없는 가능성을 탐구하는 21세기 과학 활동의 규범이라 할 수 있다.

3. 과학의 발전과 창의성

앞에서 지적했듯이 과학 활동의 주체는 현실 사회 속의 인간이므로 심리적, 사회적 영향을 받지 않을 수 없다. 과학자가 속한 학문 사회에서 공통으로 신뢰받는 사고와 탐구의 전형으로서 규범paradigm, 곧 본보기의 영향이 논의되어왔으며(Kuhn 1962; Staley 2014; Lewes 2016), 또한 과학은 전체 사회의 관념 체계인 시대정신과도 서로 영향을 주고받아왔다. 18세기부터 고전물리학, 상대성이론, 양자역학, 혼돈, 통계역학, 그리고 복잡계 과학으로 이어지는 과학의 전개는 시민혁명, 국가주의, 진보사관, 맑스주의, 근대주의 및 탈근대주의로 이어지는 시대정신의 변천사와 밀접하게 연결된다. 과학과 사회가 별개가 아니라 서로 영향을 주고받으며 발전했던 이러한 역사적인 사실들은 영역을 뛰어넘는 창의성의 발현에서 기인한다는 점에 주목할 필요가 있다(최무영 2008). 과학을 활용한 기술의 산업화가 진행된 현대사회에서 이러한 과학과 사회의 연관성은 더욱 두드러질 것이다. 기술의 산업화는 생활의 편리함과 풍요라는 긍정성을 제공함과 동시에 자원 고갈과 환경 파괴, 그리고 물질만능주의라는 심각한 사회 문제를 낳고 있다. 이 시점에서 과학이란 무엇인가? 과학의 발전이 지향할 점은 무엇인가? 라는 물음에 대한 본원적이고 전체론적인 과학적 고찰의 필요성이 제기된다.

그런데 현대사회에서 특히 우리나라에서는 과학과 그 물질적 활용인 기술의 의미가 거의 구분되지 않고 혼동되어 쓰이는 경향이 있다.[15] 물론 현대과학과 기술은 밀접하게 관련되어 있지만, 본질적으로는 과학과 기술은 상당한 차이가 있다는 점에 주목해야 한다. 과학이란 자연현상을 어떻게 이해하고 해석할 수 있느냐 하는 정신문화이다. 반면 기술은 현

---

15) 실제로 "과학기술"이라는 용어가 과학과 기술을 동일시하는 의미로 널리 쓰인다.

실생활을 어떻게 하면 더 편리하게 만들 수 있느냐를 생각하는 것으로서 물질문명의 성격이 강하다. 과학을 기술과 동일시하면 과학을 단순히 도구적으로 인식해서 풍부한 정신문화를 포기하게 될 뿐 아니라 도구주의, 실용주의, 물질주의 따위로 귀착되기 쉽다. 특히 우리 사회에는 극도의 실용주의가 만연해서 과학의 존재 이유가 실용성, 돈을 벌게 해주는 것으로 왜곡되어 있다. 현대의 사회구조나 문화수준에서 이렇게 과학의 물질적 활용에 치중하는 것은 커다란 위험성을 지닌다고 하겠다.[16] 자연과학의 올바른 활용과 바람직한 발전 방향을 제시하는 것은 사회과학의 중요한 사명이라 할 수 있으며 과학에 의미를 부여하고 그를 통해 삶의 새로운 의미를 추구하는 데에는 특히 인문학의 구실이 중요하다. 이에 따른 통합적 사고는 창의성의 발휘뿐 아니라 제1장에서 논의한 온문화의 모색에도 도움을 주리라 기대한다.

창의성의 발휘와 관련해서 과학이 어떤 과정을 통해 발전하는지 살펴볼 필요가 있다. 과학이 발전하려면 기존가치 보다 큰 새로운 가치를 창조해야 한다(장회익 2012). 그런데 형식논리로는 동어반복tautology을 벗어날 수 없다.[17] 따라서 기존체계보다 한 단계 위에서 이른바 메

---

16) 우리나라에서도 최근 4대강 사업과 가습기살균제, 유전자변형유기체(GMO), 그리고 핵에너지가 조각내기 및 환원주의에 기인하는 문제의 대표적 사례라 할 수 있다. 핵에너지에 대해서는 김익중 외 (2014)를 참조하라.

17) 수학적 증명이 이에 해당한다. 그런데 괴델K. Gödel의 불완전성정리incompleteness theorem 에 따르면 형식논리 체계에는 그 안에서 증명할 수 없는 명제가 반드시 존재하므로 필연적으로 불완전하다(Gödel 1931). 다행히도 인간 지성의 자원은 완전히 형식화할 수 없고, 형식화되지 않은 메타 수준의 추론을 통한 새로운 논증의 원리가 끝없는 창조(발명·발견)를 기다린다고 믿어진다.

타 수준에서 고찰해야 하며, 이는 기존체계에서 보면 비약이고 곧 "상상 imagination"에 해당한다. 이에 따라 한 단계 위로 올라가면 이러한 고찰은 올라간 상위 체계에서는 "상식common knowledge"에 해당하게 된다.[18] 이러한 "창의적" 과정을 통해 과학은 새로운 가치를 창조해왔고 발전해왔다. 실제로 과학의 중요한 발전, 특히 과학혁명(Kuhn 1962)이라 부르는 사건은 바로 상상을 상식으로 바꾼 과정이라 할 수 있다. 예컨대 코페르니쿠스Copernicus 혁명은 지구중심설의 사고 체계에서 태양이 중심이라는 상상을 결국 상식으로 바꾸었고, 아인슈타인A. Einstein의 상대성이론도 4차원 시공간에 대한 상상을 상식으로 만든 셈이다. 과학에서 자연현상의 실체로서 가장 기본적으로 받아들여지는 물질조차도 사실은 상상에 의해 만들어진 개념이며,[19] 엄밀한 물질성을 회피하고 수정하는 과정을 통해서 에너지와 상대성이론, 양자역학 등의 진전이 이루어졌다.

따라서 뛰어난 창의성을 발휘하기 위해서는 한 차원 위에서 고찰하는 것이 과학의 발전뿐 아니라 올바른 방향으로 나아가는 데도 중요하다. 전문영역으로 세분화된 현대사회에서 종종 과학의 전문가 집단은 자신의 세계에 매몰되어 있어서 자기가 연구하는 좁은 것만 생각하는 경향이 있다. 이처럼 세부 전공에 함몰된 학문으로는 전체를 파악하기 어렵다. 전체성을 배제한 조각내기는 영재성과 창의성의 상실을 가져오게 된다.[20] 조각난 세계에 매몰되어 있으면 전체를 볼 수 없어서 잘못된 방향

---

18) 이를 판화그림으로 잘 표현한 작가가 에셔M.C. Escher이다. 그리는 손Drawing Hands이나 오르내리기Ascending and Descending 등의 작품에서는 주어진 단계에서 역설을 벗어나기 위해 한 단계 위에서 고찰이 필요함이 잘 표현되어 있다.

19) 이러한 점에서 유물론적 관념론이라는 표현을 쓰기도 한다.

으로 나아가기 쉽다. 따라서 세부적인 과학지식이 중요한 것이 아니라 한 단계 위에서 조각이 아닌 전체를 보는 과학적인 성찰이 중요하다. 조각내기를 극복하려는 시도로서 융합,[21] 나아가 자연과학과 인문학, 사회과학을 아우르는 통합적 사고(김세균 2011)가 창의성의 핵심이라 할 수 있다. 이러한 면에서 창의성을 품은 과학적 사고가 우리 사회에 널리 퍼지는 것이 특히 중요하다. 다시 말하면 사회 전체가 올바른 의미에서 과학적이 되어야 할 것이다. 그런데 오늘날 우리 사회는 너무나 비과학적, 아니 거의 반反과학적이라는 느낌이 든다. 이러한 면에서 과학이나 공학의 전문가를 육성하는 교육뿐 아니라 일반인을 위한 과학 교육이 중요하다.

III. 과학과 교육

바둑은 동북아시아의 한국, 중국, 일본에서 성행한다. 이 지역에서는 '기풍이 있다', '두껍다', 심지어 '입신의 경지다' 하며 바둑을 신비화하는 경향이 있는데, 이러한 경향은 알파고에 의해서 타격을 받았으리라 짐작된다. 이는 바람직한 현상이라고 생각한다. 그 이유는 바둑이 단지 복잡한 연산일 뿐이며 그리 신비롭지 않기 때문이 아니고, 직업으로서 바둑기사

---

20) 여기서 조각내기란 학문의 심화에 따라 필연적으로 생겨나는 지식영역의 전문화와 분석적 방법을 가리키는 것이 아니다. 비유하자면 시계를 부품별로 자연스럽게 분해하는 것이 아니라 망치로 산산조각 내듯이 임의로 분리하는 것에 해당한다고 할 수 있다.

21) 전문영역들의 사이에 더 미묘하고 견고한 또 하나의 전문영역으로서 '융합' 분야가 만들어진다면 조각내기의 극복이 아니라 도리어 심화를 가져올 수도 있다.

에 대해서—직업운동선수와 마찬가지로—회의적이기 때문이다. 정확히는 모르지만 이분들은 교육도 제대로 받지 못하는 듯하다. 대부분 어렸을 때부터 온종일 운동만 또는 바둑만 연습하는 게 아닌가 싶고, 균형 잡힌 고등교육을 받지 못하는 것 같은데 이는 교육적으로 대단히 잘못되었다고 생각한다. 바둑이란 운동, 스포츠와 마찬가지로 즐거운 놀이가 되어야 하며, 지옥훈련을 받아서 직업으로 가지는 것에 대해서는 회의적이다.

1. 창의성과 교육

앞에서 언급했듯이 사람의 지능, 곧 자연지능은 기계적인 연산에서는 인공지능을 당할 수 없다. 심지어 바둑처럼 상당히 복잡한 연산을 수행해야 하는 작업에서도 엄청난 훈련을 받은 사람이 인공지능에게 뒤떨어지게 되었고, 이러한 추세는 점점 심해질 것이다. 결국 사람은 아무리 훈련을 받아도 기계적인 작업에서는 인공지능 기계를 넘어설 수 없고, 이는 당연하다고 하겠다. 따라서 인공지능의 발전과 더불어 4차 산업혁명의 도래에 대비하기 위해서는 인간만의 독보적 능력인 창의성의 구현이 매우 중요하며 따라서 이에 걸맞도록 창의성을 키우는 교육이 절실하다. 과학이 문화의 핵심이고 과학적 사고는 창의성을 전제하고 있음을 볼 때 바람직한 과학 교육은 매우 중요하다.

　과학의 성격과 의미에 대해서는 앞 절에서 살펴보았다. 요약하면 과학의 사명은 결국 우리 삶을 보다 의미가 있도록 해주는 것이다. 곧 자연의 일부로서 인간의 삶의 질을 높이려는 것이고 건강하고 행복하게 살 수 있도록 하려는 것이다. 기술이 물질적인 측면을 강조한다면, 과학은 정신적인 면에 초점을 맞춘다. 그런데 과학자는 왜 자신의 일에 흥미를 느낄까? 그 이유는 과학을 통해서 통일된 전체성에 대해 새롭게 이해하고 이를 통해 아름다운 어울림을 형성하게 되기 때문이다. 사실 과학적 질문과 조사는 미학적 성격이 짙으며, 아름다움이란 단지 주관적인 의견이 아니라 질서와 변이, 그리고 어울리는 전체의 통찰의 과정에서 수반된다고 할 수 있다.

과학과 현대사회의 발전에는 과학적 사고, 곧 합리적이고 비판적인 사고와 함께 자유로운 상상력이 중요하다. 앞 절에서 지적했듯이 상상력을 통해서 과학이 발전하는 것이고, 창의성의 발휘도 가능해지는 것이다. 뉴턴의 창의성, 곧 지상과 천상의 조각내기를 극복해서 중력 개념을 정립한 경우에서 보듯이 조각난 특정지식을 모아서 보편지식(이론)을 구축하려면 이른바 코드를 바꾸어 현상을 기술하는 데 필요한 정보량을 줄이는 과정이 필요하다.[22] 이는 우연으로부터 한 단계 위의 필연을 얻어내는 작업으로서 형식연산(논리)으로 나타낼 수 없고 상상에서 출발한다.[23] 따라서 창의성으로 구축한 이론이란 단순한 지식의 모음이 아니라 통찰의 형태를 지니고 있으며, 단순성, 우아함, 대칭성, 균형과 어울림 등으로 이루어진 아름다움의 미학적 요소가 중요하다. 이러한 점에서 과학자는 예술적 태도를 지닐 필요가 있다. 과학을 한 마디로 표현해서 '상상을 상식으로 바꾸는 과정'이라 할 수 있다면 인문학과 예술은 '상식에서 상상

---

22) 보기로서 뉴턴의 중력의 법칙이나 다양한 전자기 현상을 기술하는 맥스웰 방정식Maxwell's equations을 들 수 있다. 정보에 대해서는 이정민(2015), 최무영(2015) 등을 참조할 수 있다.

23) 널리 알려진 아인슈타인의 언명, "상상이 지식보다 중요하다"는 형식연산(논리)에 대한 창의적 지성, 곧 상상력의 우위를 지적한다고 할 수 있다.

을 이끌어내는 과정'이라는 해석이 가능하다. 이와 관련해서 일반적으로 인문학이나 예술, 특히 시는 접혀 있고 암묵적인 은유의 언어를 사용하는 데 반해서, 과학은 은유를 펼쳐내어 수학적 언어로 표현하지만 새로운 가치를 창조해서 발전하려면 상상이 필수적이고 이는 시적 변용에 해당한다는 점을 지적한다.

따라서 우리가 창의성을 높여서 현대사회가 요구하는 소양을 기르고, 또한 현대사회를 바람직한 방향으로 나아가게 하기 위해서는 인문학과 과학, 예술, 사회와 삶 등에 대한 폭 넓은 공부가 필요하며, 인문학이나 예술과 마찬가지로 과학에 대한 인식이 매우 중요하다(Latour 2010). 특히 과학 교육의 핵심은 과학 전공자가 아니라 과학을 전공하지 않은 사람들한테 과학의 의미와 정신을 어떻게 잘 이해시키는가에 있다. 강조했듯이 조각난 과학 지식은 큰 의미가 없으며, 창의성을 지향하는 과학적 사고의 교육이 중요하다. 진정한 과학 정신, 과학적 사고를 위해서는 조각내기를 극복해서 한 차원 높은 곳에서 전체를 성찰하는 자세를 교육시키는 것이 중요하며, 인간이 과학 탐구의 대상이자 과학 활동의 주체임을 생각하면 인문학까지 포함해서 이른바 메타적인 수준에서 인간을 고찰하는 교육을 시켜야 한다.

이러한 점에서 볼 때 대학에서 뿐 아니라 고등학교 과정에서부터 문과와 이과를 구분하는 교육제도는 매우 바람직하지 않다. 문과는 과학을 배울 필요가 없고, 이과는 사회를 배우지 않아도 된다는 생각은 타당하지 않다. 우리 사회의 미래를 기대하려면 역설적으로 문과를 전공할 학생들이 도리어 과학을 더 잘 공부해야 할 듯하다. 과학 지식 자체는 대중이 판단할 문제가 아니지만 중요한 것은 과학 지식 자체가 아니라 과학 지식의 의미와 그것이 추구하는 방향에 대한 것이다. 이는 과학자 사회에서만 논의할 문제가 아니라 사회 전체가 결정해야 할 문제이다. 과학은 사회가치와 시대정신에 맞물려 있기 때문에 어떠한 방향으로 과학 지식을 추구할 것인가는 가치 판단의 문제이고, 따라서 과학자들만이 결정할 문제가 아니다. 당연히 인문학과 사회과학이 중요한 구실을 해야 하고 사회의 전체 구성원들이 함께 고민해야 할 문제이다(김세균 2011).

과학 교육도 이에 맞추어서 과학의 본질과 사명, 과학의 의미, 문화로서의 과학을 강조해서 이루어져야 한다. 그런데 이와 관련해서 아주 어려운 문제가 있다. 우리나라에서 중·고등학교 과학 교육이 그리 바람직하지 못하게 되어 있는 이유가 결국 대학 입시와 연계되어 있기 때문인 듯하다. 현실적으로 모든 교육은 대학입시를 위한 방편으로 전락했다고 해도 과언이 아니다. 수학 능력 시험을 보면 누가 더 단편적인 과학지식을 많이 암기하고 있는가, 그리고 그에 따라 정형화된 문제를 기계적으로 빨리 풀어낼 수 있는가를 조사하고 있다. 그것은 과학의 본질과 관련이 없음은 물론이고 오히려 창의성과 과학적 사고를 저해하고 과학에 대한 이해를 역행시키는 것이다. 창의성이란 계획된 목적을 달성하려는 획일적 노력의 결과로서 얻어지는 것이 아니라 우리의 마음이 보다 자연스러운 복잡성을 띠고 작동할 때 떠오를 수 있다.

과학 교육이 제대로 이루어지고, 우리 사회가 제대로 된 의미로서 과학적인 사회가 되어서 우리가 삶에 대한 깊이 있는 성찰을 할 수 있기 위해서는 과학이란 무엇인가에 대한 정확한 인식과 관심을 갖는 것이 필요하다. 이를 위해서 핵심은 소통communication의 문제라 할 수 있겠다. 이 문제는 사실 과학뿐만 아니라 다른 분야에도 해당되는 문제이다. 요새 철학이나 문학, 역사 같은 인문학을 기피하는 이유가 돈이 안 된다는 것도 있지만, 일반 대중하고 유리되어 있기 때문이기도 하다. 그것은 소통의 문제를 같이 안고 있는 것이다. 소통은 새로운 아이디어를 발전시키고 창의성을 높이는 데에 매우 중요한 구실을 한다. 이에 따라 앎과 삶에 대해 인문학, 사회과학과 함께 깊이 있게 고찰하면서 과학 교육도 소통의 문제에 초점을 맞추어야 하지 않을까 생각한다.

2. 인공지능과 통합적 사고

자연과학은 열려있는 사고와 반증가능성(Popper 1959; Staley 2014; Lewens 2016)을 인정하는 진정한 합리주의를 바탕으로 한다. 그런데 오늘날 널리 퍼져있는 과학주의는 부분적 합리주의에 기반을 두고 있다는 점에서 위험을 내포하며, 이러한 과학주의에 대해서 스스로 성찰하는 비판 의식이 매우 중요하다. 특히 기술로 대변되는 도구적 지식에 반해 인간에게 진정한 과학의 가치는 무엇인가에 대해 진지하게 고민할 필요가 있다. 이러한 인식의 관점에서 볼 때, 앞에서 보았던 복잡성의 이해는 결정론에 근거한 기계론과 환원주의에서 출발하여 조각난 사고에 바탕을 둔 과학주의와 그에 따른 현대문명의 여러 병폐들이 어디에서 기인하는지 시사한다. 곧 복잡성이 지닌 예측 불가능성과 떠오르는 성질은 결정론과 환원주의에 대한 비판과 더불어 전통적인 자연관을 재검토하도록 권유한다. 동시에 새로운 사고의 규범, 즉 패러다임의 모색이 필요하다고 생각한다. 특히 인간은 자연의 한 부분이면서 동시에 자연을 파악하고 해석한다. 다시 말해서 인간은 탐구의 대상이면서 동시에 활동의 주체이다. 이는 복잡계 현상의 진정한 궁극으로 서로 얽혀 있는 생명과 삶의 의미에 대한 성찰이 필요함을 시사한다.

이러한 인식을 가지고 인공지능에 대해 생각해보자. 먼저 지능이란 복잡계 현상이다. 이러한 지능을 지닌 두뇌를 환원론에 입각한 기계처럼 간주하는 것은 위험성을 지니고 있다. 이는 인공지능을 지닌 기계에 대해서도 마찬가지로 성립한다. 따라서 기계가 사람처럼 되는 것을 두려워할 필요는 없다고 생각한다. 거꾸로 우려되는 점은 복잡계의 전일론적 관점에서 인식해야 하는 사람을 환원론적 관점에서 기계처럼 인식하는 것이다. 이는 깊은 사유를 불가능하게 하고 존재의 소외를 가져올 위험이 크고, 결국 인류의 삶의 질을 저하시키고 인간성의 파멸을 초래하게 될 것이기 때문이다.

우리는 인류 역사에서 유례가 없는 시대에 살고 있다. 인류는 과학의 발전과 기술의 산업화로 한 차원 높은 세계로 올라갈 수도 있고, 아니면 파멸의 길로 갈 수도 있다. 이러한 상황에서 현대인은 막중한 시대적 사명을 지니고 있으며, 여기서 과학에 대한 인식은 매우 중요하다. 특히 과학의 올바른 활용을 위해서 과학은 사회 전체의 공유물이 되어야 하며, 사회의 모든 구성원이 과학에 대한 깊은 관심과 이해를 가져야 하겠다. 이는 단순히 과학 지식이 아니라 편협한 실증주의를 넘어서는 진정한 합리주의로서의 과학적 사고를 뜻한다. 나아가 과학과 삶에 새로운 의미를 부여하고 인간과 세계에 대해 스스로 성찰하는 지혜의 수준, 이른바 온의식에 도달하기 위해서는 과학과 사회, 그리고 인문학의 만남은 매우 중요하다. 이는 과학 내부에서도 타당하지 않은 환원의 관점에서 또 다른 경계를 만드는 것이 아니라 경계 넘기에서부터 경계 허물기로 나아가는 방향이어야 한다. 이러한 인식에서 볼 때 복잡계 관점은 통합학문의 보편적 접근 방법으로 알맞다고 생각한다.

Ⅱ부

사회와 문화, 그리고 언어

6장

잘못된 전체에서
참된 전체로*

문병호

(전 연세대학교 HK교수)

독일 프랑크푸르트대학교에서 철학 박사학위를 받았으며, 고려대학교, 연세대학교, 성균관대학교에서 강의했다. 광주여자대학교 문화정보학과 교수, 연세대학교 인문한국(HK)교수를 역임했다. 현재 아도르노 저작 간행위원장이다. 주요 관심 분야는 사회이론, 예술이론, 문화이론이다. 『아도르노의 사회이론과 예술이론』 등 일곱 권의 저서가 있으며, 아도르노의 『사회학 논문집 I』 등 아도르노 저작 다섯 권을 번역했다. 「변증법적 예술이론의 현재적 의미」 등 논문 20여 편을 썼다.

* 이 글은 계간 『말과 활』 제13호에 발표되었으며, 발표된 내용을 일부 축소하여 이 책에 게재하였음을 밝힌다.

"참된 것은 전체이다." - 헤겔, 『정신현상학』(1807)

"전체는 참된 것이 아니다." - 아도르노, 『미니마 모랄리아』(1951)

I. 잘못된 전체[1]에 대한 개념 규정, 정보사회에서의 잘못된 전체의 지배력 증대

인류 역사는, 개별 인간과 전체와의 관계에서 볼 때, 잘못된 전체의 전개사이다. 이 테제는 개별 인간이, 더 구체적으로 표현하면 절대 다수의 무력한 개별 인간이 전체에 의해 강제적으로 개별 인간에게 떠맡겨진 기

---

1) 뒤에 이어지는 글에서는 전체로 축약하여 표기한다. 전체라고 표기된 모든 단어는 잘못된 전체를 지칭한다. 그럼에도, 주장하는 내용의 강조를 위해 필요한 경우에는 잘못된 전체라고 표기할 것이다. 이에 반해 참된 전체는 매번 참된 전체로 표기한다.

능을 수행함으로써 전체가 유지되어왔다는 역사적인 사실들의 명백함에 힘입어 그 통용성을 주장할 수 있다. 전체는 개별 인간이 자신의 주체를 포기하면서 노동을 통해 실행하는 기능들의 작동체계에 의해 유지된다. 오늘날 정보사회의 전개와 함께 범지구적으로 구조화되고 있는 극단적인 경제적·사회적 양극화와 대량실업의 시대 상황에서, 절대 다수의 무력한 개별 인간은 전체가 전체의 이해관계를 실현·유지하기 위해 운용하고 독점하는 기능들을 떠맡기 위해 무한경쟁을 벌이고 있다. 영혼까지 포기하면서 벌이는 이러한 무한경쟁에서 마침내 기능을 떠맡는 데 성공한 승자를 사람들은 이른바 정규직 노동자라고 지칭하며, 패자임에도 불구하고 부분적인 승자처럼 인정되지만 삶이 정규직 노동자보다도 더욱 많은 정도로 불확실성에 예속되어 있는 노동자를 이른바 비정규직 노동자라고 부른다. 전체가 부여하는 기능을 떠맡는 경쟁에서 탈락되거나 배제된 사람들은 실업자라는 낙인이 찍히게 된다. 정보사회는 실업자 낙인을 더욱 많이 확대된 노동 영역들에서, 더욱 빠른 속도로 찍어 가면서 인류를 극단적인 양극화의 재앙으로 몰고 가고 있다. 젊은 루카치Georg Lukács[2]는 1914-15년에 집필되었고 1920년에 출간된 『소설의 이론』에서 선험적으로 고향을 상실한 상태, 선험적으로 잠을 잘 곳이 없는 상태[3]를, 단적으로 말해서 주체와 객체가 균열된 상태를 20세기 초의 인간에게—특히 정신적인 의미에서—드리워진 절망적인 세계 상황으로 표현한 바 있었다. 이로부터 1세기가 지난 오늘날 루카치가 말했던 세계 상

---

2) 루카치는 『역사와 계급의식』을 기준으로 해서 자신의 사유의 중심에 마르크스를 위치시켰는바, 젊은 루카치는 마르크스로의 선회 이전의 루카치를 의미함.

3) Cf. Lukács(1974: 31-32).

황과 유사한 세계 상황이—경제적인 부의 폭발적인 증대에도 불구하고, 이번에는 정신적인 의미에서 뿐만 아니라 물질적인 의미에서까지도— 지구에 사는 청소년들을 짓누르고 있는 것 같다. 정보사회에서 최악의 희생자들인 청년들 중 수많은 청년들은 절망적인 세계 상황에서 희망을 상실한 채 미래의 삶을 포기하는 질곡으로 내몰리고 있는 것이다.

전체의 작동에서 중심적인 지배력을 장악하는 권력도 주술적 권력, 신화적 권력, 종교권력, 군사·정치권력에서 자본권력으로, 즉 시장뿐만 아니라 정치, 행정, 언론, 교육, 사법 영역, 심지어는 종교 영역까지 지배하는 자본권력으로 이동하였다. 자본권력은 이것에 종속된 개별 인간들을—철저하게, 더욱이 정보통신기술의 비약적인 발전에 힘입어 더욱 정확하고도 효율적으로—기능을 매개로 해서 지배함으로써 전체에 의한 개별 인간의 지배사에서 이전의 지배 형식·양상과는 전적으로 다른 새로운 차원의 정교하고도 빈틈이 없는 지배력을 과시하고 있다. 정보사회에서 작동되는 전체가 특히 자본권력과 근친관계를 형성하면서 보여주는 지배력은 인류가 과거에 경험하지 못했던 새로운 차원의 지배력이다. 이러한 지배력의 새로운 차원은 정보통신기술, 인공지능, 3D 프린터, 사물인터넷, 빅데이터(거대자료) 등 예측할 수 없는 기술 발전과 궤를 같이 하면서 짧은 시간 내에 새로운 차원을 갱신시키면서 다른 새로운 차원을 만들어 낼 것이다. 인류는 정보사회에서 새로운 차원으로 작동될 전체에 의해 역시 새로운 차원에서 기능을 떠맡게 될 것이며, 이처럼 기능을 떠맡는 것을 행운과 행복으로 여기는 삶에 거의 영구적으로 종속될 것이다. 기능을 떠맡아야 자기보존을 유지할 수 있는 개별 인간과 기능을 부여하는 절대적인 권력을 갖고 있는 전체와의 관계에서 볼 때, 정보사회는 인류에게는 재앙이다. 재앙의 구체적인 모습이 극단적인 양극화와 대량실업이라는 것은 두 말할 나위조차 없다.

정보사회에서 작동되는 전체는 개별 인간들이 떠맡는 기능들을 컴퓨터 모니터에서, 실시간으로, 개별 인간들에게 어떤 출구도 허용하지 않은 채, 관리·통제·지배함으로써 개별 인간들이 기능의 포로가 되도록 강제한다. 정보사회는, 개별 인간과 전체의 관계에서 볼 때, 잘못된 전체의 전개사로서의 인류 역사를 더욱 치명적인 질곡에 빠트리고 있는 것이다. 이제 갓 활동을 개시한 인공지능이 인간이 지금까지 떠맡았던 수많은 기능들을 탈취하면, 많은 기능들이 소멸한 상태에서, 그리고 기능들의 양과 규모가 절대적으로 축소된 상태에서 아직도 남아 있는 기능들을 떠맡기 위해 개별 인간들이 벌이는 무한경쟁이 재앙적인 양상으로 전개될 것이라는 점은 예측하기가 어렵지 않다. 예컨대 한국 사회에서 이러한 재앙적인 양상은 이미 현실이 되고 있다. 개별 인간에게 기능을 떠맡길 수 있는 권력을 가진 전체가 그 권력을 인공지능의 발달과 함께 절대적으로 극대화시킬 수 있는 개연성도 높다. 이처럼 부정적인 시대 상황에서, 잘못된 전체의 본질을 인식하여 참된 전체로의 전이 가능성을 모색하는 시도는 긴요하다.

전체는 그것에 종속되어 있는 개별적인 존재자, 특별한 존재자, 구체적인 존재자인 개별 인간[4]을 전체가 이념의 형식으로 표방하는 일반성의 강제적 틀에서 지배하는 체계들로 구성되어 작동하는 총체적인 지배

---

4) 인간만이 전체에 의해 지배를 당하는 것은 아니다. 자연에 대한 지배는 전체가 기본적으로 실행하는 지배이며, 문화도 전체에 의해 지배를 당하는 정도가 매우 높다고 볼 수 있다. 이 글에서는 그러나 잘못된 전체와 참된 전체에 대한 논의를 주로 전체와 개별 인간 사이의 관계에서 시도한다. 전체는 인간에 의해 구축된 체계이기 때문이다.

체계이다. 전체의 규모와 형식은 다양하다. 그러나 전체가 그것에 예속된 개별 인간을 지배한다는 점에서 모든 전체는 동질성을 갖는다. 규모가 큰 전체가 작동하는 과정에서 상대적으로 규모가 작은 전체가 이질성을 갖는 경우도 있지만, 이처럼 작은 전체도 그것에 종속된 개별 인간을 지배하는 점에서는 차이를 보이지 않는다. 전체가 표방하는 이념들은 다양하다. 이 이념들은 전체가 개별 인간을 지배하는 것을 용이하게 하는데 이용할 목적으로 고안된 관념들이다. 예를 들어 세계 제국, 세계 평화, 이상 국가, 문화 국가, 문화 민족, 위민애국, 근대화된 조국, 정의 사회, 국민 통합, 경제 발전, 서민중심 경제, 프런티어 정신, 전체 사원의 가족화와 같은 표어들은 전체가 표방하는 이념들에 속한다. 오늘날 작동되는 전체의 이념들은 경제와 관련되어 고안되는 경우가 많다. 전체는 시대 상황을 지배하지만 시대 상황의 변화에 상응하면서 새로운 이념을 개발한다. 오늘날 경제 발전, 경제 민주화, 소득 증대, 복지 향상, 사원 복지 등처럼 경제와 관련되는 이념들이 전체의 작동에서 중심적인 역할을 하는 것은 제2차 세계대전 후 1980년대까지 지속된 냉전 체제가 붕괴되고 세계의 경제화Ökonomisierung der Welt가 시대 상황을 지배하는 추세가 되고 있기 때문이다. 전체가 표방하는 이념들은 전체에 종속된 개별 인간들의 삶의 질을 향상시키는 기능을 갖기 보다는 전체의 이해관계를 충족시키는 데 시중을 드는 경우가 대부분이기 때문에, 이 이념들은 이데올로기에 지나지 않는다고 볼 수 있다. 이념들은, 그것들이 이데올로기들임을 개별 인간들이 깨우치기 전에 다른 새로운 이념들로 진화한다. 이데올로기들의 진화는 개별 인간들의 깨달음을 항상 압도한다. 이념들이 실제와 일치하였다면, 인류는 잘못된 전체를 극복하였을 것이며 개별 인간은 관리된 삶의 굴레에서 벗어났을 것이다. 개별 인간은 개인[5]으로 올라서서 참된 전체에서 자기 자신의 삶을 자기 스스로 확인할 수 있는 삶의 질에 진입하였을 것이다. 전체는 실제로는 이데올로기들인 이념들이 개별 인간에게 행사하는 정신적인 지배력과 경제적 의미에서의 개별 인간의 자기보존을 전체의 볼모로 삼는 것에 힘입어 개별 인간이 개인으로 올라서는 것을 저해하면서 전체의 이해관계를 실현한다.

전체를 총체적인 지배 체계로 작동시키는 일반적인 형식은 국가, 사회이지만, 전체의 기본적인 작동 형식은 다양한 규모로 형성되어 작동하는 사회이다. 사회는 개별 인간에 대한 전체의 지배를 매개하는 구체적이고도 실제적인 형식이다. 어떤 사회가 형성되어 전체로서 작동되다가 소멸되어도 총체적인 지배 형식으로서의 전체의 형식은 변화하지 않는다. 오늘날의 세계 상황에서는 민주주의 국가의 형식보다는 자본주의 사회의 형식이 전체의 본질과 속성에 더욱 상응한다. 총체적인 지배 체계는 인간이 형성하여 실행하는 권력과 권력관계들, 폭력에 의해 작동된다. 권력과 폭력을 행사하는 주체, 권력관계들의 생산·재생산의 주체는 소수의 지배자들이다. 권력은 인간들이 형성한 관계가 인간들 위에 군림하면서 인간들을 지배하는 관계이지만, 권력 형성과 권력 행사는 항상 소수의 지배자들의 독점물이었다. 전체는 계층과 계급을 체계적으로 조직하고 구조화하며 개별 인간들이 ─ 전체에 대해 감사하면서 ─ 떠맡는 노동을 매개로 해서 개별 인간을 전체에 예속시킨다.

---

5) 나는 개별 인간과 개인을 구분하는 입장을 갖고 있다. 이 입장의 핵심은 『한국사회 정의 바로 세우기』(김일수 외 2015)에 기고한 글인 「사회화·사회적 조직화의 질의 향상을 통한 사회정의의 실현을 위해」에 개진되어 있다(문병호: 121-150, 특히 123-124).

원시시대에서 권력을 가진 주술사에 의해 실행된 조직적인 행사인 원시제전은 인간이 자연의 절대적인 위력으로부터 자신을 보존시키려는 목적에서 실행되었으며, 이 행사에서 전체의 발원과 출범이 개시되었다고 볼 수 있다. 개별적인 존재자인 개별 인간이 원시제전이 추구하는 일반성인 자연의 위력으로부터 인간의 자기보존 확보라는 일반성에 종속됨으로써 전체의 원시적인 형태와 지배 체계의 원형이 원시제전에서 사회의 형식으로 구축되었다고 볼 수 있는 것이다. 전체는 그것의 출범부터 전체에 속한 개별 인간들을 보호한다는 명분과 목적을 지니고 있었으며, 이것은 지금까지 존속되고 있다. 원시제전에서 전체는 전체의 형식을 이미 갖고 있었던 사회가 작동되는데 필요한 기능들을 부족사회의 구성원들에게 부여하였다.

원시제전에서 출범한 것으로 볼 수 있는 전체는 인간에 비해서 절대적이고도 초월적인 존재자들인 신들의 이야기에 인간의 삶을 종속시키는 신화의 탄생과 함께 그 지배력을 강화하였다. 신들을 매개로 하여 근원에 대해 이야기하고 신들의 이야기에 인간의 삶을 종속시키는 신화는 신화의 속성인 순환과 반복에 개별 인간들을 강제적으로 속박함으로써 개별 인간들의 운명을 지배하고 더 나아가 세계를 지배하는 위력을 행사하였다. 신화는 인간의 삶의 공간, 삶의 조건들을 신들의 이야기에 예속시킴으로써 자체로서 닫혀 져 있는 전체로서 기능하였다. 이 기능은 지금도 여전히 유효하다. 소수의 지배자들은 신이 아니면서도 신이 된 것처럼 행동하고 과거의 신화들을 흉내 내어 그들의 신화를 만들어 냄으로써 그들이 날조한 신화에 개별 인간들을 예속시키고 있기 때문이다. 독재 권력의 탄생을 정당화하는 신화, 기업의 확장 신화, 사학 재단의 팽창 신화, 종파의 확산 신화 등은 21세기에도 기능하는 신화들이다. 신화에 이어서 등장한 민간 종교도 개별 인간을 전체에 묶어 두는 기능에서는 신화와 차이가 나지 않는다. 종교는 불안으로부터의 위안, 전체가 옥죄는 영혼의 구원을 표방하며 막스 베버가 말하듯이 힌두교, 유대교, 기독교와 같은 종교는 세계 거부의 특징을 갖고 있지만, 지배 권력과 친족관계를 형성하면서 전체의 작동에 적극적으로 시중을 드는 기능도 역시 실행하였다. 서구 중세의 가톨릭교회, 중동의 이슬람교가 그 구체적인 예이며, 종교의 형식을 갖는 것으로 볼 수 있는 유교, 인간 스스로 깨달음을 향해 나아가야 한다고 설파하는 불교도 이러한 기능으로부터 자유롭지 못하다. 경전과 의식적儀式的인 행사의 형식을 갖추고 사회제도로서 조직화된 종교, 수학, 철학, 수사학, 문법학, 신학, 법률학, 자연과학, 정치경제학, 심리학은 농업사회, 산업사회의 전개와 궤를 같이 하면서 전체에 의한 개별 인간의 지배력과 지배기술을 진화시켰다. 전체는, 그것의 원시적·신화적 형식에서 그 본질을 이미 드러내는 것처럼, 총체적인 지배체계로서의 권력적·폭력적 본질을 한 번도 버리지 않았다. 이것은 오늘날의 정보사회에도 해당된다.

전체의 구체적인 출현 형식인 사회는 개별 인간들인 사회 구성원들이 떠맡는, 또는 사회 구성원들에게 떠맡겨진 기능들의 작동체계이다. 이 기능들은 각기 독립적으로 존립할 수 없고 상호 의존관계에 놓여 있는 상태에서 전체가 강요하는 이해관계의 실현을 위해 상호작용을 한다. 이러한 성격은 원시제전에서 이미 드러나고 있으며, 정보사회에서도 이 성격의 근본적인 변화는 존재하지 않는다. 기능들은 사회에 의해 매개된다. 따라서 사회는 하나의 전체로서 작동하는 체계이다. 이 점이 사회를 결정적으로 특징짓는다고 말할 수 있다. 기능들은 하나의 전체로서 작동하는 사회에 의해 매개되어 있으며, 이러한 매개는 전체인 사회에 의한 개별 인간의 지배를 의미한다. 기능들의 부여·관리를 큰 틀에서 지배하고 통제하는 힘은 전체를 형성하여 작동시키는 권력과 권력관계들, 폭력이다. 사회의 분화와 이에 상응하는 노동 분업은 하나의 전체로서의 사회의 지배력이 분화되는 과정이 아니고 기능의 분화에 불과하다. 전체는 분화된 기능들을 개별 인간에게 떠맡겼을 뿐 개별 인간을 전체가 형성한 강제적 속박으로부터 풀어 놓지 않았다. 노동 분화와 기능의 분화는 전체의 지배력의 강화를 의미한다. 개별 인간은 사회를 통해서만 떠맡아야 할 기능을 배당받을 수 있기 때문이다. 개별 인간이 배당받은 기능을 충실하게 수행하면 할수록, 그 기능조차 빼앗기게 되는 것은 전체가 가진 속성에 속한다. 전체는 전체의 작동에 종속되면서 기능을 떠맡은 개별 인간의 노동을 통해 증대시킨 자본에 힘입어 바로 이 자본의 증대에 기여한 노동자의 자기보존을 가능하게 하는 기능을 박탈한다. "노동자는 자신이 생산하는 자본의 축적으로 자신을 상대적으로 점점 더 불필요하게 만드는 수단을, 자신을 상대적 과잉 인구로 만드는 수단을 점점 더 큰 규모로 생산한다."[6]

정보사회는 정보의 생산·접속·소비라는 측면에서 개별 인간을 전체로부터—겉으로 보기에—풀어 놓은 것처럼 보인다. 농업사회와 산업사회에 비해서 정보사회는 사회 구성원들의 자율성이 상승된 사회, 사회 구성원들 상호간에 수평적 의사소통의 자유가 상대적으로 더 높게 실현된 사회로 평가를 받는 것처럼 보이기도 하는 것이다. 그러나 개별 인간이 떠맡는 기능이 전체의 이해관계, 무엇보다도 특히 전체의 작동에

---

6) 김만수(2004: 164).

서 절대적인 비중을 갖는 자본권력의 이해관계에 더욱 촘촘하게 종속되어 있는 점을 주목하면, 정보사회는 전체에 의한 개별 인간의 강제적 속박을 강화시킨 사회로 볼 수 있다. 전체로서의 정보사회는 자동화를 통해 생산성을 효율적으로 증대시키는 메커니즘을 구축하였음에도 불구하고 극단적인 경제적·사회적 양극화와 대량실업을 유발함으로써 개별 인간의 자기보존을 극단적으로 위협하고 있기 때문이다. 자기보존이 위협을 당하는 정도가 높을수록, 자기보존이 상실되는 정도가 높을수록, 개별 인간이 전체에 의존되는 정도가 상승된다. 이런 관점에서 사회 구성원들의 관계가 겉으로는 수평적이며 평등한 것처럼 보이는 정보사회는, 농업사회와 산업사회에 비해, 전체에 의한 개별 인간의 지배력이 강화된 사회인 것이다. 정보사회에서 개별 인간은 전체가 부여하는 기능을 떠맡기 위해 극한적인 경쟁을 하며, 경쟁에서의 승리를 통해 획득한 기능이 전체에게 제공하는 자본 증대와 자본 축적에 의해 다시 기능을 박탈당한다. 기능 부여와 기능 박탈은 전체의 이해관계에 종속되어 있다. 기능을 수행했더니 기능을 박탈당하는 이러한 역설의 시대적인, 암울한 표징이 바로 대량실업이다. 극단적인 경제적·사회적 양극화와 대량실업은 정보사회가 잘못된 전체임을 위력적으로 시위하고 있다.

정보사회에서 전체는 자본을 극소수가 지배하는 메커니즘을 구축하여 은폐된 상태에서 작동시키다가 은폐의 한계에 부딪쳐 재앙을 유발하였던바, 이것이 바로 2008년 세계 금융위기이다. 이 재앙의 피해자는 전 세계의 무력한 개별 인간들이다. "사회적 압력에 의해 손상을 입은 사람들은 그들에게 상처를 입혔던 물리적 폭력과 쉽게 결합된다. 그들은 그들 자신이 당했던 사회적인 강제적 속박의 손해를 스스로 배상한다. 사회적인 강제적 속박이 명백하게 드러나는 사람들에게서 강제적 속박이 가하는 손해가 배상되는 것이다."[7] 정보사회에서 지배력을 강화시킨 전체는 전체와 개별 인간과의 관계를 겉으로는 수평적으로 보이게 하는 형식을 유지시키면서도 내부적으로는, 전체의 은밀한 작동을 지배기술을 통해 은폐시키면서, 전체가 추구하는 이해관계의 확대 재생산을 향하는 탐욕을 멈추지 않는다. 이러한 탐욕은 2008년 세계 금융위기와 같은 재앙을 이것과는 조금 다른 방식으로 노출시키게 될 것이다. 탐욕을 채우는 테크놀로지가 지금도 더욱 정교하게 진화하고 있을 것이기 때문이다. 이제 구체적으로 활동을 개시한 인공지능AI이 전체의 폭력성을 강화시킬 것인지에 대해, 또는 참된 전체를 동경하는 인류의 갈망의 동반자가 될 것인지에 대해 인류는 아직 명확한 판단을 못하는 실정에 처해 있다. 그럼에도, 인공지능이 정보사회의 비극적인 재앙인 대량실업을 악화시킬 것이라는 부정적인 전망이 압도적인 우위를 보이고 있는 것이 오늘날의 현실이다.

II. 잘못된 전체와 이데올로기, 잘못된 전체의 형태들

전체는 개별 인간을 생존의 위협으로부터 보호해준다고 항상 주장하지만, 전체가 개별 인간과의 관계에서 갖는 성격은 전적으로 부정적이다. 전체는 전체를 지배하는 소수의 지배자들의 이해관계를, 대부분의 경우 사회적으로 생산된 가상에 지나지 않는 이데올로기인 이해관계를, 이것

---

7) Adorno(2003: 193).

이 소수의 지배자들이 추구하는 특수한 것임에도 불구하고, 일반성으로 치장된 이념을 표방하면서 조건 없이 받아들일 것을 개별 인간들에게 강요한다. 바로 이 점이 전체가 갖고 있는 가장 결정적인 성격이며, 이 성격에 근거하여 전체를 잘못된 전체라고 규정할 수 있다. 충, 효, 자유, 평등, 정의, 평화, 인권, 휴머니즘과 같은 이념들은 앞에서 말한 강요를 위해 동원되는 대표적인 이념들이다. 이념들이 전체에 의해 이처럼 동원되면서, 이념들은 이데올로기가 된다. 미셸 푸코가 휴머니즘을 "전혀 해결될 수 없을 것 같은 문제들을 도덕, 가치, 화해 개념들을 사용하여 해결하려는 시도였다"[8]고 비판한 것에서 드러나는 것처럼, 휴머니즘과 같은 긍정적인 이념은 전체에 의해 이데올로기로서 이용될 수 있는 것이다. 전체가 이념을 이용하여 개별 인간에게 강요하는 일반성의 폭력은 개별적인 것, 특별한 것, 구체적인 것, 독립적인 것을 일반성에 강제로 종속시키며, 개별 인간의 자율성·독립성·특수성을 무시함으로써 개별 인간이 자기 자신을 자기 자신으로서 확인하는 것을 거부한다. 전체는 개별 인간의 정체성 확인을 거부하는 근본적인 성격을 갖고 있는 것이다. 개별 인간이 가져야 하는 정체성의 무시·배제·박탈·폐기는 전체의 작동에 필연적이다.

그럼에도 전체는 개별 인간을 모두 폐기할 수는 없다. 개별 인간은 "살해될 수 있지만 희생되어서는 안 되는"[9] 호모 사케르Homo Sacer로, 전체가 요구하는 노동력과 전쟁에 필요한 병력을 충당하기 위해, 항상 머

---

8) Foucault(2005: 2100).

9) Agamben(2002: 18).

물러 있어야 한다. 전체가 개별 인간을 호모 사케르로 항상 묶어두기 위해 사용하는 수단들은 개별 인간의 자기보존을 저당 잡아 강제하는 노동, 노동 분업, 해고, 강제 징집, 푸코가 말하는 생명관리 정치에서 인구를 전체의 이해관계를 충족시키기 위한 수단으로 규율하는 각종 수단들 등 다양하지만 결정적으로 중요한 수단에 속하는 것이 전체가 설치한 교육제도를 통해 실행하는 교육이다. 이러한 교육이 위에서 열거한 수단들과 직접적인 연관관계를 형성한다는 것은 두말할 나위가 없으며, 전체의 작동을 위한 이데올로기로 전락하는 것은 인류 역사에 내재하는 근원적인 현상들 중의 하나이다. 이러한 교육은 전체가 일반적인 것을 개별 인간에게 강요하는 메커니즘의 작동에 근원으로 놓여 있다.

잘못된 전체는 여러 가지 형태를 보인다. 거짓된 전체, 부당한 전체, 비합리적인 전체, 불투명한 전체, 조작된 전체, 불의의 연관관계로서의 전체, 폭력 체계로서의 전체, 광기 체계로서의 전체, 배제 체계로서의 전체, 억압 체계로서의 전체, 은폐 체계로서의 전체, 승자독식 체계로서의 전체와 같은 양상들은 개별적인 것, 특별한 것, 구체적인 것, 개별 인간을 전체에 강제적으로 종속시키는 지배 체계로서의 전체를 보여 준다.

오늘날 정보사회에서 작동되는 전체는, 수평적인 정보 공유라는 정보사회의 이념과는 배치를 보이면서, 위에서 열거한 부정적인 형태들을 적나라하게 노출시키고 있다. 정보사회가 구사하는 각종 테크놀로지들은, 이것들이 전체의 이해관계를 유지시키는 방향으로 기능하는 경우에는, 위에서 예거한 부정적인 형태들을 가진 전체가 더욱 효율적으로 작동되는 데 시중을 들 수 있다. 2008년 세계 금융위기와 같은 재앙은 잘못된 전체로서─많은 부분 은폐된 채─작동되고 있던 정보사회가 이 사회에 예속된 개별 인간들을 얼마나 철저하게, 범지구적으로, 지배하고 있는가를 입증한 사례이다. 거대 자본을 국제적으로 장악하는 각종의 금융 기관들과 금융 조직들이 이른바 세계 최고의 명문대학을 졸업한 엘리트들의 지식과 창의적인 능력을 이용하여 보통 사람들은 알 수 없는 매우 복잡한 금융 상품들을 개발하고 이것들을 전 세계적으로 매우 복잡한 방식으로 통용시키다가 사고로 이어진 사례가 바로 2008년 세계 금융위기이다. 정보기술의 효율성과 신속성을 자본권력이 형성한 잘못된 전체의 이해관계를 위해 이용할 수 있는 능력을 보여주는 정보사회는, 2008년의 세계 금융위기에서 일부 드러나는 것처럼, 전체의 작동을 은폐시키면서 작동시키는 속성까지 갖고 있는 것이다. 이처럼 철저한 지배의 구체적이고도 부정적인 결과가 사회적·경제적 양극화의 극단화와 대량실업이라는 것은 따라서 자명하다. 정보사회는 정보통신기술의 비약적인 발전과 이에 상응하는 지배기술의 진화에 힘입어 전체의 작동 메커니즘이 정교하게 진화한 사회라고 볼 수 있다.

III. 집단성과 지배의 닫힌 통일체

인간은, 때로는 개별 인간의 차원에서, 때로는 집단과 조직의 형식을 통해, 전체에 대항하고 투쟁하는 여러 형식의 활동들을 시도하고 전개하였다. 이에 근거하여, 전체와 전체에 대항하는 투쟁의 변증법을 인류 역사로 이해할 수도 있다. 그러나 전체의 지배력에 비해 개별 인간들이 투쟁으로 얻은 결과는 너무 미미하기 때문에, 그리고 개별 인간들의 저항적인 활동이 어떤 전체를 폭력을 동반하는 혁명과 같은 물리적인 수단을 통해 전복시키고 새로운 전체를 출범시키는 경우에도 새로운 전체가 참된 전체로 진보하지 못하고 잘못된 전체의 새로운 형식에서 허우적거렸던 역사적 사례들이 허다하기 때문에, 인류 역사는 전체가 개별 인간을 지배한 역사로 해석될 수밖에 없다. 이렇게 볼 때, 전체의 지배력에서 변화된 것은 오늘날까지 거의 없으며, 앞에서 강조하였듯이 이 지배력은 정보사회에서 오히려 강화되고 있다. 전체가 가진 지배력은 소수의 권력자들에 의해 독점된다. 어떤 전체가 새로운 전체로 변화되는 경우에도 이러한 독점에서 변화가 일어나지는 않는다. 이처럼 독점되는 지배력은 절대 다수의 개별 인간을 지배력에 종속시키고 이렇게 해서 형성된 다수인 대중은 개별 인간을 다시 지배한다. "소수에 의해 모든 사람들에게 일어나는 일은, 다수를 통한 개별 인간의 제압으로 항상 집행된다. 사회가 행하는 억압은 동시에 집단에 의한 억압의 특징들을 항상 담지한다. 바로 이것이 집단성과 지배의 닫힌 통일체이다."[10] 다수는 소수의 지배자들에 의해 지배를 당하면서도 다수가 개별 인간에 대해 지배를 행사하는 운명으로부터 벗어날 수 없다. 이는 지배와 관련하여 성립되는 다수의 역설이라 할 만하다. 다수가 소수의 지배자들에 의해 이처럼 역설적이고도 구조적으로 지배를 당하게 되어 있는 원리가 실제로 출현한 역사가 인류 역사임을 볼 때, 인류 역사는 소수의 지배자들이 구축한 잘못된 전체의 자기 전개과정이다.

공화국의 이념은 고대 로마시대에도 존재하였으며, 오늘날에는 심지어 전체주의 지배 체계를 작동시키는 국가들조차도 공화국의 이념을 국가의 구성 원리로 제시하고 있다. 개인과 국가가 함께—평화롭게—공존

---

10) Horkheimer/Adorno(1971: 23).

하는 이념에 근거를 두는 공화국은 인류 역사에서 그러나 아직도 실현되고 있지 않다. 민주주의 정치가 비교적 높은 수준에서 제도적으로 작동되는 국가들에서는 개별 인간이 개인으로 올라선 것처럼 보이기도 하고 사회 구성원들 사이의 평등이 정치적·법적 의미에서 실현된 것처럼 보이기도 한다. 그러나 사회경제적 의미에서 전체에 의한 개별 인간의 지배에서 본질적으로 변화된 것은 없다. 이는 사회경제적 질서인 자본주의가 오히려 전체에 의한 개별 인간의 지배력을 강화한 것에서 명백하게 입증된다. 자본주의의 대안으로 제시된 사회주의가 20세기 내내 현실 사회주의로 작동되면서 전체에 의한 개별 인간의 지배를 극단으로 몰고 간 것은 대안 모색이 초래한 아이러니가 아닐 수 없다.

전체는 공화국이라는 이름을 예나 지금이나 고정적으로 이용하는 상태에서 지배기술, 지배테크놀로지의 정교한 진화를 추동시키면서 개별 인간을 빈틈이 없이, 총체적으로, 가시적이면서도 비가시적으로 지배하는 능력을 보이고 있다. 서구의 근대에서 태동한 민주주의 이념은 전체의 지배력을 약화시키는 것에 일정 부분 기여하였다. 그러나 21세기 초인 오늘날, 민주주의에 의해 지난 수세기 동안 부분적으로 약화된 듯이 보였던 전체의 지배력은 자본주의적 전체가 산출한 사회병리현상인 사물화, 정보혁명과 신자유주의에 의한 세계경제 지배 이후 특징적으로 드러나고 있는 인간관계의 상품화 등을 통해 인간의 영혼에까지 침투하는 능력을 보이는 자본주의적 전체의 빈틈을 허용하지 않는 지배력에 의해 오히려 강화되고 있다. 전체는 정보혁명의 진행과 더불어 정보를 전체에 의한 개별 인간의 지배에 이용하는 정보자본주의를 구축하고 있으며, 정보자본주의를 작동시키는 전체는 정보사회에 특징적인 지배기술인 미디어에 대한 총체적이고도 직접적인 지배[11]를 통해 전체의 지배력을 강화한다. 전체의 지배력을 받쳐주는 권력·권력관계들·폭력의 형식만 정보사회에서 변화되었을 뿐 전체에 의한 개별적인 것의 지배의 내용에서 바뀐 것은 거의 없다.

IV. 잘못된 전체를 참된 전체로 정당화하는 체계 및 방법으로서의 신화, 종교, 학문

참된 전체의 형성 가능성은 잘못된 전체를 형성하여 작동시키는 체계의 구조적인 폭력성을 가능한 한 최대로 지양하는 것에서 성립한다. 여기에서 체계의 아포리아Aporie가 발생한다. 전체의 형성과 작동에서 체계는 필연적으로 폭력을 행사하며 구조적으로 조직되어 있다. 단적으로 말해, 체계의 폭력성이 없이 작동하는 전체는 존재하지 않는다. 이러한 속성을 가진 전체를 참된 전체로 변혁시키는 가능성을 모색하는 사유와 실제적인 실행에서 그러나 체계의 역할이, 체계가 그 내부에 폭력을 담지하고 있음에도, 배제될 수는 없다. 내부에 폭력을 담지하고 있는 체계를 배제할 수 없는 조건에서 가능한 한 폭력이 배제된 체계로서의 참된 전체를 실현하려는 동경은 아포리아의 장벽에 부딪친다.

인류 역사를 관통하면서 여러 가지 형식으로 형성되어 작동한 전체는 그것이 자행하는 불의와 폭력을 고백한 적이 한 번도 없었다. 전체는 그

---

11) 이에 대해서는 김승수(2007)의 『정보자본주의와 대중문화산업』이 각종 통계를 제시하여 설득력이 있게 분석하고 있다.

것이 참된 전체라고 주장하는 이념을 항상 표방하였다. 신화와 민간종교는 그것들 자체로 전체와의 동일체였으며, 경전과 의식을 갖춘 체계로서의 종교, 신학, 수학, 철학, 법률학 등도 전체가 참된 전체임을 주장하는 이념의 생산에 시중을 들었다. 이에 대한 구체적인 예가 지구의 거의 모든 지역에서 작동되었고 오늘날에도 작동되고 있는 신정神政 체계로서의 전체이다. 종교와 학문들이 제공하는 지식과 담론에 힘입어 신정 체계에서 지배력을 행사하는 소수는 잘못된 전체로서의 신정 체계가 참된 전체임을 항상 주장하였다. 가장 폐쇄적이고 폭력적인 형식의 전체였으며 신정 체계의 형식을 답습하였던 서구 중세의 봉건지배 체계가 붕괴된 이후 이 체계의 폭력성을 극복하기 위한 사유로서 시도되었던 사회계약설은 앞에서 말한 폐쇄성과 폭력성의 완화에 일정 부분 기여한 측면도 있다. 그러나 모든 사회구성원들의 권리를 절대 군주에게 아무런 조건 없이 양도해야 한다고 주장한 토마스 홉스의 사회계약론은 철학, 법률학, 정치학, 수학이 창조해낸 폭력 체계로서의 전체의 새로운 형식을 제시함으로써 개별 인간에 대한 전체의 지배력을 더욱 정교한 차원으로 끌어 올리는 데 시중을 들었다는 비판으로부터 벗어날 수 없다. 서구의 근세 이후 프랑스 대혁명까지 서구 사회를 절대적으로 지배하였던 전체로서의 절대왕정 체계는 전체로서의 중세 봉건지배 체계가 붕괴되지 않았다는 사실, 봉건지배 체계가 학문의 발달과 이에 따른 지배기술의 진보에 힘입어 오히려 새로운 형식으로 진화하였다는 사실을 입증한다. 이렇게 볼 때, 홉스의 사회계약론으로부터 300여년이 지나 칼 슈미트가『정치 신학』에서 "예외 상태에 대해 결정권을 갖는 사람이 절대 권력자이다"[12]라는 주장과 함께 절대 권력자의 결정 독점권을 옹호함으로써 인류 역사상 가장 잔혹한 형식의 전체였던 나치즘의 이론적인 근거를 제공한 것은 결코 우연이 아니다.

잘못된 전체가 참된 전체임을 표방하는 하는 것을 방법론적으로 근거를 세우는 데 동원된 방법론은 연역법과 귀납법이었다. 전체가 서구의 근세 이전에 동원한 방식은 연역적인 강요였다. 전체는 참된 것이니 개별 인간은 전체를 따르기만 하면 된다는 강요가 일반적이었다. 근세에 이르러 전체가 참된 것이라는 이념을 표방하는 방법론이 진화하였다. 예컨대 홉스는 16세기와 17세기의 영국 사회의 극심한 정치적인 혼란 상태를 극복해야 한다는 생각을 연역적으로 전제한 후, 그에 따르면 만인에 대한 만인의 투쟁 상태라는 자연 상태의 부정적인 양상들을 제시하면서 이 양상들에 상응하는 해결 방안들을, 여러 학문 분과들에서 획득된 지식을 이용하여, 국가의 권리라는 개념 아래에서 귀납적인 방식으로 정리[13]하였다고 볼 수 있다. 홉스는 연역적인 전제, 귀납적인 방법론에 의한 해결 방안의 모색에 이어 예외 상태를 언제라도 선포할 수 있는 절대 군주의 절대적 통치권을, 최종적으로는, 연역적으로 옹호하였다. 홉스는 이러한 상태야말로 참된 전체의 실현이라고 확신하였을 것이며, 자신이 생각하는 전체를 체계가 개별 인간에게 행사하는 폭력 체계로 인식하지는 않았을 것이다.

---

12) Carl Schmitt(2004: 13).

13) Cf. Thomas Hobbes(1980: 156-163). 홉스가 이 자리에서 옹호하는 국가의 권리는 하나의 국가에 이미 속한 시민은 다른 새로운 계약을 받아들여서는 안 된다는 것, 국가의 행정이 잘못 되었다는 이유로 군주가 갖는 지배력이 수용되지 않을 수는 없다는 것 등 12항에 이른다.

V. 참된 전체를 찾아 나서는 사유의 궤적, 그 실패의 역사와 성공 가능성

참된 전체에 대한 사유에서 획기적인 인식 진보를 보여 준 철학자는 헤겔이었다. 그는 참된 전체가 정신의 변증법적 운동을 통한 생성의 결과로서 실현된다고 보았으며, 이러한 관점에서 1807년에 출간된 『정신현상학』에서 참된 것이 전체라고 선언하였다. "참된 것은 전체이다. 그러나 전체는 그것의 전개를 통해 완성된 본질일 때만 전체이다. 전체는 본질적으로 결과라는 점, 전체가 마침내 비로소 실제적이라는 점에서 절대적인 것에 대해 말할 수 있다. 바로 이 점에서 전체의 본질, 현실적인 것, 주체로 존재하는 것, 또는 주체가 자기 스스로 존재하는 것이 성립된다."[14] 헤겔이 생각한 참된 전체는 연역적이거나 귀납적인 방법론에 의해 성취되지 않고 정신의 변증법적 운동에 의해 가능하다는 점에서, 그는 참된 전체를 동경하는 인류에게 새로운 시각을 열어 준 철학자로 평가받을 수 있다. 생성되는 과정으로서의 참된 전체의 생성 가능성을 철학적인 사유에 도입한 것은 헤겔의 공로였다.

그러나 헤겔은 자신이 말하는 참된 전체가 프로이센 제국의 국가 체계에서 실현되었다고 믿었던바, 이는 근본적으로 체계 사유자Systemdenker인 헤겔이 후기의 사유에서 체계를 통한 전체의 체계적인 구축에 집중적으로 매달렸던 집념으로부터 유래한다고 볼 수 있다. 모든 개별 인간을 군사권력과 정치권력, 행정권력에 바탕을 둔 관료제를 통해 빈틈이 없이

---

14) Hegel(1980: 24).

통제하였던 프로이센 제국에서 헤겔이 참된 전체의 실현을 본 것은 종합 테제에도 필연적으로 내재하는 부정적인 것을 변증법적 과정을 통해 지양하려는 자신의 이상과는 동떨어진 것이었다. 헤겔이 프로이센 제국의 지배 체계처럼 잘못된 전체를 참된 전체로 규정했던 해프닝은 체계 사유자의 체계 지향적인 사유에 내재하는 폭력으로부터 필연적으로 초래되는 결과이다. 헤겔의 판단과는 달리 인류 역사상 아직도 한 번도 제대로 실현되지 않고 있는 참된 전체가 실제가 되기 위해서는 체계에 대한 사유가, 체계에 내재하는 아포리아에도 불구하고, 필연적이다. 그러나 개별적이며 특수하고 구체적인 존재자로서의 개별 인간을 체계에 통합시켜 개별 인간을 지배하는 폭력으로서의 체계에 대한 사유가 필연적인 것이 아니고, 개별 인간이 개별적이고 특수하며 구체적인 존재자로서 존립하면서 이와 동시에 체계들과 서로 평화적으로 함께 존재할 수 있는 상태를 실현시킬 수 있는 체계에 대한 비판적 사유가 절대적으로 요구된다. 이 점에서 참된 전체에 대한 헤겔의 사유는 실패로 귀결되었다고 말할 수 있다.

참된 전체에 대한 사유에서 실패로 귀결된 것으로 볼 수밖에 없는 헤겔의 사유의 약점은 헤겔 좌파의 흐름에서 가장 영향력이 있는 이론가인 마르크스에서도 역시, 정신의 변증법적 운동의 자리에 생산력과 생산관계의 변증법적 운동이 들어서는 인식의 변환에도 불구하고, 극복되지 못하였다. 마르크스가 자본주의의 작동 체계를 잘못된 전체로 보았다는 것은 명백하다. 그에게서 이러한 전체를 작동시키는 근원적인 원리는 소외이며, 소외가 체계화된 전체가 바로 자본주의의 작동 체계이다. 소외의 구조화·체계화·총체화는 마르크스가 자본주의의 작동 체계를 잘못된 전체로 보는 원리적인 토대이다. 이러한 인식 관심에서 젊은 마르크스가

『경제철학 수고』에서 소외의 개념을 현재까지도 여전히 설득력을 상실하지 않을 정도로 이론적으로 근거를 세우고 소외의 극복을 통해 자본주의의 체계들이 구축한 잘못된 전체를 지양하려는 꿈을 꾼 것은 필연적이다. 마르크스가 『자본』에서 본격적으로 인식한 사물화도 잘못된 전체로서의 자본주의의 작동 체계가 전체로서 작동되도록 하는 원리를 제공한다. 소외·사물화의 극복과 폐기를 자신의 학문적·실천적 과제로 생각하였던 마르크스는 노년에 이르러 프롤레타리아 혁명을 통해 자본주의의 체계들을 물리적으로 붕괴시키기 위해 공산당 운동을 국제적인 차원에서 전개하였다. 그러나 마르크스는 자신의 이론적 사유뿐만 아니라 실천적 활동에서도―폭력을 필연적으로 동반하는―체계들로 구축된 전체를 폭력으로부터 자유롭지 못한 체계들을 통해, 예컨대 공산주의 혁명, 프롤레타리아 독재처럼 자체에 폭력을 내재하는 체계들을 통해 참된 전체로 변혁시키려는 패러다임으로부터 벗어나 있지 않았다. 참된 전체에 이르기 위한 수단으로서의 프롤레타리아 혁명은 물리적인 폭력의 사용을 필연적으로 전제하기 때문에 이 혁명을 통해 참된 전체로 가는 도정과 실제적인 실천 활동은 잘못된 전체의 반복에 지나지 않을 수 없다. 그 구체적인 예가 바로 구소련, 동구권 국가들 등에서 출현하였던 현실 사회주의이며, 현실 사회주의는 중국, 북한 등에서 여전히 작동하고 있다.

막스 베버는 목적 합리성이 그 근원에 놓여 있는 관료제의 총체적인 작동에서 전체의 실현 형식을 보았다. 베버에게 관료제는 빈틈이 없이 작동하는 기계와도 같은 것이었으며, 그것 자체로서 자기 목적을 갖는 전체였다. 베버에게 관료제는 그것에 예속된 개별 인간들의 삶의 거의 모든 영역들을 관료제가 생산하는 갖은 종류의 법과 규정을 통해 통제하고 지배하는 전체이다. 베버는 개별 인간이 관료제의 지배로부터 빠저 나올 수 있는 가능성에 대해 회의적이었다. 이러한 속성을 가진 관료제가 인간 가치를 상품화하는 자본주의의 속성과 결합되어 출현한 사회 병리현상인 사물화는 베버에서 마르크스보다 더욱 부정적으로 출현한다. 베버가 20세기 초반에 본 것은 관료제가 규율하는 노동의 수행과 사물화에 갇힌 인간의 모습이었다. 『프로테스탄티즘의 윤리와 자본주의 정신』의 말미 부분에서 베버가 문화 발전의 "마지막 단계의 인간들"로 진단하였던 "정신없는 전문인, 가슴 없는 향락인"[15]은 전체에 의해 지배된 개별 인간의 형상이라고 볼 수 있다. 그러나 베버는, 마르크스와는 달리, 관료제의 작동에서 전체를 보았으면서도 참된 전체의 형성 가능성에 대한 사유를 시도하지는 않았다. 이는 사회를 의미가 없는 무질서적인 것으로 본 그의 생각과 일치하는 결과라고 해석될 수 있을 것이다.

헤겔, 리케르트와 빈델반트가 대표하는 독일의 남서학파, 게오르크 짐멜, 막스 베버, 생의 철학의 영향을 집중적으로 받았던 게오르크 루카치는 마르크스로 가는 길을 선택한 이후 출간한 『역사와 계급의식』에서 철저하게 합리화된 자본주의를 작동시키는 근본 원리를 사물화라고 보았다. 루카치에 영향을 미친 학문적 전통의 다양성에서 추론할 수 있듯이, 루카치의 사물화 개념은 마르크스의 사물화 개념을 단순히 승계한 개념이 아니다. 인간의 의식을 상품구조에 종속시키는 사물화는 루카치에서는 자본주의 사회를 총체적인 지배 체계로서의 전체로 작동시키는 근원적인 원리이다. 사물화에 의해 빈틈이 없이 조직화된 사회인 자본주의

---

15) 베버(2015: 366-367). 이곳에 인용한 두 개념의 원문은 Fachmann ohne Geist, Genußmensch ohne Herzen이다. 필자는 김덕영의 번역이 우리말의 의미 전달에서 조금은 미흡하다고 생각한다. 이곳에서 베버가 의도하는 의미는 정신이 전적으로 결여되어 있는 전문인이다.

사회는 루카치에게는 사물화가 형성한—총체적인 지배 체계로서의—전체이다. 마르크스처럼 그도 이처럼 잘못된 전체를 참된 전체로 변혁시키려는 사유를 시도하였다. 그가 참된 전체의 실현을 위해서 선택한 대안은 자본주의 사회를 물리적인 혁명을 통해 전복시키는 것이었다. 이점에서 그는 마르크스의 패러다임에 머물러 있었다. 그람시의 헤게모니론과 알튀세의 주체구성론은 참된 전체를 추구하는 사유에서 마르크스와 루카치의 사유를 뛰어넘는 차원을 보여 주었으나, 체계의 폭력성에 대한 근본적인 인식이 그들의 사유에서 배제되어 있다는 점에서 헤겔과 마르크스의 패러다임을 벗어나지는 못하였다.

이러한 관점에서, 테오도르 아도르노Th. W. Adorno가 『정신현상학』이후 140여년이 지난 1951년에 '상처받은 삶으로부터 오는 성찰'이라는 부제가 붙은 『미니마 모랄리아Minima Moralia』에서 "전체는 참된 것이 아니다"[16]라고 일갈한 것은 전체가 개별 인간의 삶을 폭력적으로 지배하는 잘못된 체계임을 확고하게 인식하는 데 기여하였다. 아도르노의 이 테제는 참된 전체의 실현을 향하는 도정에서 성취된 획기적인 인식 진보로 평가받을 수 있다. 그는 진보의 과정으로 통상적으로 이해되는 계몽의 과정·합리화 과정을 자연지배의 도구, 사회에 의한 인간 지배의 도구로 전락한 개념과 개념이 구축한 체계가 자연·인간을 지배하는 폭력을 강화하고 정교하게 조직화하는 과정으로 파악한다. 단적으로 말해, 아도르노에게 계몽의 과정과 합리화 과정은 폭력의 총체적 체계로서의 전체의 부정적인 진화 과정이다. 체계들로 구축된 전체는 참이 아니라는 인

---

16) Theodor W. Adorno(1980: 57).

식, 체계에 내재하는 폭력성의 극복을 위해서는 체계에 반체계적인 사유를 도입해야 한다는 인식은 헤겔의 "참된 것은 전체이다"라는 테제를 전복시키는 효과를 발휘하였다. 이렇게 함으로써 그는 참된 전체를 모색하는 도정에 결정적으로 기여한 이론가로 평가받을 수 있다. 그의 주저작의 하나인 『부정변증법』은 반체계적 사유의 가능성을 통해서, 즉 부정의 부정도 다시 부정이 되어야 한다는 규정된 부정bestimmte Negation을 통해서 참된 전체의 형성 가능성을 모색했다는 점에서 서구 인식론의 진보에 기여하였지만, 아도르노의 사유가 『부정변증법』에서 체계의 아포리아를 극복하고 참된 전체의 형성을 실제에서 가능하게 하는데 도달했다고 평가받기에는 적지 않은 문제점이 있다. 아도르노의 사유는 주체-객체 관계의 틀에 머물러 있으며, 양자 관계에서 주체가 객체에게 가하는 폭력이 전적으로 배제되는 것이 불가능하기 때문이다.

이렇게 볼 때, 하버마스가 주체와 객체의 관계를 주체와 주체의 관계로 변환시켜 상호주체성의 개념을 도입한 후 의사소통적 이성, 의사소통적 합리성의 개념을 통해 체계를 매개로 해서 사유하되 체계에 내재하는 폭력을 지양하는 사유를 시도한 것은 서구 사회철학이 올린 중요한 성과라고 평가받을 수 있다. 하버마스는 자신이 구상한 의사소통적 합리성이 법의 영역에서 실현될 수 있음을 구체적으로 보여 줌으로써 비판적 사회이론이 참된 전체를 향하는 실제적인 실행력이 있음을 입증하였다. 합리화 과정을 체계에 의한 생활세계의 식민화 과정으로 파악한 하버마스가 체계의 아포리아를 상호주체성의 성격을 갖는 의사소통적 이성을 통해 극복하려고 시도한 것은 참된 전체의 실현 가능성을 구체적으로 가시화한 시도라고 볼 수 있다.

VI. 참된 전체를 향해

지금까지 논의한 내용을 토대로 해서 참된 전체가 어떤 상태인가를 구체적인 표현으로 옮길 차례가 되었다. 먼저 개별적인 것과 전체와의 관계에서 볼 때, 참된 전체는 다음과 같은 상태이다. 특별한 것, 구체적인 것으로서의 개별적인 것이 전체가 설정한 일반성을 강요하는 전체에 의해 지배당하지 않은 상태에서 각기 개별적으로 존재하되, 다른 개별적인 것과 폭력에 의해 매개되지 않는 방식으로 서로 관련을 맺으면서도 전체와도 역시 폭력에 의해 매개되지 않는 방식으로 상호작용을 하는 상태가 바로 참된 전체의 상태이다.

이를 개별 인간과 사회의 관계에 적용하면 다음과 같은 상태가 된다. 이 상태에서 개별 인간은 진정한 의미에서의 개인으로 존재할 수 있다. 사회의 참된 구성원인 개인이, 총체적인 지배 체계인 전체로서의 사회가 아니고 참된 전체가 실현된 사회에서, 자기 자신을 특별하고도 구체적이며 자율적인 존재자로 확인하는 존재자로서 독립적으로 존재하되, 다른 개인과 폭력에 의해 매개되지 않는 방식으로 상호 의사소통하면서 전체와도 역시 폭력에 의해 매개되지 않는 방식으로 상호작용을 하는 상태가 바로 참된 전체로서의 사회가 실현된 상태이다.

이 상태의 실현을 위해서는 전체가 강요하는 일반성이 이념으로서 기능하게 하는 폭력이 소멸되어야 한다. 일반성이 지배하는 자리에 일반적인 것이 개인과 사회의 관계에서 공통분모가 되는 것으로서 들어서야 하며, 이것이 이념으로 공유되어야 한다. 일반적인 것이, 다시 말해 전체로서의 사회가 개별 인간에게 강요하는 일반성이 아니고 위에서 서술한 상태에서 개인과 전체에게 공통분모가 되는 일반적인 것이 이념이 되고,

이처럼 폭력으로부터 배제된 이념이 개인과 사회의 관계에—폭력에 의해 매개되지 않는 방식으로 변증법적이며 항구적으로 진행되는 상호 의사소통에 의해—뿌리를 내림으로써 기존의 이념보다 더 좋은 방향으로 나아가는 상태에 도달할 수 있을 때, 이러한 상태에 도달할 수 있을 때 잘못된 전체의 전개사로서의 인류 역사는 비로소 새로운 차원으로 진입할 수 있을 것이다.

벤야민은 이러한 상태를 이미 20세기 초에 꿰뚫어보는 예지銳智를 갖고 있었다. 그에 따르면, 폭력으로부터 벗어난 이념은 다음과 같이 행동한다. "이념들은 별자리들이 별들에 대해서 행동하듯이 바로 그렇게 사물들에 대해 행동한다."[17] 어떤 하나의 별자리에 속해 있는 각기의 별이 각기 빛나되 다른 별들과 서로 관련을 맺으면서 존재하면서 이와 동시에 하나의 별자리에서 별빛이 함께 빛나는 모습을 보여주는 상태에서는 개별적인 것이 전체에 의해 지배당하지 않는다. 이 상태에서는 이념이 개별적인 것을 지배하지 않고 이념이 개별적인 것과 전체의 공통분모가 되면서 개별적인 것도 빛나게 하고 전체도 빛나게 한다. 이렇게 행동하는 이념은 태양과도 같다. "각기의 이념은 하나의 태양이다. 각기의 이념은 태양들이 서로 마주보고 어울리면서 행동하듯이 바로 그렇게 각기의 이념과 닮은 이념들에 대해 행동한다."[18] 참된 사회 구성원인 개인이 가진 이념이 태양처럼 빛나면서 다른 개인이 가진, 이 이념과 닮은 이념들과 서로 의사소통하면서 함께 빛나는 상태, 바로 이 상태가 참된 전체의 모

---

17) Walter Benjamin(1980: 214).

18) (ibid.: 218).

습일 것이다. 이 상태에서는 전체가 개별 인간에게 떠맡긴 기능들이 더 이상 강제적 속박의 메커니즘에서 작동하지 않을 것이며, 개인의 이념과 전체의 이념이 태양처럼 함께 빛나면서 기능들도 그늘과 어두움으로부터 벗어나 밝은 태양과 함께 역시 빛나게 될 것이다. 전체의 이념과 개인이 폭력이 최대로 배제된 상태에서 수행하는 기능들이 벤야민이 그려 보이는 태양과 태양들의 관계에서처럼 빛이 날 때, 참된 전체가 인류에게 다가올 것이다.

오늘날 정보사회에서 심화되고 있는 극단적 형태의 사회적·경제적 양극화와 대량실업은 정보사회, 정보자본주의가 형성한 전체가 초래하는 재앙이다. 이 전체는, 이것을 지배하는 극소수의 권력자들을 제외하고, 이것에 예속된 절대 다수의 인류에게 출구를 허용하고 있지 않으며 앞으로도 허용하지 않을 것 같다. 호르크하이머와 아도르노가 잘못된 전체의 극단적인 실현 형식인 전체주의의 창궐을 목도하면서 행했던 진단, 즉 "인간들은 출구가 없는 세계가 전체에 의하여 방화放火되는 것을 기다리고 있으며, 이 전체는 인간들 자신이다. 전체에 대해 인간들이 할 수 있는 것은 아무것도 없다"[19]라는 절망적인 진단이 정보사회에서도 통용되지 않는다고 반론을 제기할 수 없을 정도로 정보사회의 전체는 잘못된 전체의 폭력성을 위력적으로 시위하고 있다. 그럼에도 참된 전체의 모색과 실현을 위한 도정은 지속되어야 한다. 인류가 포기할 수 없는 이 도정은 지금까지는 철학, 사회학, 경제학, 심리학이 공동으로 지혜를 모으는 인문사회과학적 차원에서 초학제적으로 시도되어왔다. 프랑크푸르트학

---

19) Horkheimer/Adorno(1971: 26).

파가 이 시도를 본격적으로 출범시켰다는 평가는 객관적이라고 볼 수 있다. 4차 산업혁명이 진행되고 있고 인공지능이 급격하게 발달하고 있는 오늘날의 상황에서, 참된 전체의 모색은 이제 인문사회과학, 자연과학, 정보학, 기술 연구가 협업을 시도하는 융복합 연구의 형식으로 시도되어야 할 것이다.

참된 전체의 형성 가능성을 찾아 나서는 도정에서 자연과학과 인문사회과학이 함께 지혜를 모으는 학제 간 융합 연구는 아무리 강조해도 지나치지 않다. 이 점에서, 최무영의 주도 아래 복잡계 이론의 관점에서 정보-생명-문화의 새로운 패러다임을 모색하는 시도는 정보사회의 환경에서 참된 전체의 형성 가능성을 추구하는 시도로 주목을 받을 수 있을 것으로 보인다. 정보의 의미와 지평의 확장을 시도하는 최무영(2015)의 관점, 생명현상을 궁극적인 복잡계로서 보고 동시에 협동 현상의 떠오름으로 보는 관점은 참된 전체의 모색에서 새로운 인식을 매개할 수 있는 가능성을 열어 줄 것으로 기대된다. 협동 현상의 떠오름은 개별적인 것들 사이의 관계, 개별적인 것과 전체의 관계, 개별 인간들(개인들) 사이의 관계, 개별 인간(개인)과 사회의 관계에서 폭력이 배제된 관계가 성립될 수 있는 가능성을 모색하는 데 유용한 개념이 될 수 있다고 사료된다. 동시에 장회익의 온생명 이론과 최인령이 제안한 온문화 개념도 참된 전체의 모색에서 귀중한 인식을 매개하는 데 기여하게 될 것이다. 최무영이 주도하는 시도가 정보사회의 디스토피아를 결정적으로 특징짓는 극단적인 양극화와 대량실업 극복을 위한 참된 전체의 모색에서 참된 전체의 형성 가능성을 위해 지금까지 제안된 패러다임의 한계를 넘어서는 결실로 이어지기를 기대한다.

7장

근대적 사회의
'떠오름emergence'에 대하여

홍찬숙

(서울대학교 여성연구소 책임연구원)

울리히 벡 교수의 지도 아래 독일 뮌헨대학교에서 사회학 박사학위를 받았다. 현재 서울대학교 여성연구소 책임연구원이다.

저서로는 『울리히 벡 읽기』, 『울리히 벡』, 『개인화: 해방과 위험의 양면성』(2015년 대한민국학술원 우수학술도서), 『세월호가 묻고 사회과학이 답하다』(공저), 『한국사회 정의 바로세우기』(공저), 『독일 통일과 여성』(2012년 문화체육관광부 우수학술도서), 『여성주의 고전을 읽는다』(공저)가 있다.

사회학에서 진화론의 영향력은 지대하다. 진화론의 영향으로 사회학에서는 애초부터 '떠오름'이 핵심적인 문제가 되었다. 이것은 사회학에서 '발현'으로 번역되어 중요하게 다루어져 왔다. '사회'라는 개념 자체가 중세 신분제 질서의 붕괴라는 무질서로부터 '발현'한 새로운 질서를 표현한다. '사회'라는 개념은 '사회적인 것the social'이라는, 그 이전까지는 구분되지 않았던 새로운 삶의 영역이 구별되기 시작하면서 의미를 얻었고, 또한 '사회적인 것'과 여타 영역 간의 관계에서 나타나는 새로운 패턴의 질서를 표현하기도 한다.

이것은 '유기적 연대'라는 뒤르켐의 개념에서 가장 잘 나타난다. 뒤르켐에 의하면, 근대 이전 시대에 사람들은 타고난 신분에 귀속되어 '기계적 연대'로 표현되는 짜임새 속의 부속품과도 같았다. 그러나 무엇보다도 분업의 영향으로, 사람은 더 이상 '하나'의 완결된 부속품으로서가 아니라 일정한 '기능'이 체화된 자율적 인격체로 이해되기 시작했다. 이것은 '사회'의 발현이 동시에 '개인'의 발현이었음을 의미한다. 미시적 방향으로는 자율적 또는 '사적private' 존재인 '개인'이 발현하고, 거시적 방향으로는 '사회'라는 새로운 협동의 질서가 발현하는, 이 이중의 과정을 연결한 것은 다름 아닌 '분업의 논리'—더 적절하게 표현하면 이후 파슨스에 의해 사회학의 핵심 개념이 된 '기능'—이다. 하나의 신분적 존재 또는 도덕적 인격체가 아니라 그 몸에 체화된 '기능'에 기초하여 성립되는 거시적 관계를 생물체의 생명현상에 비유하여 '유기적 연대'라고 불렀다.

말하자면 사회란 '기능적 협업'에 기초하여 자율적으로 구성된 질서를 의미했다. 이처럼 자체의 내재적 정의에 기초하여 스스로 발현하는 질서이기 때문에, 파슨스는 이것을 '성찰적reflexive'이라고 표현했다. 이것은 전근대적인 '종교적' 질서나 도덕적 관계에 기초한 '형이상학적' 질서와 달리, '과학적'이고 '실증적'인 질서로 이해되었다.

그런데 이렇게 뒤르켐—더 거슬러 올라가면 콩트나 마르크스—에서 파슨스에 이르기까지 '과학'으로 이해된 것의 내용은 현대의 복잡계 과학이 아니라 데카르트 철학과 뉴턴물리학에 기초한 기계론적 과학이었다. 말하자면 사회학에서 다루는 사회현상은 '문화'보다는 오히려 '사물'에 가까운 것으로 이해되었고, 문화와 사물 간에는 넘을 수 없는 경계가 존재하는 것으로 믿어졌다.

사회학에서 '발현'을 복잡계의 '떠오름'과 유사한 방식으로 새롭게 설명하려는 시도는 독일 현대 사회학자 루만에게서 찾을 수 있다. 인지생물학자인 움베르토 마투라나의 '자기생산autopoiesis' 개념을 사용하여, 루만은 파슨스의 기능주의 사회학을 '복잡성 속에서 스스로를 구성하는 사회적 체계들'에 관한 이론(소위 루만의 '체계이론' 또는 '신기능주의')으로 재편했다. 그러나 사회를 '객관적 실체냐 인지된 현상이냐?' 중 하나라는 식으로 구별할 수 없다는 '구성주의' 관점을 취하면서도, 루만은 사회학이

'가치'의 문제로부터 완전히 자유로운 경험과학이어야 한다는 '실증주의'적 관점을 고수한다. 말하자면 루만은 여전히 '가치판단'을 과학으로부터 배제함으로써, 과학과 문화를 이분법적으로 구별한다.

이와 연관되는 루만의 또 다른 문제는, 현대사회에서 급격히 변화하는 '환경'이 '사회'라는 체계에 어떤 영향을 줄 것인가라는 질문과 관련되어 있다. 말하자면 또 다른 '진화' 또는 '발현'의 가능성에 대한 문제이다. 루만은 생태계 위험과 같은 현대 사회의 위험에 대해 근대적 사회형태인 '기능분화 체계'가 성공적으로 대처할 수 없다고 판단하면서도, 기능분화 체계 이외의 '사회'에 대해서는 고려할 수조차 없다고 판단한다. 현대의 급격한 변화 속에서도 사회 체계는 여전히 '기능분화'의 얼개를 벗어날 수 없다는 것이다. 설사 환경변화에 적응하지 못하여 자멸할 가능성이 있어도, 이러한 상황은 변화하지 않는다.

자기생산적인 근현대 사회에 대한 루만의 이와 같은 비관적 전망을 '냉소주의'라고 비판하면서, 또 다른 독일 현대 사회학자 울리히 벡은 '탈바꿈'이라는 개념을 통해 방향전환의 가능성을 제시했다. '기능분화'에 기초한 '산업사회'는 스스로가 체계적으로 생산한 위험에 불안을 느끼는 '위험사회'로 탈바꿈하고 있으며, 기능분화에 기초한 제도들이 무질서하게 유동화하면서 '기능분화'와는 다른 새로운 형태의 사회적 결속이 발현할 수 있다는 것이다. 기후변화와 같이 지구 행성의 생명을 위협하는 위험이 그러한 새로운 결속을 촉진하기 때문에, 그것은 세계시민적이고 동시에 한층 더 개인화한 '세계위험공동체'의 형태를 띨 것이라고 보았다.

이 글에서는 '복잡성' 개념을 자신의 사회학 이론의 핵심으로 제시한 루만, 그리고 현대 과학의 개념들을 본격적으로 사용하지는 않았으나 새로운 사회의 발현 가능성을 진단한 벡, 이 두 독일 사회학자 중에서 누구의 관점이 복잡계 과학의 설명에 더 근접한지를 가늠해보고자 한다. 루만은 의식적으로 복잡계 과학의 핵심개념인 '떠오름'을 자신의 체계이론의 핵심과제로 설정하였고, 벡은 신자유주의 세계화 이후 '개인화'에서 '세계시민화'로 논의의 초점을 이동하면서 산업사회의 '탈바꿈'에서 세계위험공동체의 '떠오름'으로 관점을 확대했기 때문이다.

또한 '떠오름'을 이론적으로 상상하는 방식의 차이뿐만 아니라, 루만과 벡의 그와 같은 차이가 사회학 연구 방법론과 관련하여 어떤 차이로 이어지는가에 대해서도 논의한다.

I. '떠오름'의 문제: 루만과 벡의 사회이론 비교

1. 루만: 근현대 사회 복잡성의 질서 = 기능분화

앞서도 언급했듯이, 루만은 근대 이후의 사회질서와 관련하여 '떠오름 emergence'을 사회학의 핵심문제로 설정했다. 물론 사회학자의 시점에서는 근대 이전의 사회질서 역시 진화론적으로 설명할 수 있겠으나, 당시를 살았던 사회구성원들의 입장에서 근대 이전의 사회질서는 진화적 사실이기보다는 규범적(즉 도덕적·종교적) 사실로 인식되었기 때문이다. 말하자면 근대 이전의 사회에서 사회질서는 절대적 존재(종교)나 절대적 개념(도덕적 형이상학)으로부터 도출된 것으로 생각되었다. 따라서 사회적 행위는 그와 같은 절대성의 실현에 복속되거나 또는 그에 위배되는 두 가지 가능성 중 하나로 단순하게 이해되었다. 즉 절대성 실현의 부품(선)

또는 절대성의 체계에서 탈락한 부품(악) 중 하나로만 인식되었다. 뒤르켐이 말하는 '기계적 유대'란 이와 같이 '절대성'에 의해 지배받는 질서를 의미한다.

그러나 루만 자신은 전근대적 사회질서 역시 진화론적인 사실, 즉 '사회적 체계들'로 해석했다. 부족사회와 같은 소위 '단순사회'들은 인류학자들이 말하는 '출계descent'나 '동맹alliance'과 같은 '친족체계'의 패턴들이 단순하게 수평적으로 증식하는 '분절적 분화'의 질서로 설명했다. 이후 계급과 국가가 출현한 이후의 사회들에 대해서는, 지배-피지배의 위계에 기초한 수직적 분화가 이루어지며 그에 따라 내부에서 복잡성이 증대하는 '계층적 분화'의 질서로 설명했다. 분절적 분화와 계층적 분화는 이처럼 서로 다른 패턴을 보이는 사회적 질서를 말하지만, 둘 다 앞서 말한 '절대적 규범'과 군건히 결합되어 있다는 점에서, 뒤르켐이 말하는 '기계적' 질서라고 할 수 있다.

이 기계적 질서의 핵심은 사회적 지위가 '귀속'에 의해 결정된다는 사실이다. 말하자면 사회적 행위자는 자율성을 가진 '개인'이 아니라 집단 유지의 한 매개 고리, 즉 '부속품'에 불과한데, 여기서 행위자와 집단을 이와 같은 '기계적' 방식으로 연결하는 원리는 앞서 말한 종교적·도덕적 절대성이다. 종교나 도덕에 의해 단순사회의 '혈연'이나 '친족관계', 그리고 계층화된 사회의 '신분'이 '절대적'인 것으로 설명된다. 계층화된 '신분' 역시 혈연에 의해 정당화되는 귀속적 지위이다.

근대사회에 와서 '떠오름'이 중요해지는 이유는, 앞서도 말했듯이 근대사회의 세속화 경향 때문이다. 근대사회에서 행위자와 집단 간의 관계는 도덕적·종교적 절대성에 의해 규정되기보다는 행위가 수행하는 '역할(=기능)'에 의해 연결되는 경향이 강하다. 행위자가 어떤 도덕적·종교적 성향을 갖는가는 더 이상 공적·정치적 차원의 문제가 아니라, 단순히 사적인 생활 차원의 문제가 되었다. 이와 같이 '개인'이 사회의 집단규범 으로부터 독립하여 자율성을 갖기 때문에(개인주의), 근대사회에서 규범 의 도덕적·종교적 내용은 다양해진다(다원주의).

이와 같은 규범의 '개인주의화 및 다원화'에 근거하여, 루만은 근대 사 회질서의 '떠오름'이라는 문제를 강조한다. 여기서 루만이 기능주의 사 회학의 원조인 파슨스와 자신을 구별하는 지점은, 파슨스가 뒤르켐의 영 향 하에 개인주의나 다원주의 규범에 기초한 근대적 문화를 새로운 '집 단정신', 말하자면 '합리성의 규범'으로 이해한다는 점이다. 뒤르켐은 개 인주의 규범이 개인의 자율성을 숭상하는 새로운 '집단정신'이라고 보았 고, '개인'을 숭상하는 '집단적' 규범이라는 이와 같은 역설을 '유기적 연 대'라는 개념 속에 담았다. 즉 집단적으로 개인의 자율성을 숭상하기 때 문에, 개인의 자율성을 침해하지 않는 '합리적' 약속이 가능하다고 본 것 이다. 개인의 자율성을 강조하는 규범 속에서도 집단적 약속이 필요한 이유는, 역설적으로 집단적 협업에 의해서만 개인의 자율성이 보장될 수 있기 때문이다.

이것을 다른 방향에서 보면, 분업에 기초한 협업이 붕괴되지 않고 원 활하게 이루어지기 위해서는, 즉 과거와는 다른 새로운 협업의 원리에 의해 생산성 향상이 이루어지는 사회가 지속되기 위해서는, 개인과 사 회의 관계를 '절대성'이 아니라 '기능' 중심으로 이해하는 개인주의 규범 이 일부 개인에게만 제한되지 않고 일반적인 규범("집단정신")으로 보편화 해야 했다. 이와 같이 개인주의 규범과 집단정신(도덕 또는 문화)이 일정하 게 조화를 이루는 형태를 파슨스는 '합리성'이라는 개념으로 설명했는 데, 그 개념의 기원은 경제학에서 출발한 베버의 '이해' 개념이었다. 베버는 행위를 통해서 행위자의 미시적 동기를 다른 행위자들이 '이해'함으로써 상호적 행위가 가능하다고 보았다. 전근대 사회에서는 행위의 동기가 '절대적 규범'에 뿌리박고 있었으나, 근대사회에 오면 경제적 목적이나 과학적 계산에 기초한 '합리성'이 절대적 가치를 압도하며 상호이해의 패턴을 지배할 것이라고 보았다.

파슨스는 합리성이 지배적 가치가 되면서 개인주의 규범에 기초한 기능분화 사회가 합리적으로 지속되는 것이 근현대 사회의 질서라고 설명했다. 이것은 합리성이 지배하면서 개인이 관료제의 부품으로 전락하리라고 보았던 베버의 비관적 전망과는 반대되는 진단이다. 사회 속에서 개인이 더 이상 중요해지지 않는다는 판단에 있어서는 루만이 오히려 베버와 유사하다. 그러나 루만은 기능분화가 체계화한 질서로 '떠오르면서' 개인의 자유 역시 확대된다고 보았다. 개인주의와 다원주의의 규범은 개인의 자유 확대로 연결되기 때문이다. 결국 루만은 사회적 체계들 속에서 개인의 영향력은 사라지지만 개인의 사적 자유는 확대되는 역설적 과정으로, 기능분화를 설명했다.

말하자면 사적 영역에서 확대되는 개인의 자유란, 사회적 측면에서 보면 기능분화 체계의 지배 아래 놓이는 과정일 뿐이다. 미시적 영역에서 개인들이 아무리 자유로워도 아니 오히려 바로 그렇기 때문에, 거시적 영역에서는 개인들이 주체로서 전혀 영향을 미치지 못하는 자기생산적 질서가 떠오른다. 이와 같은 설명은 사회적 현상을 복잡계의 자연과학적 원리에 의해 설명할 수 있다는 '사회물리학'(예컨대 Buchanan 2007)의 설명과 일맥상통한다.

루만에 의하면 '개인'이란 사회적 수준의 주체가 아니라 심리적 체계라는 또 다른 수준에서 나타나는 '떠오름'의 질서일 뿐이다. 그런데 심리적 체계와 사회적 체계들은 '체계'의 수준에서만 서로 연동하기 때문에, 심리적 체계에 변화가 일어날 경우 사회적 체계에도 변화가 가능하다. 말하자면 개인과 사회의 상호관계는 체계 수준의 연동으로만 설명된다. 그리하여 심리적 체계의 변화나 사회적 체계의 변화에서 '근본적'이거나 '예상할 수 없는' 변화는 배제된다. 모든 변화가 체계 고유의 자기생산적 기제에 의해 내부적으로 조절되기 때문이다.

개인과 사회적 질서 간의 이와 같은 관계는 심리적 체계와 사회적 체계를 체계/환경의 관계로 설명할 때 이해하기 쉽다. 우선 심리적 체계가 사회적 체계의 환경이라고 보면, 사회적 체계는 환경(심리적 체계)으로부터 요소들을 받아들이는 '열린' 계의 성격을 갖는다. 그러나 그것은 동시에 사회적 체계의 질서를 유지하며 그 요소들을 그 질서에 맞게 해석 또는 배치하는 '닫힌' 계이다. 이것은 거꾸로 사회적 체계가 개인(심리적 체계)의 환경이라고 볼 때에도 마찬가지이다. 사회적 체계의 요소들은 심리적 체계에 의해 선택적으로만 처리된다.

사회적 체계나 심리적 체계에 의한 이와 같은 선택적 처리 또는 양 체계의 연동은 '의미'를 통해서 이루어진다. 심리적 체계에 의해 처리되는 의미가 사회적 체계 속에서 적절하게 '번역'될 수 있을 때, 양 체계의 연동이 가능하다. 말하자면 개인과 사회적 질서는 '의미의 규정'을 공유함으로써 연동한다. 루만은 개인의 차원에서 의미의 변화가 일어날 경우 사회적 체계에서도 변화가 야기된다고 설명하지만(Berghaus 2011), 여하한 변화도 '기능분화'와 같은 사회의 자기생산적 질서를 변화시킬 수는 없다.

결국 환경이 아무리 변화해도 개인이라는 심리적 체계, 사회라는 사회적 체계에 근본적 변화는 불가능하다. 이것은 루만이 현대사회에서도 근대적인 '기능분화 체계' 이외의 다른 사회형태를 상상할 수 없는 이유이다. 결국 사회와 개인에게 어떤 위험이 닥쳐도 기능분화 체계의 성격은 변화하지 않는다. 따라서 기능분화 체계가 처리할 수 없는 위험이라면, 그 위험은 결국 사회의 멸망으로 귀결될 수 있을 뿐이다. 멸망을 피하기 위해서는 이 사실을 직시해야 한다고 루만은 강조하는데, 그럴 경우 과연 어떤 방식으로 멸망을 피할 수 있는가에 대해서는 제시하는 내용이 없다(Luhmann 1990[1986]).

사회적 체계들의 멸망을 위협하는 위험들에 대해 이처럼 루만이 직접적으로 제시한 해결책은 없으나, 그의 이론을 논리적으로 따라가면 제시될 수 있는 답은 오직 하나뿐이다. 그것은 '생산성 향상'을 목적으로 하는 기능분화가 아니라 위험해결을 목적으로 프로그램화한 새로운 사회적 질서의 떠오름뿐이다. 그러나 루만은 새로운 질서의 떠오름을 불가능한 것으로 보았다. 새로운 질서의 떠오름은 오히려 벡의 '위험사회' 개념을 통해 상상될 수 있을 것이다. 루만은 자기생산적인 사회적 체계의 떠오름이 파슨스의 '이중의 우연성double contingency'에 기초한 우발적 과정(즉 진화)의 결과라고 보았는데, 벡은 '위험사회' 개념을 통해 바로 그와 같은 새로운 방식의 '이중의 우연성(의미의 소통)'이 특히 새로운 정치적 양상으로 싹트고 있음을 포착했다.

2. 벡: 탈바꿈 = 또 하나의 '새로운' 근대적 사회질서의 떠오름

루만과 달리 벡은 사회적 체계들에 의해서 연산되지 않고 체계적으로 외부화되는 위험들로 인해서, 근대적 사회가 멸망하는 것이 아니라 '또 다른 근대성'의 사회로 형태변화를 겪는다고 설명했다. 그것을 우리는 '새로운 질서의 떠오름'으로 상상할 수 있겠으나, 벡은 그와 같은 '복잡계'

과학의 개념보다는 '탈바꿈'이라는 생물학적 은유에 기대어 설명했다. '탈바꿈'이라는 은유는 '혁명'과 대조하기 위해 의도적으로 선택된 개념이다. '혁명'은 기존의 사회에 대한 '주체'의 의도적이고 이념적 단절을 의미한다. 이에 대비해서 '탈바꿈(변태)'은 주체 차원의 의식과는 독립적으로 프로그램화한 개체 성장의 과정이다. 즉 여기서 가장 중요한 것은 '성숙을 통한 자체적 변화'이다.

이런 측면에서 벡은 '위험'이 마르크스가 말하는 '위기crisis'가 아니라 오히려 '근대성이 성공함으로써' 생산되는 것이라고 설명했다. 말하자면 루만이 말하는 바 '기능분화'가 근대성의 '애벌레' 패턴이라면, 위험을 정치적 의제로 제기하는 새로운 사회적 소통의 출현('위험사회')은 근대성의 '나비' 패턴을 예고한다는 것이다. 결국 '위험에 대한 소통'이 새로운 사회 체계의 프로그램화를 예고하는 '이중의 우연성'으로 싹트는 과정인 '위험사회'는 '나비' 패턴의 '또 다른 근대성'을 예고하는 '번데기' 형태라고 할 수 있다(Beck 2016).

벡은 이와 같이 새로운 근대성의 패턴 또는 새로운 제도적 형태의 '떠오름'을 새로운 독립적 개체의 출현이라는 진화적 과정이 아니라, 오히려 한 개체의 성장단계로 전개되는 양상으로 설명했다.[1] 이 지점에서 벡의 '성찰성' 개념은 기든스의 '성찰성' 개념과 연결될 수 있다. 즉 근대성의 '성찰성'은 다른 패턴의 근대성으로까지 성장할 수 있는 잠재성을 가진 것이다.[2] 그러나 벡 자신도 강조했듯이, '또 다른 근대성'의 패턴은 곧

---

1) 그러나 벡은 독일어로 된 『위험사회』의 원본에서 '진화' 개념을 자주 사용했다(Beck 1986).
2) 벡과 기든스의 '성찰성' 개념에 대해서는 홍찬숙(2015) 참조.

충의 DNA와 같은 프로그램에 의해 결정되지 않는다. 오히려 그것은 산업사회의 제도들이 해체되는 '무질서(=개인화)' 속에서, 위험이라는 부작용의 주도하에 사회적 행위자들에 의해서 정치적으로 구성되는 성질의 것이다.[3]

이와 같은 과정을 주도하는 것이 '위험risk'이라는 '의도하지 않은 부작용'이기 때문에, 벡은 '또 다른 근대성'의 구성 과정이 의식적이거나 성찰에 기초한, 순수하게 행위의 결과이거나 또는 주체적 작용의 산물이라고 보지 않았다. 그리고 바로 이 부분에서 벡은 기든스의 '성찰성' 개념과 자신의 개념과의 차이를 강조했다(Beck, Giddens, & Lash 1994; 홍찬숙 2015). 사회적 행위자들의 의도성이나 주체성은 오히려 '위험'에 의해 견인되는 2차적인 것이다. 그렇기 때문에 새롭게 구성되는 '또 다른' 또는 '성찰적' 근대성은 전근대적 성격의 도덕적·형이상학적 현상이라기보다는 오히려 사회학적 현상, 즉 사회학적 '떠오름'의 현상이다.

이런 식으로 보면 '위험사회'란 근대성이 '산업사회'의 성숙('성공')에 의해 제도적 탈바꿈을 하는 연속체의 과정이라기보다는, 오히려 위험생산으로 야기된 환경 변화에 의해 새로운 패턴의 사회질서가 '떠오르는' 과정이라고 해석할 수 있다. 말하자면 기존의 사회질서('산업사회')가 임계점에 도달하여 무질서하게 되는 동시에, 그 무질서 속에서 새로운 상호작용의 패턴이 형성중임을 징후적으로 알려주는 과정이라고 이해할 수 있다. 여기서 '징후적'이라 함은 새로운 상호작용 패턴이 온전히 드러나

---

3) 벡이 의도적으로 '무질서(chaos)' 개념을 사용한 대표적 사례로, 부인인 벡-게른스하임과 공저한 가족사회학 저서의 제목을 들 수 있다(Beck and Beck-Gernsheim 1990).

지 않음을 또는 아직 결정되지 않았음을 의미한다. 만일 새로운 패턴이 이미 결정되었다면 '탈바꿈'이라는 DNA 기반의 은유가 더욱 타당할 것이다. 다시 말해서, 새로운 패턴은 아직 확정되지 않았고 위험과 인간의 행위가 만나는 방식에 의해 그 형태를 드러내게 될 것이다.

이상의 설명은 벡의 '탈바꿈' 은유를 '떠오름'으로 재해석한 방식이다. 여기서 '위험사회'는 '새로운 질서'가 아니라 오히려 '무질서'를 의미한다. 그것은 '산업사회'에서 고정되어 있던 제도가 해체되며 '유동화'(Beck & Beck-Gernsheim 2012[2002]; Bauman 2000과 비교)하는 상태를 말한다. 이와 같은 과정을 벡은 '개인화'라는 개념으로 설명하였고, 따라서 『위험사회』의 핵심은 독일에서 그렇게 알려져 있듯이 '개인화' 테제이다.

'개인화'하는 무질서 속에서 '떠오르는' 새로운 질서는 신사회운동으로 대표되는 새로운 정치적 결속의 형태를 통해 관찰된다. 벡은 구사회운동으로부터 구별되는 신사회운동의 특징을 탈이념성, 탈조직성, 탈동일성에서 찾았다. 구사회운동은 거시적 구조에 의해 결정된 집합적 정체성에 기초한 이념적·조직적 동원이었으나, 신사회운동은 그와 달리 '위험'에 대한 개인화된 인지에 기초하여 쟁점과 상황에 따라 유동적으로 전개되는 새로운 형태의 저항운동이다. 이와 같이 탈계급적, 탈조직적, 탈이념적 저항운동이 등장하는 사회구조적 기초로서, 벡은 계급·가족과 같은 집합적 범주로부터의 개인화(=사회구조의 유동화) 및 그것이 야기하는 '일반화된 피고용자 지위로의 수렴'을 들었다(Beck 1986; 홍찬숙 2016a; 2016b).

이것은 신사회운동에 대한 최초의 연구를 수행한 투렌의 '탈산업 사회'에 대한 설명과 일맥상통한다. 투렌은 탈산업 사회를 '계급'이 아니라 '프로그램'이 지배하는 사회라고 보았고, 그와 함께 사회운동의 변화를 관찰했다(Touraine 1971). 베버나 루만과 달리 투렌은 프로그램이 지배하는 사회에서 '주체의 소멸'이 아니라 '행위자의 복귀'를 선언했는데, 벡은 그와 같은 과정을 가능하게 한 구조적 차원의 변화로 개인화를 지적한 것이다. 개인화는 '계급'이나 '가족(또는 성역할)'과 같은 산업사회의 전통적 집합적 정체성이 산업화의 성공 및 그것이 생산한 위험에 의해서 약화되는 현상을 의미한다. 즉 산업사회의 제도가 산업조직이나 국가부문이 아니라 개인 생활의 차원에서 해체되는 것을 의미한다.

산업화의 성공에 의한 개인화는 유사 신분제적 집단 정체성으로 재생산되어온 계급과 가족의 귀속적 정체성으로부터, 교육수준의 향상이나 복지국가의 제도화와 같은 '제도화된 개인주의'에 기초하여 개인 정체성이 풀려나는 과정disembedding을 의미한다. 이로써 계급 내부에서도 다양한 문화적 경향이나 라이프스타일이 출현한다. 즉 여기서 개인화는 '정상성' 규범으로부터의 해방적 효과를 산출하는데, 이 효과의 대표적 수익자는 여성이라고 할 수 있다. 여성은 전업주부라는 산업사회의 성역할 규정으로부터 탈피를 주장하며 또 개인적으로 선택할 수 있는 사생활의 영역에서 부분적으로 그와 같은 개인화를 성취할 수 있게 되었기 때문이다.

이와 달리 산업사회가 체계적으로 생산한 위험에 의한 개인화는 '강요된' 개인화이자 '위험을 동반하는' 개인화이다. 산업사회가 체계적으로 생산한 위험은 과학에 의한 자연착취의 결과인 생태위험과 탈포드주의적 합리화가 초래한 생애위험으로 나뉜다. 그러나 이러한 위험들 역시 산업사회의 발전에 수반된 결과이므로, 산업사회의 위기보다는 산업사회 '성공'의 결과라고 벡은 설명한다. 특히 생애위험은 개인의 계급지위를 결정하는 직업지위를 유동화하고 '실업'의 위협을 일반화한다. 그 결과 집합적 계급 정체성은 약화되고, 언제든 실업자가 될 수 있는 불안한 '피고용자 지위'의 정체성이 일반화한다. 특히 청년층은 노동지위의 불안정성을 숙명처럼 겪을 위험에 노출된 '자유의 아이들'로 표현된다 (Beck & Beck-Gernsheim 1994).

생태위험과 생애위험은 산업사회의 '기능분화' 프로그램이 생산한 결과지만, 루만이 설명하듯이 그 프로그램에 의해서는 인지되지 않는 위험들이다(Luhmann 1990[1986]). 산업사회에서 '위험'에 대비하는 프로그램은 사회보험을 포함한 '보험' 제도인데, 생태위험과 생애위험에 대해서는 일반 보험도 사회보험도 대비는커녕 인지조차 하지 않는 경향이 있다. 이렇게 산업사회 프로그램 자체의 역설—위험 생산과 동시에 인지불가능—로 인해서, 사회 체계의 방향타에 해당하는 정치 분야에서 격변이 일어난다. 제도 정치의 무능과 무책임에 대한 회의가 일반화하며, 간접민주주의 제도에 의해 선출된 기관들이 아니라 위험을 인지하는 개인들 스스로가 정치적 행위의 주체로 나서게 된다. 말하자면 여기서 "정치적인 것의 발명"(Beck 1993)은 위험과 행위자들의 결합에 의해 일어난다. 새로운 '정치적인 것'의 이러한 표현형태가 신사회운동이며, 신사회운동은 제도와의 간격 때문에 사생활의 영역에서 나타나는 변화들과 밀접한 관련성을 갖는다.

'정치적인 것의 발명'을 통해서 이렇게 사회구조의 변화와 정치적 구성의 변화가 연결되지만, 앞서 보았듯이 이와 같은 변화는 근대 초의 '혁명'과 같은 근본적인 '단절'의 형태로 일어나지 않는다. 무엇보다도 산업조직이나 국가부문과 같은 산업사회의 핵심영역에서 일어나는 격변이 아니기 때문이다. 오히려 이미 민주주의라는 정치원리가 일정 정도 제도화된 상태를 기반으로 사생활의 영역에서 진행되는 미시적 변화일 뿐이다. 그러나 이러한 변화를 야기한 핵심이 바로 개인주의와 다원주의의 제도화이기 때문에, 벡은 '신사회운동+생활양식의 변화'라는 형태로 관찰되는 새로운 질서를 '또 다른 근대성' 또는 '제2근대성' 등 '근대성'의 연속성 속에서 설명한다. 그리고 이러한 '연속성'을 강조하기 때문에 '탈바꿈'의 은유를 사용한 것이 아닌가 한다.

그런데 개인화와 신사회운동의 등장으로 그 윤곽이 설명되는 새로운 근대성의 질서(또는 무질서)는 아직 신자유주의 세계화에 의해 세계가 시공간적으로 재구조화되기 이전의 형세에 적용된다. 1990년대 후반부터 신자유주의 세계화에 대한 논의를 흡수하여 '초국화'한 수준의 '세계위험사회' 개념으로 넘어가면서, 벡은 새롭게 떠오르는 '또 다른 근대성'의 질서를 세계시민주의 또는 세계시민화로 재규정했다. 그리고 그러한 질서의 이면에서 극우적인 근본주의 정치와 보호주의의 재부상, 미국 국가권력의 헤게모니 강화 등의 문제들에 대해 경고했다(Beck 2002).

벡은 '근대화'한 귀속적 집단 정체성의 경계가 '개인화'를 통해 유동화하기 때문에, 집합적 정체성에 기초한 '타자'의 개념이 구조적으로 소멸할 처지라고 보았다. 그리고 그러한 정체성의 무질서로부터 신사회운동의 주체가 되는 '새로운 정치적 시민'의 정체성이 형성되리라고 보았다. 이와 같은 새로운 시민 정체성은 앞서 보았듯이, 구조적으로 '일반화된 피고용자' 지위에 근거한다. 그러나 신자유주의 세계화로 국경이라는 또 다른 귀속성의 경계마저 부분적으로 유동화하면서, 새로운 정치적 시민의 정체성은 세계시민주의적으로 초국화할 수밖에 없다고 보았다.

그런데 여기서는 국민국가 내에서 '일반화된 피고용자' 지위가 일반화하고 개인화가 부각되는 방식과는 달리, 경제 세계화로 인해 오히려 국적에 따른 피고용자 간의 대립이 강화될 위험이 커진다. 따라서 신자유주의적 세계화를 통한 '정체성의 초국화'는 기대하기 어렵다. 그리하여 국적 간 대립을 야기하는 경제적 위험이나 국가권력과 관련된 폭력—테러―의 위험이 아니라 오직 생태적 위험―특히 기후변화―에 의해서만 '정체성의 초국화'가 가능해질 것이라고 벡은 설명했다. 이와 같은 설명은 '국가'를 세계사회의 기능분화를 가로막는 '분절적 체계'로 이해한 루만의 설명(Luhmann 2009[1975]; 1997)과 일맥상통한다. 그리고 루만이 세계사회의 '질서정연함'에 대해 회의적이었듯이, 벡 역시 국적별 경쟁관계를 통해서 극우적인 근본주의의 정치 또는 요새화된 영토정치가 강화되리라고 보았다.

초국화된 신자유주의 세계에서 말하자면 증가하는 '생애위험'은 국가들 간에 나타나는 복지제도의 차이나 또는 구조화된 세계 불평등에 의해서 반세계시민적인 정치적 효과로 연결될 것이다. 반면에 초국화된 생태위험은 여기서도 '타자' 범주를 위협하는 개인화의 효과를 발휘할 수 있다. 세계 수준의 불평등 구조에 의해 매개되는 생애위험과 달리 생태위험은 '사회적 체계'들을 통해 걸러질 수 없기 때문이다. 말하자면 생애위험은 생산중심적인 (따라서 '산업사회'의 질서를 완전히 탈피하지 못한) 세계사회의 구조와 결합되어 있으나, 생태위험은 훨씬 예측하기 어려운 물질세계의 현상으로 나타난다.

한편 이와 같이 새로운 근대성의 '떠오름'에 있어서 생애위험보다 생태위험의 지구적 성격을 강조한 것은 『위험사회』에서부터 일관적으로 지속된 기본입장이기도 하다. 신자유주의 세계화로 인해 초래되는 또 다른 차원의 (메타 거시적) 무질서인 시공간 및 의미지평의 '초국화'가 세계시민주의라는 '제2근대성' 질서의 '떠오름'으로 귀결되려면, 여기서도 벡은 『위험사회』에서와 마찬가지로 '개인화'라는 (미시적) 무질서가 매개되어야 한다고 보았다. 그러나 서구사회의 '복지국가' 체제를 매개로 한 신사회운동의 일국적 현상에서와 달리 초국적 공간에서는 '산업사회' 제도의 집단적 불평등이 한층 강력하기 때문에, 벡은 생태위험의 경우에만 '타자' 범주를 위협하는 '해방적' 성격의 개인화가 가능하리라고 보았다. 특히 기후변화는 가장 예측 불가능하고 지구적이기 때문에, 기후변화에 대응하는 정치를 통해서만 세계시민주의 질서의 '떠오름'이 가능하다고 보았다.

'떠오름'에 대한 관찰의 시선을 일국적 신사회운동에서 초국적 기후변화의 정치로 옮기면서, 벡은 '탈바꿈'의 문제를 '해방적 파국'의 문제로 연결했다(Beck 2015). '산업사회'에서 '위험사회'로의 탈바꿈은 산업사회의 위험생산에 의해 촉발되지만, '세계위험사회'에서 세계시민주의로의 '탈바꿈'은 기후변화라는 '해방적 파국'을 통해서 촉발되리라는 것이다. 결국 산업사회라는 '애벌레'가 세계시민주의 질서라는 '나비'가 되기 위해서는 앞서 말했듯이 '(세계)위험사회'라는 번데기의 탈바꿈을 거치는데, 여기서 지구라는 행성 위의 삶 자체를 위협하는 파국의 가능성에서 출발할 때에만 '나비'로의 탈바꿈이 가능하다는 것이다. 그리고 이러한 탈바꿈은 앞서도 보았듯이, 파국적 무질서 속에서 새로운 사회적 질서가 '떠오르는' 현상으로도 설명할 수 있다.

II. '떠오름'에 대한 상이한 설명과 그것의 연구 방법론적 의미

1. 루만: 근대사회(=기능분화 체계)의 떠오름과 실증주의

현대 사회학의 연구 방법론에 있어서 복잡계 과학의 영향을 직접적으로 표명하는 경우로서, 사회 연결망 이론(대표적으로 김용학 2010; 김용학 · 김영진 2016)이 있다. 이것은 무질서하게 수집된 거대자료로부터 일정한 사회적 패턴을 찾아내는 연구 방법론이다. 현재까지는 연결망 이론이 복잡계 과학의 관점에 기초한 유일한 사회학적 연구 방법론으로 인식되고 있다. 예컨대 2015년 한국과학기술원(KAIST)에서 열린 후기 사회학대회에서는 연결망 분석을 통해 사회학과 공학이 서로 교류할 수 있음을 강조했다.

사회 연결망 이론에서 가장 중요하게 거론되는 사회학자는 베버와 동시대를 살았던 독일 사회학자 짐멜이다. 짐멜은 당시에 학계에는 자리를 잡지 못하였으며 오히려 대중 강연으로 유명한 사회학자였다. 사회학·심리학·철학·미학 분야를 넘나드는 그의 연구는 사회학계의 주변으로 밀려난 데 반해서, 법학·경제학·역사학과 긴밀한 관계 하에 있던 베버의 사회학이 이후 주류 사회학으로 부상했다. 그것은 앞서 파슨스와 관련된 설명에서 보았듯이, 사회학이 '합리성' 개념을 핵심으로 하는 학문으로 발전했기 때문이다. 그러나 현대의 사회 연결망 이론에서 '복잡성' 개념이 '합리성' 개념을 대체하면서, 개인들 간의 '상호작용'에서 출발하는 짐멜의 사회학이 재발견되었다.

이와 유사한 경향은 프랑스 사회학에서도 발견된다. 예컨대 탈근대주의 철학자로 거론되는 들뢰즈에 의해서, 과거 뒤르켐과의 논쟁에서 패배한 후 잊힌 사회학자 타르드가 재발견되고 있다. 짐멜이 연결망 분석의 방법론 차원에서 이론적으로 재발견된 데 비하여, 타르드는 보다 철학적인 측면에서 재발견되는 경향을 보인다. 그러나 들뢰즈의 철학이 현대 물리학자 출신의 과학철학자들에게도 영향을 미치면서(예컨대 Barad 2003), 타르드의 사회학 역시 현대 과학의 복잡계 관점과 연결될 수 있을 것이다.

〈칸트의 물리적 단자론에서 본 물질의 본성〉이라는 논문으로 박사학위를 받은 짐멜은 칸트의 '오성Verstand'이 사용하는 '범주Kategorie'들처럼 사회현실에 대한 사고의 '형식'들을 밝히는 것이 사회학의 목표 중 하나라고 보았다(Rosa, Strecker, and Kottmann 2013: 113-139). 사회 연결망 이론은 짐멜의 이러한 "형식사회학"을 이론적 토대로 삼고 있다. 여기서 '형식'들은 개인들 간에 일어나는 상호작용의 형식들을 의미한다. 그런데 루만의 '사회적 체계' 개념이 의미하는 것 역시 상호작용 또는 더 정확히 말해서 '소통communication'이 스스로를 체계화하는 '형식'이다. 루만은 사회적 체계들을 (대면적) 상호작용, 조직, 저항운동, 사회로 구별하였고, 이중 '사회'가 분화하는 형식—즉 사회라는 형태로 소통의 상호작용이 구성되는 원리—들을 앞서 말했듯이 분절적 분화, 계층적 분화, 기능적 분화로 구별하였다.

사회 연결망 이론과 루만 사회학의 공통점은 짐멜의 형식사회학과의 관련성뿐만 아니라, 관찰 가능한 자료(즉 '결과')들에 기초하여 그와 같은 '형식'들을 설명한다는 것이다. 연결망 이론이 거대자료를 기초로 사용하듯이, 루만의 사회학적 관찰에서도 관찰할 수 없는 것은 배제된다. 말하자면 이미 관찰 가능하게 드러난 또는 발생한 '결과'들만이 관찰의 대상이 된다. 이것은 루만이 '기능분화 체계' 이외의 현대적 사회체계에 대해 상상하지 못하는 이유를 설명해준다. 우리가 '체계화된 형태'로 관찰할 수 있는 근대성의 사회는 여전히 기능분화에 기초한 사회뿐이기 때문이다. 소위 '탈근대주의'는 기존의 체계들로는 포괄되지 않는 현상들이 진행되고 있음을 알려주지만, 그러한 현상들이 자본주의 또는 (2차건 3차건 4차건 간에) 산업 중심 사회라는 기능분화의 체계 자체를 위협하는 것이라고는 보지 않는다.

그렇기 때문에 루만은 탈근대주의가 단순한 수사학에 불과하다고 판단한다(Luhmann 1997). 또한 생태위험과 같은 위험들 역시 우리가 관찰할 수 있는 사회체계에 기초하여 해결법을 모색할 수밖에 없으며, 그것이 형이상학이나 도덕으로 회귀하지 않는 유일하게 근대적(또는 과학적)인 길이라고 보는 것이다. 말하자면 '관찰'과 관련하여 루만은 철저하게 실증주의적 관점을 유지한다. 그는 '과학적' 관찰을 '실증주의적' 관찰과 동일시한다. 그러나 귀납적인 단순 실증주의건 연역적인 비판적 실증주의건 간에, 실증주의의 가장 큰 맹점은 예상치 못한 변화이다. 말하자면 실증주의는 관찰 불가능한 상태로, 또는 자료화되지 못한 채, 관찰이 가능한 표면 밑에서 진행되는 현실을 '외부화'한다.

예컨대 과거 자본주의 질서의 떠오름을 설명한 마르크스, 근대 시민사회의 떠오름을 설명한 뒤르켐은 단순 실증주의자도, 비판적 실증주의자도 아니다. 이들은 당대의 통계나 자료들을 활용했으나 그것들은 관찰의 단서에 불과했다. 당시 기술적으로 산업화는 이미 진행되었으나, 사회적 차원에서 자본주의 또는 산업사회는 그 윤곽을 또렷이 들어내지 않은 채 떠오르는 초기의 상황이었다. 말하자면 경험적 자료들을 통해 사실을 다양하게 해석할 수 있는 매우 논쟁적인 상황이었다. 따라서 마르크스나 뒤르켐이 새로운 질서의 떠오름을 관찰할 수 있었던 것은, 관찰할 수 있는 사실들뿐만 아니라 자료를 통해 관찰되지 않는 '공백'들까지 이론적으로 함께 고려했기 때문에 가능했다.[4]

---

4) 경험적 자료가 없다는 사실이 곧 현실이 존재하지 않음을 의미하지는 않는다. 사회세계에서 현실을 완전히 모사하는 자료를 획득하기는 불가능하다. 뿐만 아니라 물질세계에서조차 '무'가 '아무 것도 없음'을 의미하지는 않는다고 한다(Barad 2012).

현대과학에서 이와 유사한 '이론적 투사projection'의 예로 한동안 '철학적 문제'로 치부된 아인슈타인과 보어의 양자역학 해석논쟁을 들 수 있지 않을까 한다.[5] 이들의 논쟁이 실험실에서의 실험이 아니라 머릿속에서 일어나는 '사고실험'을 기초로 한 것이었기 때문에 이들의 논쟁은 철학의 영역으로 밀려났고, 양자역학은 미국식의 매우 실용주의적 관점에서만 연구되었다고 버라드는 지적했다. 그녀에 의하면, 보어와 아인슈타인 논쟁 당시에는 사고실험에 의존했던 양자역학의 '해석문제'가 1990년대 중반부터 가능해진 '실험실에서의 실험'에 의해 새롭게 이론적 조명을 받고 있다(Barad, 2007: 105). 말하자면 실험기술의 발전에 의해서 '철학적 상상력'이 '이론적 투사'로 재해석되는 것이다.

> 지난 10년에 이르러서야 겨우 변화가 일어나기 시작했다. […] 지난 10년 동안 양자 컴퓨팅, 양자 컴퓨터 암호기법, 양자 원거리 이동과 같은 실제적 혁신을 위해, 소위 단지 철학적일 뿐인 문제들이 지대한 영향력을 갖고 있음이 분명해졌다. 이 양자 정보이론 프로젝트들은 아직 밑그림 수준이지만 컴퓨팅, 금융, 안보, 방위산업의 혁명적 변화를 약속한다. […] 그리하여 분명히 드러나듯이, […] 몇몇 미국 정부기관들이 이제는 양자 얽힘과 같이 "단지 철학적일 뿐인" 그런 문제들에 대해 관심을 갖는다. 양자 얽힘은 양자역학에서 해석문제의 핵심에 놓여 있는 개념이다. (Barad, 2007: 253)

---

5) 아래에서 설명하지만, '이론적 투사'란 벡의 방법론에 대한 언급으로부터 필자가 도출한 개념이다.

말하자면 과학적 방법론의 원형으로 거론되는 물리학에서조차 관찰의 문제는 현재적 가능성과 미래의 가능성으로 나뉘고, 그로 인해 '사고실험'은 단순한 철학적 문제로 치부될 수 없다. 물론 마르크스와 뒤르켐에게 영향을 미친 과학은 '해석'의 문제를 야기한 현대의 양자물리학이 아니라, 거시적 인과론을 증명하는 뉴턴의 고전물리학이었다. 따라서 사실상 사회현실은 실험실과 동일하지 않고 사회적 현상들은 거시적 물리세계와 달리 법칙적 결정론에 지배받지 않음에도 불구하고, 마르크스와 뒤르켐의 이론적 투사는 시간이 흐르면서 '실증주의 방법론'과 굳건히 결합되어갔다.

뿐만 아니라 사회학의 자본주의론과 산업사회론이 실증주의 방법론과 결합하면서, 근대사회가 자본주의 또는 산업사회라는 '자명성'은 더욱 강화되었다. 그리하여 한동안 근대사회는 거시 물리세계와 마찬가지의 결정론적인 세계로 이해되었다. 결국 근대사회가 생산해온 치명적인 위험에도 불구하고, 자본주의와 산업사회의 틀을 뛰어넘어서 근대성에 대해 사고하는 것이 사회학에서는 불가능한 것처럼 인식된다. 그리고 그 결과, 루만이 주장하는 바와 같이 근대성이란 곧 기능분화에 기초한 산업사회이며 그와는 이질적인 근대적 사회의 떠오름은 가능하지 않다는 판단이 '현실주의'로 여겨지는 것이다.

이러한 현실인식 위에서 새로운 사회의 떠오름에 대한 기대나 전망은 '수사학'적 차원에서만 가능한 것으로 보였다. '탈근대성' 이론들이 이러한 수사학의 대표적인 예로서, 여기서 현실은 '실재' 차원에서 인식 또는 '구성'의 차원으로 넘어갔다. 그러나 만일 '과학적 방법론 = 실증주의'라는 반쪽 과학의 도식에서 탈피할 수 있다면, '이론적 투사'와 '경험연구'를 교차시킴으로써, 수사학의 차원에서 다시 실재의 차원으로 돌아가 새로운 근대성의 떠오름을 기대할 수 있을 것이다. 필자는 벡의 『위험사회』에서 이러한 시도를 찾을 수 있다고 본다.

2. 벡: 세계위험공동체의 '떠오름'과 방법론적 세계시민주의

벡 스스로가 썼듯이, 『위험사회』의 집필 목적은 '탈근대주의'라는 말로 표방되는 인식론적 방향전환을 낳은 '현실'이 과연 무엇인지를 찾는 것이었다.

> 이 책의 주제는 밋밋한 접두사인 "포스트(탈-)"이다. 이것은 우리 시대의 열쇠가 되는 단어다. 모든 것이 "포스트"다. "탈산업사회"는 우리에게 이미 익숙하다. 그 말에는 아직 내용이 있다. 그런데 "탈근대성"에 오면 모든 것이 사라지기 시작한다. 계몽주의 이후라는 암흑개념 속에서 모든 고양이들이 잘 자라고 인사를 한다. "포스트"란, 유행 속에 감춰진 혼란스러움을 가리키는 부호이다.…
> 이 책은 "포스트"라는 접두어의 … 발자취를 추적하려는 시도이다. 지난 20~30년간 근대성-특히 독일에서-의 발전이 이 접두어에 부여한 내용을 이해하려는 노력이다. (Beck 1986: 12)

"포스트"로 표현되는 혼란의 시대를 이해하기 위해서, 벡은 사회를 '규칙성의 세계'로 이해하는 파슨스 이후의 주류 사회학 방법론을 떠나서 근대성의 떠오름을 진단한 초기 사회학의 방법론으로 되돌아가자고 제안한다.

[이 책의] 서술방식은 경험적 사회조사의 규칙이 요구하는 바, 재현이 아니다. 아직도 지배력을 잃지 않은 과거에 대항하여 오늘날 이미 모습을 드러내는 미래를 가시화하는 것, 이것이 이 책의 요구이다. 역사적으로 비교하자면, 이 책의 서술태도는 19세기 초 사회에서 진행되는 장면들을 관찰한 사람들의 태도와 같다. 그 울림이 사라지는 봉건적 농경시대라는 현판 뒤에서 이미 여기저기서 순간적으로 번쩍이는, 그러나 아직 알려지지 않은 산업시대의 윤곽을 제시하려는 관찰자들의 태도와 같다. 구조변동의 시대에 재현은 과거와 손을 잡는 것이고, 어디서 보나 현재의 지평선 속에서 우뚝 솟아난 것이 미래의 꼭짓점이라고 우리의 눈을 호도하는 것이다. 그런 만큼, 이 책의 내용은 경험적으로 방향을 잡은 투사된 사회이론이다. (Beck 1986: 12-13; 원저자의 강조)

벡은 '포스트'라는 접두어가 난무하고 유행하는 현 시대가, 산업사회가 떠오르던 근대성 초기의 시대만큼 구조변동이 진행되는 시대라고 보았다. 따라서 사회학 방법론 역시 산업사회가 제도화된 파슨스 이후의 경험조사 방법론("재현")이 아니라, 경험적으로 방향을 잡되 이론적 투사가 중요하게 작용한 근대 초기 사회학의 방법론이 더 적절하다고 판단했다. 관찰되는 것들은 대부분 "아직도 지배력을 잃지 않은 과거"의 모습이고 미래의 모습은 오히려 "여기저기서 순간적으로 번쩍"일 뿐 "아직 알려지지 않은" 것들이기 때문이다. 따라서 관찰 결과에 실증주의적으로 의존하는 것이 오히려 애매하며, 이론적 투사능력이 필요하다고 본 것이다.

말하자면 벡은 한낱 "포스트"('후기' 또는 '탈피')라는 "암흑개념"으로 표현되는 현 시대가 사실은 새로운 사회질서의 떠오름, 즉 구조변동의 시대라고 보았기 때문에 이론적 투사의 필요성을 강조했다. 그러나 여기서도 경험세계가 완전히 무시될 수는 없고, 이론적 투사는 임의적 '구성'이 아니라 경험적 뿌리를 가져야 한다. '떠오름'은 현실의 문제이기 때문이다. 그러나 경험적으로 재현되는 현실이 '과거 반, 미래 반'의 애매한 상황이기 때문에, 그 속에서 과거와 미래를 구별할 수 있는 이론적 능력이 요구된다.

그렇다면 이와 같은 이론적 능력이 '과학적'임을 어떻게 주장할 수 있는가? 앞서 아인슈타인과 보어의 예에서 보았듯이, 가장 명백한 것은 시간이 흘러서 결과를 확인할 수 있게 되는 것이다. 이것은 포퍼의 보다 비판적인 실증주의와도 일맥상통하는 방향이다. 그러나 벡의 '위험사회' 프레임에서 이것은 매우 위험한 방법이다. 왜냐하면 위험사회는 체계적으로 위험을 생산하여 자멸 가능성을 키우는 산업사회의 결과물이기 때문이다. 또한 사회세계는 물리세계보다 훨씬 다방면으로 인간의 개입과 결정에 의존한다. 따라서 산업사회의 '자명성'이 강조될수록, 새로운 질서의 떠오름은 억압되거나 무시되어 결국 폭발적인 양상으로 나타나게 될 것이다.

여기서 벡이 과학의 핵심을 '실험'과 '검증' 또는 '반증falsification'이 아니라 '의심하기'로 본다는 사실을 상기할 필요가 있다. 벡은 근대성의 핵심을 과학으로 보는데, 과학의 핵심을 베버처럼 '합리성의 지배'가 아니라 '의심하기'로 본다. 말하자면 기존 질서나 사고의 '자명성'을 의심하고, 실재에 더욱 근접할 수 있는 방법을 모색하는 것이 과학의 핵심이라고 보았다. 따라서 벡의 관점에서 볼 때, 이론적 투사의 과학성은 1) 의심하기, 2) 현존 질서의 '자명함'이라는 인식론적 굴레에서 벗어나기, 3) 경험적 자료와 교차하여 판단하기라는 세 가지의 행보를 통해 주장될 수 있을 것이다.

그런데 여기서 '자명함'의 문제는 루만과 벡의 방법론을 완전히 가르는 핵심적 요소이다. '자명함'의 인식론적 굴레라는 문제와 관련해서, 루만은 사회 내에서의 또는 사회학자의 인식론적 '맹점'은 불가피하다고 보았다. 말하자면 사회적 인식은 사회적 체계의 구성과 함께 형성되기 때문에, 사회적 체계를 뛰어넘는 인식은 그 체계 외부의 존재에 의해서만 가능하다는 것이다. 이런 관점에 기초하여 루만은 세계화 시대에는 사회가 세계사회로 확대되고 그 외부가 없어지기 때문에, '외부로부터의 관찰'은 불가능해졌다고 판단했다. 따라서 객관적이거나 보편적인 인식은 불가능해졌다고 보았다(Luhmann 1997).

　벡 역시 과학은 지식과 함께 무지를 체계적으로 생산한다고 보았고 또 지식의 문화·정치 의존성('하위정치화')을 강조했기 때문에, 산업사회에서 주장되었던 단순 보편성에 대한 요구에 대해서는 회의적이다. 그럼에도 불구하고 보편적이거나 객관적 지식이 완전히 불가능하다고는 보지 않았는데, 이것은 지식행위와 같은 행위성을 인간의 영역에만 제한하지 않고 물질세계로까지 확장하여 사고했기 때문이다.

　말하자면 일정한 사회체계 속에 갇힌 인간에게는 보편적이고 객관적 인식이 불가능할 수 있으나, 지구상의 생명체를 위협하는 위험의 관점에서 보면 어떤 편파성과 주관성도 존재하지 않는다. 예컨대 기후변화와 같은 생태위험은 사회체계가 정의한 어떤 구별과 의미도 인식하지 않고 모든 생명체를 고루 위협한다. 따라서 생태위험 앞에서 그와 관련된 지식은 기본적으로 보편적이고 객관적일 수 있다. 이와 같이 벡은 루만과 달리 세계화된 사회 외부로부터의 관찰 역시 불가능하지 않다고 보았다. 다만 그것은 인간의 관점이 아니라 물질, 더 정확하게는 '위험'이라는 부작용의 관점을 취했을 때 가능하다고 보았다.

이와 같이 산업사회가 초래한 생태위험의 관점, 즉 생명위협의 관점에 서는 객관적이고 보편적인 인식이 가능하다. 따라서 사회를 관찰함에 있어서도 루만이 말하는 바와 같은 '사회적 체계'의 구성된 관점이 아니라, 생명위협의 관점에 서야 보편타당한 과학적 지식이 가능해진다. 그리하여 이렇게 생명과 관련된 보편성의 관점에 기초하여 새로운 '위험공동체'의 사회적 유대가 떠오를 수 있으며, 그것은 '또 다른 근대성'의 질서를 의미한다고 판단했다. 말하자면 과학의 중심이 '기능적 사용'에서 '지구상의 생명이라는 보편성'으로 전환됨으로써, 근대성의 새로운 제도들이 형성될 수 있고 또한 현재 각종 초국적 협력의 사례들을 통해 그러한 떠오름의 징후들을 관찰할 수 있다고 보았다.

이것을 벡은 인간이 주체가 되는 '하위정치'—이것은 정치 체계와 비정치 체계들과의 구별이 와해되는 무질서의 상태를 의미한다—와 구별되는 (위험이 주도하는) '부작용의 정치'라고 표현했고, 인간의 구성적인 하위정치들은 부작용의 정치가 제공하는 보편성 속에서만 '해방적'일 수 있다('해방적 파국')고 보았다. 그리고 지구상의 생명을 위협하는 산업사회의 부작용인 위험이 지구상의 모든 생명체를 무차별적인 '생명'으로 동일시하기 때문에, 결국 새롭게 떠오르는 새로운 근대성의 질서에서는 과거 사회적 체계들에 의해 규정된 '타자'의 범주가 소멸하여 '세계시민주의'의 의미지평이 형성될 것이라고 예상했다.

그러나 세계시민주의 의미지평은 세계시민적 화합과 평화의 형태로 나타나기 보다는 오히려 문화적·경제적·폭력적인 대립과 갈등을 통해 이질적인 사회적 집단들의 의미지평이 차츰 하나의 초국적 의미지평으로 확장되는 과정을 통해 형성된다. 따라서 규범적 차원의 세계시민주의를 직접적인 경험적 사실로 관찰할 수 없다고 벡은 강조했다. 말하자면 세계시민주의 의미지평을 세계시민주의 규범의 정상화(제도화)라는 새로운 사회적 질서로 연결시키는 것은 관계와 행위 차원에서 새롭게 떠오르는 '세계위험공동체'이다.

결국 지구 위의 생명을 위협하는 각종 위험에 대항하는 초국적 수준의 정치공동체 형성이, 세계시민주의라는 새로운 근대성 질서의 단서가 된다는 것이다.[6] 신자유주의 세계화를 통해 격화되는 경제적 경쟁과 테러 등의 폭력 속에서, 세계시민주의는 간헐적이고 위태롭게 주장될 뿐이다. 그러나 그것의 부정은 곧 지구 생명의 파멸을 의미하기 때문에, 세계시민주의는 산업사회가 전성기를 통과한 현 시점에서 사회의 생존을 위해 유일하게 가능한 선택지라고 벡은 판단했다.

또한 세계시민주의는 사회학의 방법론 측면에서도 유의미하다. 세계시민적 의미지평이 형성되고 있음을 관찰하는 일은 순진한 관찰만으로는 불가능하기 때문이다. 이론적 측면에서 준비과정, 즉 '방법론적 세계시민주의'가 선행되어야 한다. '방법론적 세계시민주의'는 '이론적 투사'의 길잡이 역할을 한다. 동일한 경험적 현상들이 방법론적 세계시민주의를 통해 '과거'에 속하는 산업사회·국민국가 질서의 패턴으로서가 아니라, '새로운 근대성의 제도들'이라는 '미래'로 연결되는 징후들로 해석될 수 있다는 것이다. 그리고 이러한 관찰의 '현실성'을 담보하는 것은 다름 아닌, 자본주의 산업사회의 자기파멸성 및 지구상에서 살아남으려는 생명체로서 인간의 의지이다.

---

6) 말하자면 세계시민주의는 루만 이론의 출발점인 근대 개인주의와 다원주의의 급진적 귀결이자 동시에 세계위험사회에서 현실적으로 불가피한 당위라고 할 수 있다.

III. 나가며

이상에서 근대적 사회의 떠오름을 '기능분화 체계'라는 유일무이한 형태로 보는 루만의 관점과 '산업사회'(제1근대성)의 국민국가 질서와 '위험사회'에서 출발하는 세계시민주의 질서(제2근대성)의 두 형태로 본 벡의 관점을 비교했다. 앞서도 말했듯이 루만은 인지생물학자인 마투라나의 이론에 기대어 '복잡성'을 근현대 사회적 체계의 화두로 삼은 사회학자이고, 벡은 근대성의 제도적 질서가 '반쪽 근대성'에 불과한 '산업사회' 형태에서 보다 해방적인 '또 다른 근대성'의 형태로 탈바꿈 중이라고 진단했다.

루만은 의식적으로 '떠오름'을 근현대 사회를 설명하는 핵심개념으로 놓았고, 복잡계 과학의 관점을 사회학에 적용하려는 의도를 가졌다. 반면에 벡은 '탈바꿈'이라는 생물학적 은유에 기대어 근대성의 제도적 질서가 '자본주의 산업사회'의 형태로 소진되지 않는다고 보고, '위험의 정치'를 통해 세계시민적 사회질서가 그 이면에서 떠오르고 있다고 관찰했다. 전반적으로 벡은 '떠오름' 보다는 '탈바꿈'을 강조하지만, 신자유주의 세계화 이후 초국적 수준에서 '세계위험사회의 정치'가 새롭게 떠오르고 있음을 경험적으로 관찰할 수 있다고 보았다.

연구 방법론의 측면에서 보면, 루만은 과거 아도르노와 포퍼 사이에서 이루어진 독일 실증주의 논쟁을 포퍼의 실증주의 진영과 가까운 방향으로 계승한 것으로 알려져 있다. 그 자신은 이론연구에 몰두하여 경험연구를 수행한 바 없으나, 그는 경험적으로 관찰되지 않는 사실에 대한 주장을 형이상학이나 도덕적 주장으로서 비과학적이고 전근대적인 태도라고 비판해왔다. 이에 비해 벡은 과학의 문화적·정치적 구성이나 작용의 문제('하위정치화')를 지적하면서도, 과학의 뒷받침 없이 현대사회의 위험을 해결할 수 없다는 입장을 견지했다. 또한 사회학의 연구 방법론에 있어서, 근대 산업사회의 제도적 성숙기가 아니라 그것의 발현 시기에 사용되었던 뒤르켐 등의 방법론을 옹호했다. 따라서 경험적 관찰에 기대서만 온전히 판단되지 않는 '이론적 투사'의 사회이론을 지지했다.

이 글에서는 이 두 사회학자의 관점 중 누구의 관점이 복잡계 과학의 관점에 더 가까울 것인가에 대해 생각하며 논의를 진행했다. 논의 결과, 필자는 명백히 '복잡성'과 '떠오름'의 개념에서 출발하는 루만보다 은유적 표현을 사용하는 벡의 관점이 복잡계 과학에 한층 더 가까울 수 있다고 생각한다. 무엇보다도 기능분화 사회가 스스로 생산한 문명위험을 인지하지 못함으로써 이미 임계점에 도달했음을 인정하면서도, 다른 사회적 질서로의 전이는 불가능하다는 루만의 판단이 사물을 고정적인 것으로만 바라보는 고전물리학의 사고방식이 아닐까 싶기 때문이다.

벡은 '무질서chaos', 난류turbulence', '파국catastrophism' 등의 개념을 사용하였으나, 그것이 물리학적 개념인지를 확인할 수는 없다. 루만과 달리 벡은 자연과학적 모델에 기초하여 논의를 전개하지 않았으며, 오히려 라투르의 과학사회학이나 해러웨이의 페미니즘 과학철학 논의만을 인용했을 뿐이다. 그러나 이 글에서 보았듯이, 벡의 '탈바꿈' 개념은 새로운 질서의 떠오름으로 또는 그와 관련된 '상전이phase transition'의 현상으로 설명될 수 있지 않을까 한다. 특히 개인화 개념과 관련하여 그는 근대 초의 1차 개인화에서 현대의 2차 개인화로 개인화의 형태가 변화하는 것으로 설명했다. 제1근대성, 제2근대성의 개념 역시 근대성의 형태가 일정한 조건 하에서 스스로 변화하는 것을 의미한다. 그리고 그것을 그만의 독특한 성찰성reflexivity 개념으로 설명했다.

특히 근대성의 형태가 기능분화 체계로서 본래부터 고정된 것인지 아니면 비결정성 상태로부터 일정한 형태로 고정화된 것인지를 설명하기 위해서, 보어의 양자역학에서 출발한 버라드의 '물질화mattering' 개념을 참고할 수 있지 않을까 생각된다(Barad 2007). 복잡계 과학은 단순히 '복잡성'을 강조하는 것이 아니라, 뉴턴물리학의 기계론적 인과론으로부터 훨씬 복잡하고 애매한 양자 세계의 현상까지 포괄할 수 있는 관점의 변화를 전제로 한 것이라고 생각되기 때문이다. 그런 의미에서 과학적 관찰 역시 단순히 현재 실험실에서 관찰되는 현상뿐만 아니라, 관찰되는 현상과 관찰되지 않는 의미에 대한 '해석'의 문제 역시 수반한다는 사실을 강조하고 싶다. 이런 점에서 과학을 '관찰'과 동일시하는 루만의 방법론 또한 고전물리학의 관점에 미련을 버리지 못하는 것이 아닌가 한다.

8장

초기 온라인 커뮤니티 형성과 통신문화*

조관연
(부산대학교 한국민족문화연구소 HK교수)

김민옥
(한국국학진흥원 국학정보센터 전임연구원)

독일 쾰른대학교 민족학(문화인류학)과를 졸업하고(PH. D.), 한국외국어대학교 외국학종합연구센터 연구교수, 한신대학교 디지털문화콘텐츠대학교 초빙교수로 재직하였다. 현재 부산대학교 한국민족문화연구소 HK부교수이다. 주된 연구 관심사는 영상인류학과 문화변동이다.
저서로는 『영상인류학의 이론과 방법론』, 『시각콘텐츠 들여다보기』, 『와인에 담긴 역사와 문화』(공저) 등이 있다.

한국외국어대학교에서 문화콘텐츠학으로 박사학위를 받았다. 한국외국어대학교, 한신대학교, 부산대학교 등에서 외래교수를 지냈으며, 현재 한국국학진흥원 국학정보센터 전임연구원으로 재직 중이다. 조선시대 일기 등의 개인 기록 자료 디지털 아카이빙과 활용을 위한 이야기 소재 개발 사업(스토리테마파크story.ugyo.net) 및 교육을 담당하고 있다.

* 이 글은 『열린정신 인문학』에 게재(2017. 04)된 조관연·김민옥, 「초기 온라인 커뮤니티 형성과 통신문화의 변화」, 『열린정신 인문학』, 18집 1호, 2017, 5~33쪽의 논문 내용을 보완한 것임.

전자게시판Bulletin Board System[1]은 한국에서 초기 PC통신 기술 발전과 온라인 커뮤니티 문화 형성에 중요한 역할을 하였다. 세계 최초의 전자게시판은 1978년 미국 시카고에서 탄생하였는데, 국내에서는 한국데이터통신이 1987년 '한-메일H-mail(이하 한메일로 칭함)'을 서비스함으로써 최초의 전자게시판 시대를 열었다. 전자게시판은 새로운 정보통신기술의 등장과 발전 덕분에 만들어지고 발전하였는데, 전자게시판은 인류의 생활방식뿐만 아니라 사회, 문화, 정치, 그리고 경제구조에도 커다란 변

1) BBS(Bulletin Board System)는 약어로 전자게시판이라고도 불리는데, 피씨통신에서 불특정 다수의 가입자를 대상으로 메시지를 게시하거나 다른 가입자의 메시지를 자유롭게 꺼내볼 수 있는 시스템을 이야기한다. 전자게시판은 센터 투 엔드center to end 방식으로 운영되는데, 센터의 파일 상에 게시판을 마련하고, 회선을 경유해 PC의 정보에 접근하는 것이다. 전자게시판은 사용자의 정보 검색과 선택, 그리고 알림 기능을 가능하게 하는 1대 다수의 피씨통신이다. 이후 전자게시판은 정보통신기술과 더불어 온라인 커뮤니티 형성의 모태가 되었다.

화를 불러왔다. 한국에서의 본격적인 전자게시판 시대는 1988년 사설 전자게시판인 '엠팔Electronic Mail Pal(EMPAL)'이 등장하면서 시작되었다.

초기 전자게시판은 소수 전문가나 동호인 사이의 정보와 자료 교환에 그치지 않고, 새로운 종류의 온라인 커뮤니티online community[2] 탄생의 모태가 되었다. 기존의 오프라인 커뮤니티에서는 학연, 지연, 혈연 등의 사회적 요소들이 중요한 역할을 하였지만, 전자게시판에서는 이들 요인의 중요성이 대폭 감소하였다. 좀 더 자유롭고, 평등하고, 친밀한 공간이 형성된 것이다. 또한, 이 커뮤니티는 시간과 공간 제한으로부터 상대적으로 자유로웠기 때문에 대면사회에서의 좁고 제한적인 네트워크도 대폭 확장될 수 있었다. 전 세계적으로 전자게시판은 20세기 말부터 사회 형성에 커다란 기여를 하였는데, 한국에서는 정부의 정보통신기술 진흥과 발전 정책 덕분에 다른 어떤 나라들보다 전자게시판과 온라인 커뮤니티가 다양하게 발전하였을 뿐만 아니라 고유한 특성을 가지게 되었다.

전 세계적으로 비교해보면 한국의 온라인 커뮤니티는 독특한 위상을 가지고 있다. 현재 한국처럼 온라인 커뮤니티가 활성화된 국가는 드물

---

2) 온라인 커뮤니티online community는 구성원들이 주로 인터넷을 통해 상호작용하는 가상공동체를 부르는 용어이다. 온라인 커뮤니티 구성원이 되기 위해서는 특정한 사이트의 회원이 되는 것과 인터넷 연결이 필수적이다. 온라인 커뮤니티는 정보시스템으로 기능하는데, 이 안에서 회원은 게시물을 게재하고, 특정한 주제에 대해 토론하고, 사람들에게 자문해준다. 통상적으로 회원들은 SNS 사이트, 채팅방, 포럼, 이메일, 그리고 토론장을 통해 상호소통 한다. 사람들은 가상세계나 블로그, 비디오 게임을 통해 온라인 커뮤니티에 접속하기도 한다. 이런 의미에서 온라인 커뮤니티는 매우 포괄적인 의미를 담고 있는데, 이 글에서 다루는 PC통신 시절에는 BBS, 통신동호회, 사이버공동체, 소모임 등이 이에 포함된다. 웹 시대가 열리면서 카페, 커뮤니티, 클럽 등으로 그 명칭이 바뀌었지만, 유사한 관심사와 이해관계를 가진 사람들이 온라인 공간에서 만나서 정보를 공유하고, 다양한 이야기를 나눈다는 점에서 공통점이 있다.

며, 이 안에서 벌어지고 있는 상호작용의 양태에도 독특한 점들이 많다. 1998년대 말의 초기 사설 전자게시판은 이런 온라인 커뮤니티 문화 형성에 가장 큰 기여를 하였다. 이들 초기 구성원의 자유와 평등, 연대, 공유, 그리고 사회적 책임감과 엘리트 의식은 온라인 커뮤니티 문화 형성에서 중심적인 역할을 했다.

다만, 초기 온라인 커뮤니티인 사설 전자게시판은 본격적인 온라인 커뮤니티라고 부르기 힘든 측면이 있다. 우선 참여자의 수가 대부분 십여 명으로 적었고, 기술적 한계 때문에 동시에 여러 명이 이용하는 것이 거의 불가능하여 회원들 간의 상호작용이 그다지 활발하게 벌어지지 않았다. 하지만 모이는 장소가 있고, 동질적인 계층의 회원이 있고, 전자 게시판을 이용하는 목적이 유사한 데다 이들 간에 연대감이 있었기 때문에 '원시적인' 또는 초기 온라인 커뮤니티라고 볼 수 있다. 하지만 정보통신 기술이 발달하면서 만들어진 상업 (전자)게시판은 온라인 커뮤니티라고 부르는 데 문제가 없다. 회원 수는 비약적으로 늘어났고, 많은 인원이 동시 접속할 수 있었으며, 유사한 관심사를 가진 사람들이 특정한 온라인 공간인 게시판에 모여서 상호작용하면서 끈끈한 유대감과 소속감을 가지고 있었기 때문이다. 본 글에서는 초기의 온라인 커뮤니티를 '(사설)전자게시판'으로, 상업 포털에 의해 운영된 후기 온라인 커뮤니티를 '게시판'으로 서로 구분해서 부를 것인데, 이는 이 두 온라인 커뮤니티 사이에는 질적, 그리고 내용적으로 적지 않은 차이점이 있기 때문이다.

전자게시판과 온라인 커뮤니티가 사회적으로 중요하게 되었음에도 불구하고 이에 대한 연구는 아직 초기 단계에 머물고 있는데, 특히 전자게시판과 온라인 커뮤니티로 이어지는 과정을 연구한 논문이 거의 없다. 초기 온라인 커뮤니티에 대한 연구가 지금 시점에서 필요한 이유는 이에 관한 경험과 자료들이 빠른 속도로 사라지고 있기 때문이다. 미국의 '웰 Whole Earth Lectronic Link(The WELL)'과 같은 온라인 커뮤니티와 달리 국내의 온라인 커뮤니티들은 급변하는 사회, 기술, 그리고 경제 환경 속에서 단기간에 만들어지고 사라지는 것을 반복했다. 오프라인 커뮤니티는 문자텍스트로 소통하고 기록을 남겼지만, 온라인 커뮤니티들은 활동 대부분을 디지털자료로만 남겼기 때문에 쉽게 사라지고 있다. 실제로 국내에서 이러한 일이 일어나고 있다. 초기 온라인 커뮤니티가 국내 전 분야에 끼친 영향이 크기 때문에 현시점에서 이를 역사적으로 재구성하는 것은 후속 연구를 위해 무엇보다 중요하다. 온라인 커뮤니티들이 규모가 작고, 단기간 존속했을지라도 그 활동내용은 매우 방대하므로 한 개인이 이를 파악하기란 어려우며, 분석적이고 종합적으로 기술하는 것은 거의 불가능하다. 또한, 한국 전자게시판에서 벌어지는 상호작용의 특성은 다른 나라의 것들과 비교하면 사회적·문화적 독특함이 다수 존재한다. 이런 점들을 종합적으로 이해하기 위해서는 비교연구가 필요하다.

본 글은 1980년대 중반부터 1990년대 중반까지의 초기 사설 전자게시판과 대형통신회사의 전자게시판 문화형성에 초점을 맞추어서 전개할 것이다. 본 글의 집필자들은 온라인 커뮤니티에 대한 사용 경험과 기억을 가지고 있기 때문에 이미 사라져서 극히 적게 남아 있는 자료들을 재구성, 분석, 그리고 해석하는 데 유리하다. 본 글은 온라인상에서의 개인적 경험과 기록, 그리고 온라인 기술과 문화 환경 변화를 기반으로 전자게시판과 초기 온라인 커뮤니티 형성과 발전, 그리고 특성을 살펴보고자 한다. 한국 전자게시판과 온라인 커뮤니티에는 독특함이 존재하기 때문에 이를 고찰하기 위해서는 웰과도 부분적인 부분적으로 비교 연구를 할 것이다. 웰은 세계 각국의 사설 전자게시판 형성에 전범典範이 되었기 때

문에 이를 살펴보는 것은 한국만의 고유한 전자게시판 특성을 밝히는 데
도움을 주기 때문이다.

Ⅰ. 웰 온라인 커뮤니티

미국의 과학자들은 초기 인터넷에 네트워크인 전자게시판BBS을 구축해
서 사용하였는데, 그 목적은 주로 컴퓨터에 관한 정보를 서로 교환하기
위해서였다. 이들은 전자게시판을 통해 시공간의 제한을 상당히 극복할
수 있었는데, 이런 초기 온라인 커뮤니티는 곧바로 단순한 정보교환 수
단을 넘어서서 거대한 사회적 변혁을 일으켰다.

　온라인 커뮤니티 형성과 발전에 가장 커다란 기여를 한 곳은 웰이
다. 『홀 어스 카탈로그Whole Earth Catalog』의 발행인인 스튜어드 브랜드
Stewart Brand와 래리 브릴리언트Larry Brilliant는 독립 작가와 독자 들과
치열한 논의를 거쳐 1985년 미국에서 인터넷 공간에 작은 '타운'을 설립
하였는데, 이것이 웰이다.[3] 이들 설립자는 샌프란시스코 지역 주민의 의
사소통 촉진 방안을 고민하다가 당시로써는 매우 저렴한 전자회의 솔루
션과 전자 우편 등을 고안해냈다. 파리의 오프라인 커뮤니티인 살롱들
은 지식인들의 사회적 담론 형성과 이의 확산에 중요한 역할을 하였는
데, 이들 웰 설립자는 파리의 살롱과 같은 역할을 웰이 온라인상에서 해
줄 것을 기대했다. 이들의 실험에 동조하는 사람들이 전 세계에서 이 온

---

3) Rheingold(2000: 255~392).

THE WELL

Home　Learn About　Conferences　Member Pages　Mail　Store　Services & Help　Password　Join Us

System Status: See welltech topic 382, responses 1584 and up for important info about www.well.com changes.

What is The WELL?

Welcome to a gathering that's like no other.

The WELL, launched back in 1985 as the *Whole Earth 'Lectronic Link*, continues to provide a cherished watering hole for articulate and playful thinkers from all walks of life.

Why is this conversation so treasured? Why did members of this community pull together to buy the service?

[Check out the story of The WELL...]

Get into The WELL

The only way to find out is to jump in. [Join us...]

Join Us

그림 8-1 웰의 메인화면(www.well.com)

라인 커뮤니티에 모이면서, 웰은 단기간에 지역을 넘어서서 진보 담론을 형성하고, 확산하는 장이 되어갔다.

　웰의 특징은 '가상적' 영토에 존재한다는 점인데, 이 때문에 전 세계 사람들이 모일 수 있었다. 최초의 웰 컴퓨터와 모뎀은 캘리포니아의 작은 항구마을인 소살리토Sausalito에 있었으며, 현재는 클라우드에만 존재하고 있다. 따라서 웰이 실제로 어디에 존재하는지 정확하게 이야기하는 것은 어렵다. 이런 이유에서 거트루드 스타인Gertrude Stein은 "저기 거기에 없다.There is no there there."라는 말로 웰의 무장소성과 편재성을 이야기하고 있다.[4] 웰은 초기에 지적 대화와 사회적 모임에 초점을 맞추었지

---

4)　Abbate(2000: 55-67).

만, 점차 자신들의 진보적 대안을 사회에서 실천하는 일에도 나섰다. 웰 산하의 전자프론티어재단Electronic Frontier Foundation은 개인의 삶 영역에서 인터넷이 차지하는 비중이 높아지자 이로부터 발생하는 사회적·법률적 문제를 자유와 인권의 차원에서 해결하는 역할을 하고 있다. 이 단체는 온라인과 오프라인 공간 모두에서 활동하고 있는데, 특히 네트워크 공간에서의 인권 보호와 학문 연구의 자유를 위해 노력하고 있다.[5]

사람들은 익명으로 웰에서 게시된 내용을 일정 부분 열람할 수 있지만, 이 커뮤니티의 모든 서비스를 온전히 이용하기 위해서는 실명으로 회원 가입하는 것이 필요하다. 개인의 자유를 보장하지만, 개인의 책임과 의무 역시 중요하게 생각하고 있기 때문에 실명 가입을 권장하고 있다. 웰은 '말들words'로 구성된 일종의 동호인 모임인데, 이 안에는 다양하고 흥미로운 주제들에 대한 수천 수백만 개의 대화들이 존재할 뿐만 아니라 지속적으로 만들어지고 있다. 이 커뮤니티는 완전히 개방적으로 운영되는 것이 아니다. 회원들의 상호작용은 주로 '울타리 쳐진 정원들walled gardens' 안에서 벌어지며, 활동에 따라서 회원 등급이 정해진다. 낮은 등급 회원은 준전용semi-private 공간 안에서만 벌어지는 것을 열람할 수 있다. 웰이 실명 가입을 요구하는 또 다른 원인은 대안적이고 비판적인 자신의 정체성을 외부로부터 안전하게 지켜내고, 자신의 독립성을 유지하기 위해서이다. 웰 회원들은 온라인상에서만 머물지 않고 오프라인에서도 사회적 모임과 교류를 이어나가고 있는데, 회원들은 대면모임을 통해 더 강한 결속력과 자신들만의 고유한 전통을 만들어 가고 있다.

---

5) 웰 홈페이지(http://www.well.com) 참조.

웰의 초기 설립자 대부분은 현재 미국 인터넷 분야의 중심인물이 되었으며, 이들 중 상당수는 큰 부와 명예를 누리고 있다. 일부 회원은 상호부조를 통해 사업에서 성공을 거두기도 하였다. 웰 안에서 벌어지는 일은 세상의 축소판인데, 이들은 오프라인 커뮤니티에서처럼 만나고, 사랑하고, 싸우고, 헤어진다. 회원들의 이런 사회적 경험은 웰뿐만 아니라 개인의 삶과 사회도 풍요롭게 만들고 있다. 『USA투데이』는 2007년 창간 25주년 특집으로 인터넷을 변화시킨 25가지를 선정하였는데, 웰은 14위를, 웰이 운영하는 생활정보 커뮤니티 사이트 '크레이그리스트Craigslist'는 23위를 차지했다.[6] 크레이그리스트는 2007년 매달 광고비로만 1,400만 달러의 수익을 벌어들였다. 『와이어드Wired』는 2010년 웰을 "세계에서 가장 영향력 있는 온라인 커뮤니티"로 평가하였으며, 또한 현대문화와 노래와 소설에 보이지 않는 영향을 끼친 공로로 드보락과 웨비 상Dvorak and Webby Awards을 수상하였다.[7] 웰은 1985년의 설립 이후부터 현재까지 전 세계에서 가장 강력한 대안적 온라인 커뮤니티로 자리 잡고 있다. 웰은 한국을 비롯한 많은 국가에서의 온라인 커뮤니티들에 매우 좋은 전범으로 받아들여졌다. 왜냐하면 이 온라인 커뮤니티는 새로운 가치와 지향점을 만들고 실천하였을 뿐만 아니라 이를 기반으로 변화된 기술 환경에서 사회적, 경제적 성공모델을 만들어냈기 때문이다.

---

6) 웰 홈페이지(http://www.well.com) 참조.
7) 웰 홈페이지(http://www.well.com) 참조.

II. 사설 전자게시판과 통신문화

미국에서는 1978년 '시카고 전자게시판Chicago Bulletin Board System (CBBS)'이 처음 만들어졌는데, 이것이 전 세계 최초의 전자게시판이다.[8] 한국에서 처음으로 전자게시판이 사용되기 시작한 시기에 대해서는 분명하지 않지만, 웰이 미국에서 설립된 1980년대 중반으로 잡는 것이 일반적이다.[9] 세운상가나 잡지, 소모임 등을 매개로 정보를 공유하던 PC통신 초기 이용자들은 전자게시판이라는 온라인 커뮤니티를 만들고 여기서 교류하기 시작하였다. 전자게시판은 정보통신기술과 새로운 경험을 직접 체험할 수 있는 최초의 장소였는데, 이 안에는 게시판, 이메일, 채팅, 그리고 자료실 등이 있었다. 이는 현재 볼 수 있는 온라인 커뮤니티의 기본 골격이다.

1985년 데이터통신사업의 일환으로 공중통신망이 만들어졌으며, 같은 해에 PC통신을 통해 각종 생활정보를 볼 수 있는 생활정보안내센터가 개설되어 국내 최초 생활정보 데이터베이스가 구축되었다.[10] 하지만 이 서비스는 폐쇄적인 형태로 운영되었기 때문에 특정한 기관이나 기업만이 이용할 수 있었고, 특정한 장소에서만 내용을 열람할 수 있었다. 국내의 본격적인 공중 정보통신망 서비스는 1987년 4월에 개설된 한글 전자사서함 서비스, 즉 '한메일'이다. 폐쇄적인 기업망이 일반인에게도 개방

---

8) 스털링(1993: 85); 문정식(1994: 219).

9) 조동원(2012.03.31.: 2).

10) 김중태(2009: 213).

되면서 이제는 누구나 이 서비스를 통해 전자우편e-mail을 사용할 수 있게 되었다.[11]

한메일 이용자의 숫자는 매우 적었는데, 정보도 별로 없는 데다 사용료는 비쌌고, 이를 이용하기 위해서는 통신 관련 전문 지식이 필요했기 때문이다. 이들 사용자 중 일부가 모여서 '정보화 사회를 생각하는 전자 사랑방' 모임을 만들었는데, 이 사랑방은 후에 국내 초기 전자게시판 중에서 PC통신과 인터넷 문화발전에 가장 많은 영향을 끼친 '엠팔'의 모태가 되었다. 엠팔은 국내 온라인 커뮤니티 또는 동호회의 시작으로 간주되고 있는데, 이 온라인 커뮤니티는 한국 고유의 인터넷 기술 발전과 문화를 만드는 데도 초석을 놓았다. 웰과는 다른 엠팔의 설립과 발전과정은 한국 온라인 커뮤니티의 특성과 의미를 살펴볼 수 있는 중요한 창이기도 하다.

1. 한메일과 '커밋 사건'

역사상에서 예기치 않은 작은 사건이 전체 구조나 흐름에 영향을 크게 미치는 경우가 종종 있는데, '커밋 사건'은 이에 속한다. 이를 이해하기 위해 웰과 비교하는 것은 의미가 있다. 웰은 서구의 68운동과 히피 문화의 영향을 받은 사람들이 대안적 공동체를 온라인상에 만들어 대안적 가치를 삶 속에 구현하기 위해 만들어진 커뮤니티이다.[12] 당시 미국에서

---

11) 김중태(*ibid.*: 218); PC월드출판부(1994: 87) ; 김강호(1997: 218).

12) 웰에 대해서는 Hafner(1997.01.05.); The New York Times(2012.06.29.) 참조.

는 이런 온라인 커뮤니티를 구현하기 위한 기술적 기반시설이 갖추어져 있었고, 이를 저렴하게 사용할 수 있는 토대가 마련되어 있었다. 하지만 한국에서는 이런 기술적 토대가 거의 갖추어져 있지 않았을 뿐만 아니라 사용요금도 비쌌다. 전자게시판을 이용하기 위해서는 명령어를 영어로 입력해야 했기 때문에 전문가가 아니면 이용하는 것이 거의 불가능했다. 이런 문제를 해결하는 것이 시급했는데, 이 분야에 관심을 갖고 있는 많은 사람들이 이를 해결하기 위해 한메일로 모여들었다. 이들의 모임은 작지만 의미 있는 사건으로 이어지는데, 훗날 한국의 온라인 커뮤니티 문화 형성과 발전에 큰 영향을 끼쳤다.

한국데이터통신의 한메일은 사내 통신망으로 유닉스 운영체계를 토대로 운영되었으며, 그 어떤 보안장치도 없었다. 이런 한메일이 일반 가입자에게도 개방되었다. 당시 이 서비스를 이용한 사람들은 컴퓨터에 대해 상당한 지식이나 관심이 있었는데, 한메일에는 이들이 필요로 하는 정보가 별달리 없었다. 하지만 이 컴퓨터 시스템과 운영방식을 둘러보는 것만으로도 좋은 경험이자 공부였기 때문에 이들은 한메일을 컴퓨터와 프로그램에 대한 지식을 확장하는 기회로 활용하였다. 당시에는 해킹이 불법이라는 개념 자체가 없던 시기였다. 이들 중 일부가 파일 전송 기능을 담당하는 커밋kermit 프로토콜을 발견하였는데, 통신사는 이 서비스를 사용자에게 제공하지 않았다.[13] 이들은 숨겨진 이 기능을 스스로 활성화시켜서 파일전송 기능을 이용할 수 있게 만들었다. 이를 파악한 통신사는 보안을 이유로 이 기능을 다시 차단하였다. 이에 불만을 품은 일부 사

---

13) PC월드출판부(*ibid.*: 87).

용자들이 집단으로 회사에 항의하면서, 2주일 만에 커밋 사용이 다시 가능하게 되었다. 사용자들이 대형 통신사에 대항해 벌인 이 집단행동은 이후 "커밋 사건"으로 불리면서 신화화된다.

커밋이라는 프로토콜의 이름은 당시 미국에서 인기를 끌었던 〈세서미 스트리트Sesame Street〉에 등장하던 주인공, 개구리 커밋Kermit the Frog에서 이름을 따왔기 때문에 "개구리 사건"이라고도 불렀는데, 이를 통해 당시 PC통신 사용자들의 국제적 의식과 풍자정신을 발견할 수 있다. 웰에서처럼 당시 국내 PC통신에서도 표현의 자유와 평등, 공유와 연대 등의 가치가 상당히 중요하게 여겨졌다. 사용자는 집단행동을 통해 거대한 통신회사와의 싸움으로써 이를 스스로 쟁취한 것이다. '커밋 사건'은 작은 온라인 커뮤니티가 거대한 제도권 또는 자본에 대항해서 거둔 승리로 인식되었는데, 이런 저항정신은 웰에서도 발견할 수 있다.

당시 한메일은 'PC메일'을 제공하였는데, 이 메일 서비스는 사용자가 사용하기에 불편하였지만, 회사측은 개선하는 일에 소극적이었다. 당시 한메일을 사용하는 사람의 수가 적은 데다 수익도 나지 않았기 때문이었다. 하지만 사용자의 입장에서 본다면 적지 않은 투자를 해서 이 서비스를 이용하고 있지만 그에 상응하는 대접을 받지 못하는 데서 불만을 느꼈다. 이런 불만에도 불구하고 사용자 대부분은 이 서비스를 포기할 수 없었는데, 미국에서 만들어진 프로그램은 고가인 데다, 한 개인이 이를 이해하고 사용하기가 쉽지 않았기 때문이다. 하지만 한메일 사용자 중 20여 명은 '커밋 사건'을 거치면서 한메일이라는 편안한 울타리를 벗어나서 자신들만의 사설 전자게시판을 만들었다. 이것이 '엠팔'이다. 엠팔은 웰과 달리 인류 평화와 공존 또는 인권이라는 거대한 프로젝트에서 시작된 것이 아니라 통신생활의 불편함과 거대 자본에 대한 저항에서 만들어진 것이다. 거대 자본에 반항해서 엠팔을 세운 사건을 사람들은 '엠팔의 반란Revolt of the Empals'이라고 불렀는데,[14] 이 사건은 당시의 정치적·사회적 상황과 연결되어 있다.

엠팔이 설립된 1989년은 한국역사에 한 획을 긋는 1987년의 민주화운동이 일어난 지 2년이 흐른 시점이었다. 대학생을 비롯한 많은 사람이 암울한 군사정권에 대항해서 민주화를 요구하였는데, 도저히 이길 수 없는 것처럼 보였던 '거대한' 독재집단이 이들의 시위와 저항에 굴복해서 대통령 직선제와 민주화로의 이행 조치를 받아들였다. 한국의 역사에서 '민중'이 거대한 지배권력에 대항해서 성공을 거둔 경우는 극히 드물었지만, 1987년의 민주화운동은 성공의 역사였다. 이후 젊은이들 사이에는 저항과 변화의 정신이 봇물 터지듯 번져나갔는데, '엠팔의 반란'도 이런 맥락에서 파악해야 한다. 사용자 위에 군림하는 거대 통신사를 굴복시킨 것을 87년 민주화 운동의 복사판으로 받아들인 것이다.

'커밋 사건'은 이보다 더 큰 성공을 거둔 것일지도 모른다. 민주화 운동 당시 궁지에 몰린 군사정권은 대통령 직선제와 민주화 조치를 약속하였지만, 시간이 지나면서 약속한 사항들을 실천하는 일에는 소극적이었다. 이런 것을 목도한 사용자들은 커밋의 재사용에 만족하지 않고, 자신들의 통신문화를 근본적으로 재구축하려고 하였는데, 이것이 엠팔의 설립이다. 이들은 주체적으로 연대해서 자신들만의 대안적 공간을 만들고, 여기서 통신문화와 기술을 발전시키려고 하였다. 이와 같은 저항과 연대 정신은 웰의 정신과 상당 부분 맞닿아 있다. 엠팔이 꿈꿨던 세상은 웰과

---

14) PC월드출판부(*ibid.*: 88).

같은 대안적 제3의 공간 창출이다. 자본의 힘이 지배하지 않고, 구성원 모두가 평등하며, 자유롭지만 협력해서 발전된 세상을 만드는 것이 그 목적이었다. 엠팔은 87년 민주화 운동의 정신과 이상을 계승하고, 구체적 대안과 실천을 구현하려는 '진정한' 사회적 '반란'이었고, 이런 의미에서 '엠팔의 반란'에서 보인 저항 정신은 온라인 커뮤니티에서 이후 중요한 특징이 된다.

2. 엠팔의 형성과 성격

모두가 평등하고 자유롭지만 자발적인 연대를 통해 대안적 또는 제3의 공간 또는 '원시 공동체'를 설립하려는 의도는 20여 명의 설립자들이 보인 행동에서 잘 나타난다. 엠팔의 반란 배후에는 대형 통신사 자본의 전횡과 사용자에 대한 무관심과 불친절 이외에 기존 통신용 소프트웨어들의 빈약한 기능과 비싼 가격이 있었다. 엠팔 동호회는 '불법'으로 공유한 프로그램을 바탕으로 한국 현실에 적합한 프로그램들을 개발하였는데, 이것이 계기가 되어서 '파발마', '메아리', '메디콤'과 같은 다양한 사설 전자게시판이 생겨났다. 이후 이들 사설 게시판에서는 프로그램의 한국화가 가속화되었다.[15]

하지만 통신 소프트웨어의 불모지였던 한국에서 이런 과정은 이들 전자게시판에서는 웰처럼 순조롭게 진행되지 않았다. 독자적인 엠팔 전자게시판을 운영하기 위해서는 통신 접속 프로그램과 유닉스 환경의 호스

15) 김강호(*ibid.*: 220); PC월드출판부(*ibid.*: 20).

그림 8-2 1989년 엠팔 컴퓨터 동호회 연구실에 모여 작업하고 있는
홍진표, 이정엽, 이주희와 당시 사용한 모뎀

트 프로그램을 개발하는 것이 필요했는데,[16] 당시 이를 활용할 수 있는
전문가는 국내에 거의 없었다. 이 시기에 미국은 장기적이고 막대한 투
자를 통해 정보통신 분야에서 절대 강자였다. 추격 경제에 능한 한국인
은 높은 교육 수준 덕분에 기술적 낙후성을 어느 정도 해결할 수 있었지
만, 고가의 시설과 장비를 구축하는 것은 또 다른 문제였다. 이들 설립자
20여 명은 1000만 원을 갹출해서 장비를 구입하였는데, 묵현상은 이 과
정을 다음과 같이 회고하였다.

> [···] 더욱이 BBS를 운영할 기계를 사는 돈은 회원들이 적게는 2만 원으
> 로부터 50만 원에 이르기까지 성금을 모아서 조달했다. 이렇게 저렇게
> 하다 보니 PC 하나를 살 수 있는 자금은 마련되었는데 정작 문제가 되
> 었던 것은 BBS 기능을 담당하는 소프트웨어였다. 격론에 격론을 벌인
> 끝에 BBS 프로그램을 자체적으로 개발하기로 하고 여섯 사람의 개발
> 담당 회원을 뽑아서 개발을 맡겼다.[17]

---

16) PC월드출판부(*ibid.*: 20).

엠팔 초기 설립멤버들이 시설 마련에서 보인 연대와 참여 정신은 87년 민주화 운동의 주동 세력이 보였던 것과 상당부분 일치한다. 하지만 이들은 미국에서와는 달리 국가의 통제와 억압을 받았다. 당시 남과 북이 대치한 준전시 상황에서 국가는 통신을 국가 기간산업으로 지정하고 엄격하게 관리하였다. 이 때문에 허가받지 않은 개인이나 집단이 사설 전자게시판을 운영한다는 것은 행정 규제 대상이었다. 공중 통신망에 인가되지 않은 통신장치를 부착할 수 없다는 전기통신법이 법적 근거였는데, 실제로 주민의 신고로 전화선을 끊어버리는 일까지 발생했다. 하지만 국가의 규제가 이들의 사설 전자게시판 설립과 확산을 끝까지 막지는 못했다. 이는 당시 정부가 새로운 경제 성장 동력으로 컴퓨터 통신 또는 인터넷을 진흥하고 있었기 때문이었다. 1989년 9월에 엠팔이 가동되었는데, 이 안에는 채팅, 게시판, 자료검색, 그리고 공유가 모두 다 가능하였다.[18] 이런 메뉴 구성은 현재의 온라인 커뮤니티들의 메뉴 구성과 유사하기 때문에 엠팔을 "한국 온라인 커뮤니티의 원형"으로 인정하고 있다.[19]

한국에서 처음 전자게시판이 상용화될 당시 모뎀의 속도는 1,200bps였는데, 이는 타자를 치면 글이 실시간으로 모니터에 올라오는 것을 볼 수 있는 정도의 속도였다. 미국에 비해서는 늦었지만, 당시 대부분의 유럽 국가는 300~600bps정도였기 때문에 이런 국내의 속도는 전혀 느린 것이 아니었다. 당시 모뎀 가격은 개인이 구입하기에는 고가인 80~100만

---

17) 묵현상(1991: 167); 조동원(201203.17: 6).

18) 김강호(*ibid.*: 219).

19) 강명구·유선영·박용구·이상길(2007: 501).

원 정도였는데, 이런 제한 때문에 엠팔 이전에 사설 전자게시판의 숫자는 극히 적었고, 활동도 미미했다. 전자게시판 대부분은 하나의 전화 회선을 사용했기 때문에, 동시간에는 오직 한 명만이 전자게시판을 이용할 수 있었다. 그래서 대부분의 전자게시판은 한 개인의 이용시간을 20~30분 정도로 제한하였다. 엄격한 의미에서 이들 전자게시판은 온라인 커뮤니티가 아닌, 일부 회원의 정보 교류 플랫폼이었다.

엠팔이 만들어질 당시 사용자는 사설 전자게시판을 저렴한 비용에 이용할 수 있었는데, 이는 전화를 걸고 끊을 때까지를 한 통화로 요금을 계산하는 도수제가 적용되었기 때문이었다. 하지만 이 도수제가 사용시간에 따라 요금이 계산되는 시분제로 1990년에 바뀌면서 사용자들이 몇백만 원까지 '요금 폭탄'을 맞는 일이 발생했다. 신문은 이를 사회면에서 주요기사로 다루기도 하였다. 1990년에는 모뎀 속도가 약간 빨라져서 2,400bps로 전자게시판을 이용할 수 있었다.

엠팔이 설립된 이후 1989년 말까지 100여개 이상의 사설 전자게시판이 개설되었는데,[20] 이들 전자게시판은 각기 특화된 전문 주제와 목적을 가지고 운영되었다. 당시 전자게시판에서 인기 있는 분야는 게임, 그래픽, 음악 등이었다.[21] 하지만 잡지사의 기자들만이 활동하는 전자게시판이나 애완동물 동호인이 모이는 전자게시판, 그리고 컴퓨터 업체의 고객서비스를 위한 전자게시판 등과 같이 특정 구성원을 겨냥한 전자게시판들도 생겨났는데, 이것이 후에 온라인 커뮤니티로 발전하게 된

---

20) PC월드출판부(*ibid.*: 24); 강경수·권순선·류한석·박용우(2005: 195).

21) PC월드출판부(*ibid.*: 235).

다.[22] 전자게시판을 이용하는 사람의 숫자도 다양했는데, 대부분의 전자
게시판은 사용자가 몇 십 명에 불과했기 때문에 이들 사이에는 강한 친
밀함과 결속력이 있었다.[23] 이런 다양성에도 불구하고 많은 사람들이 사
설 전자게시판을 이용한 주된 목적은 게임소프트웨어를 비롯한 프로그
램을 불법 공유하기 위해서였다. 미국 컴퓨터 프로그램은 한 개인이 구
매하기에는 너무 고가였을 뿐만 아니라 구하기도 쉽지 않았다. 전자게시
판은 이런 프로그램을 공유하는 장소였고, 이들 사용자는 이런 '불법' 공
유를 통해 자신의 지식과 경험을 넓혀갔다.

> 보통 사설 BBS에 왜 접속하냐고 물어보면 거의 반 이상이 다운로드 받
> 기 위해서라고 대답한다. 그 이유는 대형 BBS에 없는 아기자기하고도
> 시중에서는 구할 수 없는 신종 프로그램(?)이나 상업용 프로그램이 사
> 설 BBS에 있는 경우가 많기 때문이다.[24]

엠팔을 비롯한 대부분의 사설 전자게시판은 대형 상업 통신회사들이
전자게시판 기능을 개선하면서 사용자 유치경쟁에 적극적으로 나서고
시분제가 도입되자 1991년부터 급격하게 쇠락을 길을 걷게 된다. 하지
만 가장 규모가 크고 활발했던 엠팔은 상업 통신회사의 전자게시판 또는
후에 온라인 커뮤니티의 구성과 통신문화 모델이 되었다. 왜냐하면, 이

---

22) 문정식(1994: 219); PC월드출판부(*ibid.*: 26).

23) PC월드출판부(*ibid.*: 26).

24) PC월드출판부(*ibid.*: 247).

들 사설 운영자와 사용자들이 상업 통신회사의 전자게시판으로 옮겨갔기 때문이다.

3. 사설 전자게시판의 통신문화

국내의 사설 전자게시판은 웰과 달리 익명으로 활동할 수 있었는데, 이는 '불법적'으로 프로그램을 공유하던 분위기와 정부의 '공안통치'에 대한 두려움의 반영이었다. 하지만 이 공간에서 익명성이 완전히 보장된 것은 아니었다. 사람들은 온라인 커뮤니티를 처음 이용할 때 자기소개글을 게시판에 게재하거나, 전체 메일로 보냈기 때문이다. 이런 전통은 지금도 대부분의 온라인 커뮤니티에서 이어져 오고 있다. 기존 회원들은 이를 통해 신규 이용자의 신상이나 성향을 대충 파악할 수 있었으며, 당시 이용자 수가 적고, 활동도 제한적이기 때문에 시간이 지나면서 점차 서로를 더 정확하게 알 수 있었다. 이런 의미에서 초기 사설 게시판에서 회원의 익명 가입이 꼭 개인의 익명성으로 이어지는 않았다. 또한, 엠팔에서처럼 대부분의 사용자는 대학생 이상의 고학력자인 데다, 전공이나 관심 영역이 서로 비슷하였기 때문에 오프라인에서 서로 아는 경우도 많았다. 이들은 웰에서와 마찬가지로 온라인상에서만 교류하는 것에 그치지 않고, 오프라인 모임도 가졌기 때문에 친밀함과 연대감도 강했다.

　사설 전자게시판의 또 다른 특징은 배려와 공유, 그리고 도움의 문화였다. 이런 통신문화가 만들어진 데는 역설적이게도 열악한 통신 환경이 기여했다. 사설 전자게시판 대부분은 하나의 전화선으로 운영하였기 때문에 한 사람이 오랫동안 이용하면 다른 사람이 이용할 수 없었다. 엠팔은 처음에는 3회선을 사용하다가 나중에는 8회선으로 확장했다. 하지만

사설 전자게시판 폭발적 인기

16비트 컴퓨터로 통신망 구성…편지·정보 교환

전국 40여개 네트워크에 2천여명 가입
주컴퓨터 XT급 PC…비용 싸 확산될듯

그림 8-3 『한겨레』 1989년 8월 17일자 기사

당시 200여 명에 달하던 엠팔 이용자 숫자를 고려한다면 8회선은 용량이 매우 적었다. 이런 제약조건 덕분에 다른 사용자들을 배려하는 통신문화가 만들어졌다. 자체적인 '신사협정'에 따라서 한 사람이 하루에 30분 이상을 사용하지 않는 것이 불문율이 되었다. 이들은 주로 '불법' 프로그램을 공유하였는데, 당시 대부분의 사용자는 영어라는 언어의 한계와 복잡한 프로그램 구조와 내용 때문에 종합적인 전문 지식과 안목을 모두 갖추지 못했다. 이런 의미에서 사용자 대부분은 모두 다 초보자였다. 따라서 다운받은 프로그램을 사용하다가 문제가 발생하면 대부분의 사람은 이를 혼자 해결하기 힘들었다. 이 때문에 온라인 커뮤니티 안에서 누가 도움을 요청하면 자기가 아는 한에서 서로 지식과 경험을 공유하고 도와주는 것이 하나의 문화로 정착하게 되었다. 이런 전통은 아직도 한국 온라인 커뮤니티의 중요한 특성 중 하나이다.

사설 전자게시판이 만들어낸 또 다른 문화는 지역, 나이, 학벌, 그리고 성별에서 상당히 자유로운 교류였다. 사용자들은 온라인 공간에서 어느 정도의 익명성이 보장되고, 같은 목적을 추구했기 때문에 이런 방식의 인간적 교류가 가능했다. 당시 오프라인 모임과는 상당히 다른 특징을 온라인 커뮤니티가 보여주고 있는데, 자유와 평등, 공유와 연대, 그리고 저항정신은 이후 한국 인터넷 문화의 주요한 특질이 되었다.

비록 엠팔이 짧은 기간 동안 존재했지만, 이 안에는 주로 창립멤버들로 구성된 '초이스'라는 모임이 있었다. 초이스 회원들은 특히 강한 유대감과 친밀감을 보였는데, 후에 이들 대부분은 국내 통신과 인터넷 분야에서 핵심세력이 되었다. 이 배타적 모임은 엠팔이 해체된 이후에도 지속되었는데, 회장 박순배는 이를 다음과 같이 회고하고 있다.

'엠팔(EMPAL)초이스'는 우리나라 최초의 PC 동호회다. 1987년 PC로는 아무도 통신을 하고 있지 않을 때 100만원이 넘는 1200모뎀으로 통신하던 사람들의 모임이다. […] 나중에 회원 수가 수백 명으로 불어났지만 엠팔초이스의 창립 멤버로 참여한 20명의 컴퓨터 전문가들은 e메일을 주고받으며 지금까지도 두 달에 한 번씩 오프라인 미팅을 갖고 있다. 당시 신분이 학생이던 사람과 교수이던 사람이 이제는 모두 벤처기업가로 변신하기도 했지만 이들의 우정은 14년 동안 이어지고 있다. […] PC통신을 처음 시작한 전문가들인 만큼 우리 모임의 멤버들이 지금하고 있는 일도 모두 대단하다.

대학교수, 닷컴기업 사장, 변호사, 온 라인증권사 사장, 컴퓨터출판사 사장 등이 이들의 직함이다. […] 엠팔초이스는 비록 폐쇄적 동호회이긴 하지만 동호인닷컴(www.donghoin.com)에 우리나라 최초의 온라인 동호회로 등록됐다."[25]

초기 국내 사설 게시판은 그 수와 규모가 작았고, 존속 기간도 길지 않았다. 그러나 이들 온라인 커뮤니티는 불모지였던 국내 통신과 인터넷 기술을 발전시켰을 뿐만 아니라 새로운 온라인 문화 형성에도 중요한 기여를 하였다. 구성원은 초창기 전문통신인과 컴퓨터전문가를 양성하는 역할을 하였는데, 이들은 미국에서 제작된 프로그램을 바탕으로 다수 이용자들을 위해 통신과 게임 프로그램뿐만 아니라 공개 프로그램도 만들었다. 또한 외국 프로그램을 발 빠르게 전유해서 이용자가 쉽고 쾌적하게 인터넷을 활용할 수 있게 하였다. 당시 관료화된 대형통신회사가 운영하는 컴퓨터통신에서는 이런 변화들이 더디게 일어났다. 예를 들어, 사설 전자게시판에서는 90년대 초부터 압축파일 내용을 볼 수 있었을 뿐만 아니라 원하는 압축파일만 선택적으로 받아가는 기능을 서비스하였다. 하지만 대형 통신회사들은 이런 서비스를 90년대 중반에 이르러서야 제공하기 시작했다. 이는 한글 지원이나 명령어 입력 부분에서도 마찬가지였다.[26] 사설 전자게시판의 이런 특징은 당시 이를 이용했던 사람들의 열정과 가치 덕분에 가능할 수 있었다. 이들의 헌신적 노력과 열정 덕분에 정부는 1987년의 '외환 유동성 위기' 이후 정보통신기술을 미래의 성장 동력 중 하나로 선택하고, 이를 진흥할 수 있었다.

초기 온라인 커뮤니티에서의 기술적, 경제적 어려움은 구성원들로 하여금 연대와 공유, 자유와 평등, 그리고 저항정신을 한층 더 강하게 하였다. PC통신과 인터넷 분야의 선구자였던 이들은 끊임없이 기존의 고

---

25) 『한국경제』(2001.02.19.).

26) 김재학·정은주(2005: 192~203).

루한 사회 현실과 제도에 맞설 수밖에 없었다. 따라서 이들에게 '불법적' 행동은 거대한 권력에 저항하는 시민의 정당한, 소극적 권리이기도 했다. 상업 통신회사가 한층 강화된 온라인 커뮤니티 서비스를 본격적으로 제공하면서 사설 전자게시판은 사라졌다. 하지만 이 같은 사설 전자게시판의 정신은 새로운 온라인 커뮤니티에서 계속된다.

Ⅳ. 통신회사 게시판과 동호인 모임의 형성과 문화

한국은 1986~1988년의 저달러, 저유가, 그리고 저금리라는 '3저 현상'을 경험했는데, 이 덕분에 경제는 단군 이래 최고의 호황을 누렸다. 또한, 1987년 이후 제도적 민주주의가 점차 정착되면서 거대한 사회적, 정치적 담론은 점차 그 힘을 잃어가기 시작했고, 소비주의와 물질주의가 사회 내에서 그 힘을 얻어갔다. 서구 선진국에서 1960년대 후반 이후 불었던 '일상생활의 예술화' 현상이 한국에서도 1980년대 말부터 불기 시작했다. 이로부터 삶의 질이라는 화두가 등장하였는데, 이제는 문화가 더 이상 일부 부유한 식자층의 전유물이 아니었고, 일반 대중도 이를 즐길 수 있는 환경이 조성되었다. 문화가 대중 소비 상품의 하나가 된 것인데, 이런 사회적 변화는 통신회사들이 운영하는 온라인 커뮤니티에서도 발견된다.

1. 게시판과 동호인 모임의 형성과 성격

1992년 이후로 PC통신을 기반으로 한 온라인 커뮤니티 모임들은 주로 나우누리, 천리안, 하이텔, 그리고 유니텔 등에서 이루어졌다. 이들 회사는 요금 인하와 사용자 친화적 통신환경 조성과 같은 서비스 개선을 통해 치열한 고객 유치 경쟁을 벌였다. 이제 컴퓨터는 더 이상 소수 부자나 전문가의 소유물이 아니었다. 대부분의 대학생뿐만 아니라 회사원들은 자신의 미래 경쟁력이나 생존을 위해 배워야하는 필수품이 되어갔다. 이전의 PC통신은 막대한 설비투자에 비해 수익이 거의 나지 않았지만 정부의 지원 덕분에 버틸 수 있었다. 하지만 컴퓨터가 대중화되면서 온라인 커뮤니티는 자체적으로 이윤을 창출할 있는 새로운 서비스 사업이 된 것이다. 많은 기업들이 이 새로운 분야에 진출하면서 온라인 커뮤니티도 우후죽순처럼 생겨났다. 통신사들은 속도와 안정성, 그리고 요금 부문에서 서로 다른 특징을 보였는데, 이에 따라 온라인 커뮤니티도 재편되었다.

통신회사 중에서 천리안은 가장 자금력이 좋았다. 사이트를 잘 관리하고 고객의 요구에도 잘 대응하였지만 종합 온라인 커뮤니티를 지향했기 때문에 전문가들이 많이 이용하지는 않았다. '디시인사이드'는 천리안에서 시작하였는데, 이 사이트는 후에 웹 시대가 열리면서 모든 온라인 커뮤니티의 아버지가 되었다. 천리안과 달리 하이텔이나 나우누리에는 전문지식에 관심을 가진 사람들이 많이 활동했는데, 여기는 새로운 문화콘텐츠 제작의 산실이 되었다.[27]

통신사의 온라인 커뮤니티 안에는 다양한 동호인 모임이 많았지만, 초

---

27) 사실 전자게시판에서는 종합정보의 포털의 성격이 강했는데, 통신회사의 게시판 시대에서는 전문적인 지식을 기반으로 한 커뮤니티들이 형성되었다.

기에 가장 많은 관심과 인기를 얻은 것은 컴퓨터와 게임 커뮤니티였다. 하이텔의 'OSC동'은 1990년대 국내에서 가장 크고 영향력이 큰 하드웨어와 운영체계 동호인 모임이었는데, 이는 '케텔'에서 활동하던 도스, OS/2, 리눅스 등의 6개 동호인 모임이 합쳐져서 만들어진 것이다. 국내 최대 컴퓨터 운영체계 커뮤니티로 성장한 OSC동은 컴퓨터 조립에 관심 있는 사람들에게 정보를 주었을 뿐만 아니라 국내에서 처음으로 '공동구매'를 실시해서 회원의 참여와 관심, 그리고 충성도를 높였다.[28] 이 온라인 커뮤니티는 컴퓨터 부품에 대한 정보를 공유하고, 결함이 생기면 동호인 모임 차원에서 집단적으로 이의를 제기해서 자신들의 권리를 찾는 운동도 펼쳤다.[29] 이 동호회에서의 연대와 공유, 그리고 참여는 이전 사설 게시판에서의 활동보다 더 확대되고 적극적으로 되었을 뿐만 아니라 더 평등하고, 더 자유롭고, 대중적이 되었다.

1990년대 초반 한국 사회는 이런 특징 때문에 온라인 커뮤니티를 긍정적인 시선으로 보았는데, 실제로 이 당시 온라인 커뮤니티는 새로운 실험과 생산의 전초기지였다. 안철수, 이찬진, 송세엽 등과 같은 새로운 인물들이 온라인 커뮤니티에서 활동하였는데, 이들은 후에 국내 인터넷 통신의 주축이 되었다.

통신사의 온라인 커뮤니티 중에서 게임 관련 동호인 모임도 매우 적극적인 활동을 하였는데, 이들의 활동은 한국이 2000년을 전후로 게임강국으로 거듭나는 데 중요한 역할을 하였다. 초기 게임 관련 온라인 커뮤

---

28) 강경수·권순선·류한석·박용우(*ibid.*: 8).
29) 강경수·권순선·류한석·박용우(*ibid.*: 11).

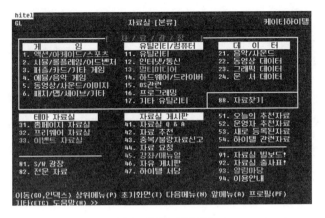

그림 8-4 하이텔 자료실 화면

니티 중에서 가장 크고 유명했던 곳은 '개오동'이었다. 이 동호회는 "처음에는 회원들에게 회비를 받고 게임을 싸게 복사해주자는 거대한(?) 뜻을 품고 케텔 내에 동호회로서는 처음으로 등록"하였다.[30] 이런 서비스는 명백한 불법이었지만, 당시 정부 당국은 검열이나 통제할 수 있는 행정력을 갖추지 못했을 뿐만 아니라 게임 산업의 육성 필요성을 느껴서 이런 행위를 묵인했다. 이 커뮤니티에서는 게임 소프트웨어만 불법 유통된 것이 아니라 이에 관한 최신정보와 유용한 실전 경험과 팁 등도 교환되었다. 이 커뮤니티는 또한 게임을 단순 소비하는 것을 넘어서서 프로그램을 분석하고 제작하는 활동도 하였다.[31] 회원들은 방대하고 까다로운 게임 프로그램을 서로 역할을 나누어서 분석하였는데, 이 때문에 구

---

30) PC월드출판부(*ibid.*: 213).

31) PC월드출판부(*ibid.*: 214).

성원들 관계는 매우 친밀하고 유대가 강했다.

대형 통신사에서의 온라인 커뮤니티는 게임과 컴퓨터 분야에 국한되지 않고, 다양한 분야로 확산되었는데, 이는 가입자의 수가 대폭 증가하면서 요구와 관심사가 다양해졌기 때문이었다. 취미/오락, 스포츠/레저, 교육/종교, 문화, 가정/친목, 전문/학술, 지역, 대학 등으로 확산되면서 온라인 커뮤니티는 각 분야의 마니아 문화 혹은 '전문적 대중'의 문화가 만들어질 수 있었다.[32]

2. 게시판과 동호인 모임의 문화

컴퓨터 통신회사들이 온라인 커뮤니티에 본격적으로 진출하고 사업을 확장해나가기 시작한 것은 1992년 이후부터이다. 많은 회사들이 앞다투어 이 분야에 진출하였는데, 무역, 금융, 그리고 주식 종사자들이 가장 먼저 관심을 보였다. 기존의 오프라인 통신체계와 달리 시공간의 한계를 넘어서서 거의 실시간으로 국내외에서 벌어지는 사건이나 상황, 그리고 정보를 접할 수 있기 때문이었다. 시간이 지나면서 특히 해외 펜팔이나 햄 통신 등을 이용했던 사람들이 이런 장점을 깨닫기 시작했다. 새로운 온라인 커뮤니티에서는 일대일 또는 다대일의 커뮤니케이션이 가능한 데다 통신료도 상대적으로 저렴했고, 사용기술도 복잡하지 않았다. 이 덕분에 국내에 거주하는 사람들 간의 교류도 활성화되었다. 통신사들은 더 많은 회원을 유치하고, 온라인 커뮤니티에 대한 충성도를 높이

---

32) 송은영(2009: 319).

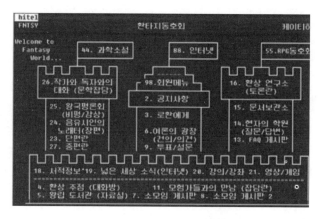

그림 8-5 하이텔 PC통신의 환타지 동호회 화면

기 위해 오프라인 모임을 장려하였다. 이런 특징 덕분에 온라인 커뮤니티 안에는 공간의 한계를 넘어서 수많은 동아리 방들이 만들어지기 시작하였다. 등산모임, 창작모임, 만화동호인모임, 지역모임, 30대모임, 시모임, 연극모임, 영화모임, 부동산 모임, 주식모임, 대학별 모임, 학과별 모임, 지역 모임 등등이 그것이다. 이들 동호인 모임의 종류와 숫자는 매우 다양하고 많았는데, 혁명적이라고 할 수 있을 정도로 인간관계를 변화시켰다. 직업, 나이, 지역, 학벌, 성별 등의 제한을 상당 부분 넘어서서 다양한 인적 네트워크를 구축할 수 있게 된 것이다.

통신사 온라인 커뮤니티가 가진 또 다른 장점은 다양한 직업과 지식을 가진 사람들이 활동하기 때문에 정확한 지식과 도움을 얻기도 쉽다는 것이다. 커뮤니티 안에는 다양한 분야의 전문가들이 활동해 사용자는 학교나 직장에서 얻을 수 있는 제한적 지식보다 더 폭넓고 깊게 다양한 정보들을 획득할 수 있었다. 온라인 커뮤니티가 있기 전에는 한 개인이 특정한 문제를 해결하기 위해서 가진 인적 네트워크와 지식의 총량이 적었기 때문에 이를 찾고 얻는 데 많은 어려움을 겪었고, 시간과 경비도 많이 들었다. 하지만 온라인 커뮤니티 환경은 달랐다. 누가 자신의 문제를 게시판에 올려놓으면 다양한 인적 구성 덕분에 의외의 사람으로부터 의외를 해결책을 얻는 일이 흔하게 일어났다. 사설 전자게시판 전통에서 유래한 서로 공유하고 연대하는 전통이 이들 새로운 온라인 커뮤니티에 계승되었기 때문에 이런 일이 가능하였다. 온라인 공간은 이해타산을 따지지 않는 관계가 특징이었으며, 이는 상대적으로 강한 동질감과 연대, 그리고 교감 때문이었다. 이에 반해 사회적, 경제적 필요에 의해 형성되는 오프라인 커뮤니티에서는 이해관계와 타산, 그리고 경쟁이 상대적으로 더 강했기 때문에 많은 사람들은 온라인 공간에서 자신들의 안식처와 도피처를 찾았다.

새로운 온라인 커뮤니티는 이전보다 훨씬 더 사적이고 개인적인 감정이나 경험이 오가는 장소가 되었다. 이전의 사설 전자게시판은 전문가들의 모임이었고, 사용자의 수가 적었기 때문에 익명성이 덜 보장되었다. 이들은 주로 젊은 남성이었고, 나눈 이야기는 주로 정보에 관한 것이었다. 하지만 통신회사의 게시판이나 동호인 커뮤니티에서는 이전보다 훨씬 많은 사용자들이 모였기 때문에 사용자의 익명성은 이전보다 훨씬 더 보장되었다. 이 때문에 사적이고 개인적인 감정이나 경험을 이야기할 수 있는 분위기가 이 안에서 자연스럽게 조성되었다. 이용자들이 온라인 커뮤니티 안에서 연애나 학업, 직업선택, 취미 등과 같은 자신의 소소한 경험을 이야기하고, 이에 대한 정보를 얻거나 위안을 찾는 장소가 되었다. 또한 이용자는 이런 글들을 통해 세상과 삶을 바라보는 또 다른 시각과 지식을 얻을 수 있었다. 온라인 커뮤니티는 세상의 다양한 삶이나 사건을 바라볼 수 있는 창일 뿐만 아니라 개인의 사회화를 촉진하는 장이 된 것이다.

온라인 커뮤니티의 또 다른 역할은 사회적, 정치적 의제를 설정하고 이에 대한 다양한 토론을 촉발한다는 점이다. 이는 사용자의 수가 많고, 온라인 커뮤니티들이 서로 연결되어 있기 때문에 가능했다. 1992년의 김보은 사건은 이를 잘 보여준다. 김보은 어려서부터 의붓아버지로부터 성폭력에 시달렸는데, 남자친구와 함께 모의해서 의붓아버지를 살해했다. 하지만 이들의 범행이 발각되고 구속되자, 경북의 한 통신인이 게시판에 이들에 관한 이야기를 게재했다. 온라인 커뮤니티에서는 이들의 구명운동이 폭넓게 벌어졌고, 이 덕분에 극히 이례적으로 이들은 집행유예로 석방되었다. 이 사건은 1993년에 성폭력특별법이 제정되는 계기가 되었다.[33] 이 사건을 통해 온라인 커뮤니티의 신속하고 광범위한 정보소통 능력과 사회적 의제 설정 능력이 부각되었다.

하지만 대형 온라인 커뮤니티가 좋은 측면만을 가진 것은 아니었다. 가장 큰 문제는 온라인 커뮤니티가 포르노물의 유통 창구가 되었다는 점이다. 대형 통신사의 온라인 커뮤니티에는 초기부터 많은 '불법' 자료들이 올라왔는데, 이중 상당수가 컴퓨터와 게임 관련 상용 자료들이거나 성인자료들이었다. 특히 사회적으로 문제가 된 것은 포르노 사진과 글들이었다. 이런 자료들은 단순히 공유되는 것을 넘어서서 불법적으로 거래 되었는데, 미성년자들이 이를 이용해서 돈을 벌자 사회적 문제가 되었다.[34] 언론에서 이 문제를 종종 다루었지만, 사설 전자게시판과 달리 자체 정화기능이 작동하지 않는 대형 통신회사 온라인 커뮤니티에서 이

---

33) 『동아일보』(1992.04.18.); 『한겨레신문』(1992.04.16.).

34) 『동아일보』(1995.09.18.).

그림 8-6 『동아일보』와 『경향신문』에 게재된 기사

를 통제하는 것은 거의 불가능했다. 이와 같은 문제점은 1998년의 'O양 비디오' 유출 사건에서 두드러지게 나타났다.[35] 당시 온라인 커뮤니티가 없었다면 이렇게 단기간 내에 개인의 사적 영상물이 확산되지 못했을 것이고, 커다란 사회 문제가 되지도 않았을 것이다. 역설적으로 이 비디오 사건으로 많은 사람들이 PC통신 서비스에 관심을 가지기 시작했고, PC통신이 대중화되는 계기가 되었다. 이 사건 이후 공권력은 온라인 커뮤니티에 대한 사회적 감시망을 더욱 더 강화하였지만, 자체 정화작용을 가지지 못한 통신사 온라인 커뮤니티에서 이런 조치가 실효성을 거둘 수는 없었다.

통신사 온라인 커뮤니티의 또 다른 문제점은 욕설과 비방이었다. 단기

---

35) 『경향신문』(1999.12.21.).

간에 다양한 계층의 사람들이 많이 유입되고, 전자 게시판의 익명성이 결합되면서 이런 경향은 점차 증폭되었다. 일부 사회적 일탈행위를 일삼는 사람들 때문에 온라인 공간은 종종 욕설과 비방, 그리고 조롱이 판치기도 하였다. 통신사에게 있어서 가입자 수는 회사 이익과 정비례하기 때문에 이런 반사회적 행동을 적극적으로 제지하지 않은 측면도 있었다. 하지만 초기 통신사 온라인 커뮤니티는 이를 제제할 내적 정화 장치를 갖출 만한 충분한 시간을 갖지 못한 데다 경험도 축적하기 못했기 때문에 더 악화되었다. 이런 경향은 1990년대 후반 웹 시대가 본격적으로 열리면서 새로운 전기를 맞게 된다.

새로운 환경에서 일부 온라인 커뮤니티는 초기 사설 전자게시판의 이상적 모델을 따라 새로운 형식을 실험한다. 하지만 적지 않은 온라인 커뮤니티에서는 웹 시대에도 극심한 혼란과 갈등이 벌어지기도 하였는데, 일부 사용자들은 이런 혼란과 갈등에 중독되는 경향도 나타나기 시작한다. 이 모든 경향은 초기 온라인 커뮤니티에서 그 맹아를 찾을 수 있는데, 이 때문에 사설 게시판, 초기 통신회사의 동호인 커뮤니티를 현재 모든 온라인 커뮤니티의 아버지라고 부를 수도 있다.

V. 나가며

한국에서 사설 전자게시판은 독특한 의미를 지닌다. 진보적 담론과 실천을 추구하는 웰과 달리 한국의 PC통신 초기의 사설 전자게시판은 평등, 자유, 연대, 그리고 저항을 특징으로 하고 있다. 이는 1987년 민주화운동의 성공 이후에 조성된 사회 분위기와 관련이 있다. 이 게시판은 당시 고가인 데다 구하기 힘든 프로그램을 공유하고, 서로 지식과 정보를 교환함으로써 한국 초기 PC통신의 테스트베드이자 개발의 산실이 되었다. 이들 게시판에서 만들어진 문화는 후에 통신회사의 게시판과 동호인 커뮤니티 문화형성에 전범의 역할을 한다.

1980년대 후반 정부의 적극적 지원에 힘입어 컴퓨터의 보급이 대폭 증가하자 컴퓨터 통신 지식은 더 이상 소수 전문가나 엘리트의 영역이 아니었다. 자신의 미래 경쟁력을 위해 PC통신 지식이 필요하게 되었고, 통신회사의 PC통신 서비스에 가입하는 숫자는 급증했다. 이제 PC통신은 이윤을 내는 새로운 비즈니스가 된 것인데 많은 회사가 이 분야의 고객 유치를 위해 치열하게 경쟁했다. 또한, 민주화운동과 3저 현상 이후 경제적 풍요와 제도적 민주주의가 정착되었고, 정치와 민주 같은 거대담론은 쇠퇴하고, 그 자리에 문화상품과 소비주의가 자리 잡았다. 초기의 평등 연대, 자유, 그리고 저항정신은 점차 약해지고, 그 대신에 향락주의와 조롱, 그리고 비꼼과 같은 일탈적 사회행위가 점차 통신회사 게시판에 등장하기 시작한다. 이런 행동은 초기 사설 게시판에서도 전혀 없지는 않았지만, 회원의 수가 소수인 데다 익명성이 완전히 보장되지 않았기 때문에 어느 정도 통제되었다. 하지만 통신회사 게시판에서는 익명성이 상당 부분 보장되고, 회원의 숫자도 많아서 이런 사회적 일탈행위가 거의 통제되지 못했다. 이것이 점차 국내 인터넷 문화의 한 부분을 이루지만, 이것이 한국 인터넷 문화의 특성만은 아니다.

초기 사설 게시판은 1990년대 초반 통신사 게시판 문화형성에 커다란 영향을 끼쳤는데, 대부분의 운영자와 사용자가 이제는 좀 더 쾌적하고 편리한 통신회사 게시판에서 활동했기 때문이다. 또한, 사회적·문화적, 그리고 경제적 변화가 이들 통신회사 게시판에도 커다란 변화를 초래하였다. 1992년의 초기와 1990년대 말의 통신문화는 이런 요인 때문에 커다란 차이를 보인다. 이런 차이는 2000년 이후 웹 시대가 본격적으로 시작하면서 통합과 분열의 양상으로 나타난다. 연대와 평등, 자유와 평등, 그리고 저항 정신은 방종과 조롱과 더불어 공존하게 된다. 이후에 등장하는 온라인 커뮤니티는 이들 중에서 어떤 것을 가지고 자신의 정체성을 확립할 것인지 선택해야 하는 기로에 서게 된다. 이런 전통의 맹아는 초기 사설 게시판과 이를 이은 통신사 게시판과 동호인 커뮤니티에서도 볼 수 있는데, 이들의 결합 방식에 따라 국내 온라인 커뮤니티들의 성격이 좌우되게 되었다.

9장

온문화와 언어

: 파리·퀘벡·서울의 언어풍경을 중심으로[*]

최인령

(서울대학교 이론물리학연구소 연구원)

파리8대학교에서 언어학 박사 학위를 받았다(인지시학 전공). 프랑스 국립과학연구소(CNRS, UPRESA 7023) 연구원과 서울여자대학교 연구교수로 재직하였으며, 한국연구재단의 창의연구 논문상을 수상했다. 현재 서울대학교 이론물리학연구소 연구원으로 재직하면서 복잡계의 관점에서 언어와 문화, 시와 음악 및 그림을 연구하고 있다.

저서로는 『환기와 인지: 물속에 되비침Evocation et cognition: reflets dans l'eau 』, 『상상력과 문화콘텐츠』(공저), 『서신의 길과 시의 영역Le Chemin des correspondances et le champ poe′tique 』(공저)가 있으며, 번역서로는 『맨살의 시Mises a` nu core′ennes 』(공역) 등이 있다.

* 이 글은 『불어불문학연구』(2014, 99 집)에 게재된 논문의 일부를 포함하고 있다.

언어는 인류가 축적해 온 최고의 지적 문화유산이다. 현재 지구상에는 약 6,800개의 언어가 존재하는 것으로 추정되고 있다. 그 가운데서 모국어 사용자 인원수로 세계 언어의 서열을 보면 중국어(만다린어)가 1위이고 스페인어에 이어 영어가 3위, 한국어는 12위, 그 뒤를 이어 프랑스어가 13위를 기록하고 있다.[1]

그런데 정보혁명 시대에 인류의 소통이 인터넷 기반 가상공간으로 빠르게 이동하고 세계화mondialisation 또는 전 지구화globalisation의 시대적 상황에서 영어의 언어 지배력이 세계적으로 급격하게 증대되고 있다. 이로 인해, 20세기 초까지 서구에서 국제적 공용어의 위상을 지니고 있던 프랑스어가, 그리고 동양에서는 한자가 중심 언어로서의 역할을 영

---

1) 세계 언어의 모국어 사용자 인원수에 따른 서열은 중국 만다린어, 스페인어, 영어, 방글라데시어, 힌디어, 포르투갈어, 러시아어, 일본어, 독일어, 중국의 우어, 인도네시아 자바어, 한국어, 프랑스어, 베트남어의 순이다(강순경 2003: 210, 214).

어에 내주었고, 소수민족의 언어들은 사라졌거나 사라질 위험에 처해있다. 이는 인류의 사유방식과 관념까지 변화시키고 있다. 2005년 〈세계 문화 다양성 증진에 관한 협약〉 서문에서 "언어적 다양성은 문화적 다양성의 근간"(Madinier 2013: 241)이라고 밝혔던 것에 비추어 보면 오늘날 언어 획일화는 문화가 다양성을 상실하고 획일화될 수 있음을 의미한다. 이에 1996년 〈세계 언어 권리 선언〉을 비롯한 2007년 세계 언어문화센터 설립 등을 통해 언어 다양성을 유지해야 한다는 인식이 확산되고 있다.

언어는 인류의 지적 문화유산이자 인간의 사고를 담아 전달하는 매체로서, 문화와 상호작용하며 발전한다. 다양한 언어의 상실은 문화 다양성의 상실로 이어지고, 이는 문화의 획일화를 초래하여 '온문화'[2]의 정신세계까지 획일화할 수 있는 위험을 불러온다. 언어 다양성의 감소는 생물종 다양성의 감소[3]에 비견되는 현상이다. 지금도 급격히 진행되고 있는 수많은 생물종의 소멸로 인해 '온생명'의 생태계가 파괴되고 있듯이, 영어의 쏠림 현상으로 인한 수많은 언어의 상실은 문화 다양성의 보존과 공존을 추구하는 '온문화'의 건강한 패러다임을 위협한다고 볼 수 있다. 이는 영어가 세계 언어 생태계에서 더 나아가 온문화의 패러다임에서 볼 때, 강한 암세포와 같은 것으로 전락할 수도 있음을 시사한다.

---

2) 온문화와 온생명의 개념과 추구하는 가치에 대해서는 이 책의 머리글 참조.

3) 지구상에는 약 1억종의 생물이 서식하는 것으로 추정되고 있는데 그 가운데서 약 170만종이 알려져 있다. 과학자들은 50년 이내에 지구상 생물종의 약 1/4이 소멸될 것으로 예측하고 있다(환경부 환경교육교재, 「국민생활과 환경보전」(1999/2015), (http://www.me.go.kr/webdata/education/nation/2_5.htm).

한국도 영어 쏠림 현상이 최근 들어 가속화되고 있다. 한글 대신 영어 간판이 거리 구석구석을 메우면서 거리의 언어풍경이 변하고 있다. 이처럼 영어 간판이 급속하게 늘어나는 현상은 미국의 '문화제국주의 impérialisme culturel'에 한글문화가 잠식되어 가는 징후로서 우리의 내면이 타자의 언어코드에 포획당해 관리되는 현상을 초래할 수도 있다.

이러한 상황에서 이 글은 영어가 초래하는 문화제국주의의 위험과 이에 따른 한글문화의 위기를 서울 거리의 언어풍경의 급속한 변화를 중심으로 살펴보고, 프랑스와 캐나다 퀘벡 주(이하 퀘벡)의 언어정책의 사례연구를 통해 '한글이 돋보이는 언어풍경'의 조성을 위한 언어정책 차원의 대안제시를 목적으로 한다. 다양한 언어가 살아 숨 쉬고 상호 교류하는 건강한 언어 생태계의 보존은 자연-인간-사회의 균형과 화해를 추구하는 온문화 패러다임를 위해서도 필연적이기 때문이다.

I. 거리의 언어풍경과 문화

서울 거리의 언어풍경이 급속하게 변하고 있다. 로마자 간판이 한글 간판을 밀어내고 거리 구석구석을 파고들더니 근래에는 중국 관광객이 몰려드는 명동, 이화여대, 홍익대 부근에는 중국 문자로만 된 간판이 슬그머니 들어서고 있다. 정작 많은 한국인들은 그 간판의 뜻도 모른 채 커피를 마시고 물건을 산다.

이러한 사회적 현상을 어떻게 볼 것인가? 오늘날 세계가 하나라는 '세계화'의 구호가 일상이 되고 있는 현실에서 경제 망에 빠르게 대응하는 낙관론으로 볼 것인가? 그러나 문제는 그리 간단하지 않다. 한글문화연대가 2014년에 서울을 비롯하여 광역시와 수도권 등 전국 13곳[4] 약 4만여 개의 간판을 조사한 결과 한글 간판이 51퍼센트, 외국문자가 포함된 간판이 49퍼센트, 그리고 외국문자 간판의 96퍼센트는 로마자라는 통계를 발표했다. 이러한 추세가 계속된다면 서울 거리의 언어풍경은 로마자가 주인행세를 하는 주객전도의 상황이 벌어질 수도 있을 것이다. 이는 한글의 위기를 넘어, 미국의 문화제국주의에 마약처럼 잠식되어가는 한국문화의 정체성의 위기로 치달을 수 있다는 데 심각성이 있다. 바로 우리에게 닥친 언어전쟁의 현실이고 이 현실의 다른 이름은 문화전쟁이다.

프랑스의 사회언어학자 장-루이 칼베J.-L. Calvet는 그의 저서 『언어전쟁과 언어정책La guerre des langues et les politiques linguistiques』에서 언어 갈등은 사회 갈등에서 비롯되며 언어정책이 때로는 군사 공격보다도 더 무서운 경우도 있음을 지적했다. 그는 또한 언어적 제국주의는 다른 종류의 제국주의를 의미하며, 언어전쟁 이면에는 경제전쟁이나 문화전쟁과 같은 다른 전쟁이 있다고 했다.

거리는 도시의 공공 공간이고 그곳의 간판들은 언어풍경을 만듦과 동시에 거리 문화의 징표로 떠오른다. 우리가 간판의 언어에 관심을 기울이는 이유는 크게 세 가지이다. 먼저 언어가 사회 구성원들 간의 의사소통을 담당하는 매체이자 사회적·문화적 정체성을 나타내는 가장 중요한 상징이기 때문이다. 퀘벡의 심리학자 부리R. Bourhis와 언어학자 랑드리R. Landry는 거리 간판의 언어풍경을 정보적 기능과 상징적 기능으로

---

4) 서울(종로, 강남, 신촌, 대학로), 경기(수원, 성남, 안양), 부산(서면, 행운대 등), 광주(충장로, 금남로 일대), 대전(중앙로 일대 등), 대구(동성로 일대 등), 울산(삼산동 등), 인천(부평역, 동암역 일대). (한글문화연대 2014 「간판·상호 언어의 외국어 남용 실태」 참조).

나누고, "종교나 영토, 혈연관계보다도 언어가 사회적 정체성을 나타내는 가장 중요한 상징이 된 민족 집단에서는, 게시물의 상징적 기능이 한층 강하게 작용한다"[5]는 주장을 폈다. 간판의 언어에 주목하는 또 다른 이유는 일상에서 매일 무의식적으로 마주치는 게시물의 반복적인 각인 효과가 국민에게 매우 큰 영향을 미친다는 점 때문이다. 간판의 각인 효과는 광고의 브랜드 인지도 효과와도 흡사하다. 광고의 인지도 전략에서 첫 번째로 꼽는 방법이 반복적 노출이라는 것은 이미 인지과학의 기억 연구에서 확인되었다(최인령 2005). 간판의 언어에 주목하는 셋째 이유는 간판의 언어풍경이 그 곳을 처음 찾은 외국인들에게는 나라의 문화적 이미지의 첫 인상으로 각인되기 때문이다.

언어가 문화에 미친 영향은 '글'을 뜻하는 文과 '되다'를 뜻하는 化의 합성어인 '문화文化'라는 낱말에 잘 나타나 있다. 이 낱말은 문화 형성에 핵심적 구실을 하는 것이 언어임을 내포하고 있다. 아리스토텔레스는 존재와 사유와 언어가 나란히 움직인다는 인식을 바탕으로 '언어는 사유를 따르고 사유는 존재를 따른다'고 보았다(한석환 2005: 179). 또한 20세기 초 사피어-워프의 언어상대성 가설에 따르면, '언어는 우리의 행동과 사고의 양식을 만들어간다'고 하고(Whorf 1956), 최근 인지과학에서는 언어·마음·문화를 하나로 보고 있다. 언어와 사고의 관계에 대한 학문적인 다양한 견해를 떠나서, 사람의 사고를 담아 전달하는 언어는 한 나라 또는 민족공동체의 문화적 정체성을 규정하는 데 결정적인 구실을 함은 자명하다.

---

5) Bourhis et Landry(2002: 126).

언어와 문화는 상호작용하며 진화한다. 언어가 문화에 미치는 영향으로는 문화적 현상을 기록하고 후손에게 전승하는 수동적 기능과 문화의 변화와 창조에 능동적으로 참여하는 언어의 역동적인 기능으로 나누어 볼 수 있다.[6] 이 글에서는 언어의 역동적 기능이 한 문화의 발전에 순기능으로만 작용하는 것이 아니라 역기능도 수반한다는 점에 관심을 기울이려 한다.

서울 거리에 영어 간판이 급속하게 증가하는 것은 미국의 문화제국주의에 한글문화가 잠식되어 가는 징후로서 다양성이 공존하는 온문화의 생태계를 위협하는 언어의 역기능으로 보아야 한다. 이에 대해 심각하게 고심하고 언어정책 차원에서의 조속한 대책 마련이 마땅히 이루어져야 할 것이다. 우리보다 앞서 영어의 심각한 침탈 현상을 경험하고 옥외광고물의 언어 사용 법규를 제정하여 프랑스어가 돋보이는 거리의 언어풍경을 조성한 퀘벡은 우리에게 많은 것을 시사한다.

II. 파리·퀘벡의 언어전쟁과 문화전쟁

앞서 말했듯이, 언어정책은 때로 군사 공격보다 더 무서운 언어전쟁일 수 있고, 언어전쟁의 다른 이름은 문화전쟁이다. 이와 같은 인식의 관점에서 볼 때, 프랑스와 캐나다 퀘벡은 영어의 침탈 현상을 일찍이 간파하

---

6) 필자는 다른 지면(최인령 2009: 554-555, 579)에서 언어가 문화에 미치는 영향으로 기존의 연구(김진우 1996)가 꼽았던 문화적 현상을 기록하고 후손에게 전승하는 수동적 기능에, 문화의 변화와 창조에 능동적으로 참여하는 언어의 역동적인 기능을 추가할 것을 제안한 바 있다.

고 언어정책을 통해 적극적으로 자국어의 수호와 확산을 위해 애쓰고 있다는 점에서 주목 할만 사례이다.

1. 프랑스의 언어정책과 문화

프랑스는 전통적으로 언어정책을 문화정책의 일환으로 보고 프랑스어의 정립과 확산을 위해 많은 노력을 기울여 왔으며,[7] 현재도 진행되고 있는 프랑스어의 확산 정책의 범위는 프랑스 국내와 프랑스어권 국가를 넘어서 전 세계를 대상으로 한다.

프랑스어 수호의 전통은 프랑스 르네상스의 아버지라고 불리는 프랑수아 1세[8]로 거슬러 올라간다. 그는 1539년 처음으로 공식 문서에 라틴어 대신 프랑스어 사용을 의무화한 〈빌레르 코트레Villers-Cotterêts〉 칙령을 선포한 국왕이다. 그리고 1794년 공화국 2년에 이르러서 프랑스는 프랑스어 사용을 의무화한 법령을 제정했다. 중앙 정부차원에서 프랑스어 수호를 위한 일련의 조치를 통해 프랑스어가 국가의 공용어로의 지위를 확보하게 되었다. 프랑스의 힘이 국제적으로 확장되었던 18세기 이후부터 20세기 전반까지 프랑스어는 칼베의 표현을 빌리면 "문화적 링구아 프랑카lingua franca"를 누리며 국제 공용어로서의 위상을 가지고 있었다 (Calvet 2001: 241).

---

7) 김진수(2009); 안근종(2000) 참조.

8) 프랑수아 1세는 1515년부터 1547년까지 재위한 동안 레오나르도 다 빈치를 비롯한 많은 예술가와 학자들의 후원을 통해 프랑스의 예술과 문화, 학문의 급격한 발전을 이끌어낸 국왕으로 평가받고 있다.

그러나 두 번의 세계대전을 겪은 후 프랑스어는 국제적 공용어의 지위를 상실하고 영어에 그 자리를 내주게 되었다. 이에 프랑스는 1975년 국어의 의무적 사용 범위를 상거래와 제품의 표시·소개·광고로 확대한 〈바-로리올 법Loi Bas-Lauriol〉[9]을 제정했다. 1994년에는 바-로이올 법을 한층 강화하고 그 적용 범위를 교육, 공무수행, 노동, 교역, 언론, 광고 등의 거의 모든 분야로 확장한 〈프랑스어 사용관련법Loi relative à l'emploi de la langue française〉을 제정하였는데, 당시 문화부 장관이었던 작크 투봉J. Toubon의 이름을 따서 〈투봉법Loi Toubon〉이라 부른다.

투봉법은 기존의 프랑스어 옹호 정책과는 다른 양상을 띤다. 기존의 언어정책이 지원이나 홍보 등을 통해 프랑스어를 장려하고 대외적으로 프랑스어를 확산시키는 방향으로 진행되었다면, 투봉법은 프랑스어의 사용을 강제하고 외국어의 사용을 엄격하게 제한하며, 이러한 규정을 어긴 경우에 감수해야 할 강력한 제재 조치들을 명시하고 있다. 그런 만큼 투봉법은 제안 당시부터 많은 논란을 불러일으켰는데, 평등·자유·연대를 국가의 기본 이념으로 삼는 프랑스 사회에서 이러한 논란은 자연스러운 것이었다. 프랑스 정부가 저항을 예상하면서도 이 법안을 강행한 것은 영어를 통해 진행되고 있는 언어의 획일화와 미국 중심의 패권주의에 대한 경계의식이 자리 잡고 있다. 다시 말해, 투봉법의 강행은 영어에 맞서는 언어전쟁의 선포와 같다.

2005년 유네스코가 '세계 문화 다양성 선언'을 한 것도 언어 획일화가

---

9) 바-로이올법은 1975년 국회에 이 법안을 제출한 두 국회의원, Bas와 Lauriol의 이름을 따서 붙여진 법이다.

야기하는 문화 획일화, 더 나아가 문화제국주의에 대한 우려에서 비롯된 것이다. 이 협약이 조인될 당시 프랑스 문화부 장관은 "다양성의 인정은 단순히 문화적 차원에서의 계획이 아니다. 이것은 정치적 차원의 포부이고, 오늘날 세계 평화를 위한 밑거름"(Madinier 2013: 214-215)이라고 말했다. 이러한 입장은 언어정책에도 반영되어 나타났다. 〈프랑스어 총국 Délégation générale à la langue française〉은 2001년에 〈프랑스어와 프랑스의 언어들 총국Délégation générale à la langue française et aux langues de France〉으로 명칭을 바꾸고 프랑스 내에서 다중 언어의 사용을 인정하겠다는 의지를 밝혔다.

언어 다양성과 생물 다양성을 함수관계로 본 이상규(2013: 316)는 유네스코의 '세계 문화 다양성 선언문'에 대해 "비록 선언문이 세계 문화 다양성 보존의 당위성을 정보통신기술의 급속한 발전에서 찾고 있으나, 실제로 이 선언은 지난 세기에 서방의 몇몇 나라와 구 러시아의 제국주의 침탈로 인해 생태 환경과 문화 및 언어의 단일화가 지나치게 급속히 진행되는 데에 대한 우려에서 나온 것"이라고 말했다. 오늘날 전 세계를 휩쓸고 있는 영어는 온문화의 차원에서 볼 때 언어 다양성의 생태계를 위협한다는 점에서 생명체의 암세포에 비견될 수 있다. 더불어 사는 지혜를 모르고 건강한 세포의 생명을 위협하는 암세포는 주위 세포들을 죽이며 자가 증식하다가 결국 그것 자체도 죽음에 이른다는 사실을 인류는 깊이 새겨야 한다.

이제 이 글에서 주목하고 있는 옥외광고물의 프랑스어 사용 규정을 살펴보자. 투봉법 제3조는 대중을 위한 모든 게시문과 광고문에 프랑스어를 의무적으로 사용하도록 명시하고 있다.

제3조. 공공 통로에, 대중에게 개방된 장소에 또는 대중교통에 붙이거
나 대중에게 정보를 전달하는 모든 게시문과 광고문은 프랑스어로 써
야 한다.

그리고 제4조에서는 상업 광고와 공공 게시물의 다른 언어 사용에 관해
서도 다음처럼 언급하고 있다.

제4조. 공법상의 법인이나 공무를 수행하는 개인이 제3조에 명시된 게
시문이나 광고문을 번역과 함께 붙일 경우에는, 적어도 두 개의 언어로
번역되어야 한다.
제2조와 제3조에 규정된 짧은 알림 글이나 광고, 게시문을 하나 또는
여러 개의 언어로 번역하여 보완하는 모든 경우에, '프랑스어는 외국어
와 동등하게 읽고 듣기 쉽고 이해 가능해야 한다.'

이처럼 공공 게시물이나 광고에 프랑스어와 함께 하나 이상의 외국어 번
역을 쓸 수 있으나, 이 경우 '프랑스어는 외국어와 동등하게 읽고 듣고
이해하기 수월할 것'이라는 규정을 두고 있다.
　다음으로 프랑스의 경우보다 더 치열하게 영어에 맞서서 프랑스어의
수호를 위해 언어전쟁을 하고 있는 퀘벡의 경우를 보려 한다.

2. 퀘벡의 언어정책과 문화

퀘벡은 영어권 북미 대륙에서 유일한 프랑스어 사용 지역이라는 점에 주
목하자. 퀘벡의 언어전쟁은 프랑스와 영국의 16세기 식민지 개척과 18세

기 7년간의 식민지 전쟁의 역사로 거슬러 올라간다.[10]

퀘벡은 1950-60년대에 영어의 물결에 휩쓸려 언어풍경의 심각한 변화를 우리보다 앞서 경험했음을, 그 당시 몬트리올 도심의 언어풍경을 묘사한 로랑 로렝R. Lorrain의 다음 글에서 확인할 수 있다.

> 몬트리올의 중심가인 생트 카트린느-필 지역을 보십시오. 거의 모든 대형 간판은 영어로만 되어있습니다. 그 유명한 '조용한 혁명'에도 불구하고, 또 대다수의 프랑스어 사용자들이 이 지역을 살리고 있음에도 말입니다. 진열대의 작은 표지판과 식당 메뉴판에서나 간간이 프랑스어를 볼 수 있습니다. 상인들이 거래를 할 때는 영어로 힘주어 말합니다. 퀘벡과 몬트리올의 인구분포 현실에도 아랑곳없이 그들은 캐나다에서 가장 힘 있는 언어인 영어를 택한 것입니다(Bourhis & Landry 2002: 108).

이에 맞서 퀘벡은 1977년 〈프랑스어 헌장〉을 제정하여 프랑스어를 단일 공용어로 지정하고 프랑스적 특색을 지닌 다문화 국가를 지향하는 정책을 펼침으로써 영어와 프랑스어의 이중 공용어를 채택한 캐나다 연방정부와 대립 각을 세우고 있다.[11] 퀘벡이 이중 언어주의에 맞서 단일 언어주의 노선을 주장하는 데에는 급속도로 영어에 잠식되어가는 프랑스어를 보호하고, 나아가 프랑스어를 통해 프랑스적인 문화를 보존하고 계승하고자 하는 민족주의적 노력이 깔려있다.

---

10) 보다 상세한 내용은 김종명(2000) 참조.
11) 캐나다 연방정부는 1969년 7월 7일 「공용어법Official Languages Act」을 통해 영어와 프랑스어를 공용어로 채택하고 있다. 더 상세한 내용은 최인령(2014) 참조.

퀘벡에서 이중 언어주의와 프랑스어 단일 언어주의 사이의 분쟁은 옥외광고물의 언어 사용을 두고 심각하게 나타났다. 퀘벡의 프랑스어권 민족주의자들은 영어와 프랑스어의 공동 사용을 허용할 경우, 힘 있는 영어에 밀려 프랑스어가 잠식될 것을 우려했다. 특히 간판의 언어가 사회 구성원들 간의 의사소통을 담당하는 도구일 뿐만 아니라 사회·문화적 정체성을 가장 극명하게 드러내는 상징적 기능도 수행한다는 점에 주목했다.

이중 언어주의에 대한 비난과 위기의식은 1976년 주 총리가 된 르네 레베크R. Lévesque의 다음 연설문에 잘 나타나 있다.

> 퀘벡의 얼굴이 무엇보다도 프랑스어여야 하는 것은 중요합니다. 처음 이곳에 오는 사람들이 예전에 우리 사회에 가득했던 혼란, 우리에게 찢어지는 아픔을 주었던 혼란을 겪지 않도록 하기 위해서라도 그렇습니다. 이중 언어 게시물은 이민자에게는 "여기는 영어와 프랑스어가 있으니 원하는 대로 골라서 사용할 수 있다"고 말하는 것과 같습니다. 또한, 영어권 사람에게는 "모든 것은 번역되니 프랑스어를 배울 필요가 없다"라고 말하는 것이나 마찬가지입니다. 우리가 전하려는 메시지는 그런 게 아닙니다. 모두가 우리 사회의 프랑스적 특색을 깨닫는 것이 대단히 중요합니다. 그럼에도 게시물 이외에는 이러한 특색이 분명하게 드러나지 않고 있습니다(Bourhis & Landry ibid.: 108).

그는 이중 언어의 허용이 퀘벡에서 영어의 우세를 가속화시키고 결국 프랑스어 문화권이 영어 문화권에 침탈당하는 것을 우려했다. 프랑스계 민족주의자들이 퀘벡 사회의 정체성과 관련하여 프랑스어에 집착하는 이유는, 1960년대 "조용한 혁명Révolution tranquille" 이후, 가톨릭의 권위가 붕괴되어 종교적 정체성이 더 이상 존재하지 않게 되었기 때문이다. 퀘벡은 이제 프랑스어를 통해서만 자신들의 문화적 정체성을 지킬 수 있다고 생각했다. 언어는 문화의 으뜸이자 가장 소중한 지적 유산이고, 간판을 비롯한 옥외 게시물은 대중이 일상생활에서 매일 마주치는 것이다. 그런 까닭에 '퀘벡은 프랑스어 문화권'임을 분명하게 각인시키는 데 간판이 가장 효과적인 장치라고 보았던 것이다.

실제로 게시물 언어 사용에 관한 규정을 둘러싸고 프랑스어권 주민과 영어권 주민 사이의 20여 년에 걸친 법적 투쟁 끝에 게시물의 언어 사용 법규가 개정되어 현재까지 시행되고 있다. 개정된 법규의 제58조를 보자.

> 제58조. 공공 게시와 상업 광고는 프랑스어를 사용해야 한다.
> 프랑스어와 다른 언어가 함께 쓰일 수 있으나 **프랑스어가 단연 돋보이도록** 한다.

퀘벡에서는 위 조항의 규정을 어긴 공공 게시물이나 상업 간판의 사진을 아래처럼 누리망(인터넷)에 올려 적극적으로 개선 운동을 하고 있다.

① 프랑스어와 영어의 글자 크기가 같은 도로 표지판   ② 영어만 사용한 간판   ③ 영어만 사용한 간판

그림 9-1 퀘벡의 간판

위의 사진 ①의 도로 표지판은 프랑스어와 영어를 함께 쓰고 있으나 "프랑스어를 단연 돋보이게"의 규정을 어기고 두 언어의 글자 크기가 같은 경우이다. 사진 ②와 ③은 영어로만 쓴 상업 간판으로 프랑스어와 함께 써야하는 규정을 어긴 경우이다.

1996년 여론조사에 따르면, 상업 간판에 "프랑스어를 단연 돋보이게"라는 규정에 대해 퀘벡주민의 87퍼센트가 지지한 것으로 나타났다. 이 여론조사의 결과로 보면 이 법률(86호법)이 성공했다고 할 수 있겠지만, 그렇다고 영어권의 저항이 멈춘 것은 아니었다. 영어 수호단체인 알리앙스 퀘벡Alliance Québec은 상업 광고에 프랑스어와 동등한 자격으로 영어를 사용할 수 있는 권한을 되찾기 위해 투쟁을 계속할 것을 결의했으며, 1998년 이 단체의 회장인 윌리암 존슨W. Johnson은 다음처럼 새로운 행동 강령을 선포했다.

> 상업 게시가 영어권 공동체에서 중요한 문제가 되지 않는 것은 사실이지만, 일상생활에서 모든 사람이 매일 그것을 본다는 상징성이 중요하다. 생트 카트린느 거리의 이튼 상점에서 영어로 된 간판을 보지 못한다면, 그것은 퀘벡에서 영어는 중요하지 않으니 몰라도 되고 마음대로 내쳐도 된다는 것을 뜻한다.[12]

이처럼 퀘벡에서 영어와 프랑스어 사이의 언어전쟁은 계속되고 있다. 이는 어느 언어권의 문화가 패권을 잡느냐의 문제이며, 이러한 현실의

---

12) 「Le Devoir」, 10 septembre 1998 (Bourhis & Landry *ibid.*: 121).

다른 이름은 문화전쟁이다. 퀘벡은 강력한 언어정책을 통해 영어의 패권에 맞서 프랑스어 문화를 지키고 있는 좋은 본보기가 된다.

옥외광고물의 언어 사용과 관련하여 프랑스와 퀘벡의 언어정책을 살펴본 결과, 퀘벡의 법규가 프랑스보다 더 엄격한 것을 알 수 있었다. 퀘벡에서는 오랜 법적 소송을 거쳐 1993년 공공 게시물과 상업 광고에 프랑스어와 다른 언어를 동시에 사용할 수 있으나 '프랑스어가 단연 돋보이게' 라는 보다 엄격한 규정을 두었고, 더 나아가 프랑스어의 두드러진 효과가 다른 언어보다 크기로든 수적으로든 두 배 이상이어야 한다는 세부 규정까지 두고 있다(최인령 2014). 그러나 프랑스에서는 다른 문자가 프랑스어보다 돋보일 경우에만 위법에 해당된다.

퀘벡과는 지리적으로나 역사적으로 전혀 다른 한국에서도 영어의 거센 물결이 서울 거리의 간판들을 휩쓸고 있다. 상업 광고물에 '프랑스어를 단연 돋보이게'라는 퀘벡의 규정은 우리에게 많은 것을 시사하며, 한글이 돋보이는 언어풍경 조성을 위해 주목할 대목이다.

III. 서울의 언어풍경의 변화와 문화 갈등

서울의 언어풍경은 한자에서 한글로 자리를 잡아가다가, 근래에 한글에서 영어로 변화를 겪고 있다. 한글의 언어전쟁의 대상이 한자에서 영어로 바뀐 징표이다.

한국에서 언어전쟁의 본격적인 시작은 1443년 한글창제로 거슬러 올라간다. 한글이 창제된 이후 한글 사용이 점차 확대되기는 했지만 공문서는 여전히 한자를 사용했다. 따라서 말과 다른 글의 사용이 19세기 말

까지 지속되어왔다. 1894년 갑오개혁 때에 이르러서야 한글을 기본으로
삼고 한문 번역을 붙이거나 혹은 국한문을 섞어 쓴다는 내용의 고종황
제의 칙령이 발표되었다. 마침내 한글은 창제된 지 450년 만에 처음으로
나라의 공식 문자로 우뚝 섬으로써 한자와의 오랜 전쟁에서 승리했다.
그러나 일제강점기가 닥치면서 또 다른 시련, 일제의 문화말살정책의 혹
독한 탄압을 겪었다. 그럼에도 불구하고 한글은 민중 속으로 퍼져나갔
다.[13]

1948년 드디어 국회가 구성되면서 한글 전용에 관한 법률 제6호가 다
음처럼 제정되었다.

> 대한민국의 공용문서는 한글로 쓴다.
> 다만, 얼마동안 필요한 때에는 한자를 병용할 수 있다.

현행법인 〈국어기본법〉(법률 제11690호)은 위의 법률을 대체해서 2005년
에 제정되었고, 제2조에서 국어는 "민족 제일의 문화유산"이며 국어의
발전은 "민족문화의 정체성"을 확립하는 데 기본이 된다는 기본 이념을
밝히고 있다. 또한 이 법의 제3조 제1항과 제2항은 '한글'이 나라 글자임
을 법적으로 보장하고 한글 전용화를 명시한다.

> 제2조(기본 이념) 국가와 국민은 '국어가 민족 제일의 문화유산'이며 문
> 화 창조의 원동력임을 깊이 인식하여 국어 발전에 적극적으로 힘쓰으

---

13) 우리말 우리글의 5,000년 쟁투사를 진지하고 흥미롭게 풀어낸 『한글전쟁』(김흥식: 2014) 참조.

로써 '민족문화의 정체성'을 확립하고 국어를 잘 보전하여 후손에게 계승할 수 있도록 하여야 한다.

제3조(정의) 이 법에서 사용하는 용어의 뜻은 다음과 같다.
1. "국어"란 대한민국의 공용어로서 한국어를 말한다.
2. "한글"이란 국어를 표기하는 우리의 고유문자를 말한다.

한국에는 〈국어기본법〉과 별도로 1990년에 제정된 〈옥외광고물 등 관리법〉(법률 제11690호)이 있다. 이 법의 제12조 제2항이 옥외광고물의 언어 사용 규정과 관련된다. 즉, 광고물의 문자는 원칙적으로 한글로 표기하고, 외국문자로 표시할 경우에는 특별한 사유가 없으면 '한글과 병기倂記' 할 것을 다음처럼 명시하고 있다.

제12조(일반적 표시방법)
② 광고물의 문자는 원칙적으로 한글맞춤법, 국어의 로마자표기법 및 외래어표기법 등에 맞추어 한글로 표시하여야 하며, 외국문자로 표시할 경우에는 특별한 사유가 없으면 '한글과 병기倂記'하여야 한다.

외국문자는 '한글과 병기'한다는 표현과 관련하여 글자 크기에 대한 명확한 세부 규칙이 없기 때문에 해석의 차이가 있을 수 있다. 다만 이 경우 외국문자는 한글보다 커서는 안 된다는 암묵적 함의가 있을 수 있다.
그림 9-2의 간판은 위의 법규를 준수하여 한글과 로마자를 같은 크기로 나란히 쓴 것이다. 그러나 현재 서울 거리 간판을 보면 이 법은 유명무실해 보인다. 법규를 어기고 로마자만으로 쓴 간판 또는 한글과 외국

그림 9-2 한국의 옥외광고물 관리법을 지킨 간판

문자를 섞어 쓴 간판들이 서울 거리 곳곳에 버젓이 걸려 있기 때문이다.

종로구의 '세종마을'[14]과 노원구의 '한글 비석로'는 특히 한글의 상징성이 두드러진 곳이다. 세종마을은 세종대왕이 태어나신 집터와 한글을 반포했던 경복궁, 한글 보급에 힘썼던 주시경 선생의 집터[15] 등이 있는 곳으로 한글의 역사적 상징성이 가장 높은 곳이며, 한국 전통문화의 거리로 알려진 인사동길과도 근접해 있다. 한글 비석로는 가장 오래된 한글 비석으로 알려진 〈이윤탁한글영비〉(보물 1542호)[16]의 상징성을 기리기 위해 붙여진 도로명으로 노원구에 위치해 있다. 그런데 한글의 역사적 상징을 앞세우는 이러한 곳에서 조차 영어 간판을 쉽게 찾아 볼 수 있을

---

14) 세종마을은 2011년 5월 15일 세종 탄신 614주년을 기념하여 세종대왕이 나신 곳의 상징성을 살리고자 인왕산과 경복궁, 청와대 사이에 있는 청운동, 신교동, 궁정동, 효자동, 창성동, 누상동, 누하동, 옥인동, 통인동, 체부동, 필운동, 적선동 일부, 사직동 일부 등 14개 법정동을 일괄하여 일컫는 애칭이다.

15) 주시경 선생 집터는 최근에 주시경 마당으로 이름을 바꾸고 한글문화 수호의 장으로 거듭나고 있다.

16) 「이윤탁한글영비」는 1536년 중종 31년에 이윤탁과 그의 부인 고령 신씨를 합장한 묘 앞에 그의 아들 이문건이 세운 것이다. 한글로 새겨진 최초의 비석으로 사료적 가치가 높으며, 16세기의 한글 서체와 국어 연구를 위해서도 귀중한 유물이다. 이 비석에는 '신령스러운 비이니 거스르는 사람은 재화를 입을 것이라. 이는 글 모르는 사람에게 알리노라'라는 내용이 한글로 씌어 있다.

뿐 아니라 한자, 일본어, 프랑스어, 독일어 등 외국어 문자만으로 쓴 간판들이 눈에 띈다.

현행법인 옥외광고물의 한글 표기 규정을 위반한 간판들은 크게 두 가지 유형으로 분류되는데, '병기'에 대한 암묵적 함의를 인정한다면 한 가지 유형을 더 추가할 수 있다. 첫째, 외국문자(로마자, 한자, 일본어 등)로만 쓴 간판. 둘째, 한글과 외국문자를 섞어서 쓴 간판. 셋째, 한글보다 외국문자를 더 돋보이게 쓴 간판 등이다.

첫째 유형의 위반 사례는 근래에 급속히 늘어나고 있다. 다음 그림 9-3의 사례는 세종마을에서 발견된 로마자 간판들이다.

그림 9-3 로마자만으로 쓴 간판

인사동길과 세종마을에 위치한 그림 9-4의 간판도 한자와 로마자만을 사용하고 있어, 위의 간판과 마찬가지로 옥외광고물 표기법을 지키지 않은 첫째 유형에 속한다.

그림 9-4 한자와 로마자로 쓴 간판

한글과 외국문자를 섞어서 쓴 둘째 유형의 위반 사례는 그림 9-5와 같다 (좌측 간판은 세종마을에, 우측 것은 한글비석로에 있음).

그림 9-5 로마자와 한글이 섞여 있는 경우

이제 한글보다 외국문자를 더 돋보이게 표기한 셋째 유형을 보자. 한글비석로에 있는 좌측 간판은 영어를 한글보다 훨씬 크게 썼고, 인사동 길에서 발견된 우측 간판은 한자를 한글보다 월등히 크게 쓴 경우다.

그림 9-6 영어가 한글보다 돋보임(좌), 한자가 한글보다 돋보임(우)

이외에도 옥외광고물의 한글 표기 규정을 위반한 간판들이 매우 많으며, 점점 그 숫자가 늘고 있다는 데 심각성이 있다. 더 큰 문제는 공공 기관(한국통신KT, 한국수자원공사K-Water, 한국고속철도KTX, 한국담배인삼공사KT&G 등), 기업(선경SK, 금성LG 등), 상호(PARIS BAGUETTE, NATURE REPUBLIC 등) 그리고 아파트와 상품의 이름도 로마자만을 쓰는 추세가 급속히 늘고 있다는 점이다. 이에 한글은 부연 설명이나 토씨의 구실 정도로 전락한 경우를 흔히 찾아볼 수 있다.

이러한 현상은 한글에 대한 감수성과 자긍심을 무디게 만들 뿐 아니라 서서히 영어를 맹신하도록 만드는 위험성을 안고 있으며, 특히 아동이나 청소년에게 미치는 영향은 심각하게 고려되어야 할 것이다. 또한 영어에 익숙하지 않은 시민들에게는 언어 소통의 박탈감을 불러일으켜 계층 간, 세대 간 반목을 조장할 수 있다.

1948년 〈한글전용법〉과 1995년 〈국어기본법〉의 제정으로 한자의 쓰임이 줄고 한글 사용이 자리를 잡아가고 있었다. 그러나 최근 몇 년 사이 서울 거리는 외국어, 특히 영어 간판이 도시 구석구석까지를 빠른 속도로 점령해가고 있다. 이와 같은 영어 쏠림 현상을 이대로(2014: 15)는 미국에 대한 사대주의로 보았으며, 이건범(2014: 74)은 강자의 언어를 추종하는 성과주의의 강세와 더불어 공동체 의식의 약화 등 국민 정서 및 가치관의 변화 때문이라는 견해를 제시했다.

우리는 영어의 쏠림 현상을 위의 두 의견보다도 더 심각하게 고려해야 할 문제로 본다. 한국의 영어 간판의 급속한 증가는 미국의 문화제국주의에 한글문화가 잠식되어 가는 징후이며, 이를 방관할 때 그 잠식 속도는 가속화되어 한국문화의 정체성 상실로 이어질 수 있는 심각한 문제로 인식할 필요가 있다.

안근종(2000: 59-60)이 지적한 것처럼, 오늘날 영어의 침탈 현상은 식민지 시대의 언어 침탈 현상처럼 정치적 이유를 직접 드러내지 않고 경제를 미끼로 세계 곳곳으로 흘러 들어가고 있다. 그래서 대부분의 사람들은 영어의 사용이 미국에 편승되어 경제적 여건을 향상시켜줄 것으로 착각하고 언어의 침탈 현상이 지닌 위험을 간과하게 된다. 그러나 영어를 공용어로 사용하는 필리핀과 영어의 사용이 일반인에게도 널리 퍼져있는 인도의 경우 여전히 경제적 빈곤에서 벗어나지 못하고 있다. 이 두 나라는 각각 미국과 영국의 식민 지배를 받았던 나라라는 것도 되새길 일이다.

게다가 일반 대중은 오늘날 경제를 미끼로 흘러들어오는 새로운 언어에 대해 경계하지 않고 별생각 없이 수용한다. 그뿐만 아니라 그로 인해 발생되는 문화와 정체성의 잠식에 대해 인식하지 못하거나, 인식하더라도 대부분 피상적인 이해에 그치고 만다. 문화의 잠식은 마약처럼 서서히 대상을 먹어 들어가기 때문에 물리적 침공이나 경제적 침탈 등과 같이 즉각적이고 직접적인 모습을 드러내지 않는다. 그러나 만주족 등 고유의 문화를 잃어버린 수많은 소수민족들을 살펴보면 '언어의 상실과 문화의 상실이 어김없이 병행'되었음을 확인할 수 있다. 또한 우리 한민족에게 피눈물 나는 고통을 주었던 일제강점기를 생각해 보면, 1919년 3월 1일 한국인의 전 민족적 저항에 놀란 일제는 그 이후 민족혼의 말살을 목적으로 문화통치를 시작하였고, 문화말살정책에서 문화 탄압의 대상 제1순위는 우리말과 한글이었음을 기억할 일이다. 이에 저항하여 우리 고유문화를 지키는 방안으로 한글을 연구한 정인승 선생은 "말과 글을 잃게 되면 그 나라 그 민족은 영영 사라지고 만다"라는 말을 남겼다. 이렇게 혹독한 일제와의 문화전쟁에서도 한글은 살아남았다.

2005년 유네스코가 '세계 문화 다양성 선언'을 한 것도 언어 획일화가 야기하는 문화 획일화, 더 나아가 문화 제국주의에 대한 우려에서 비롯된 것이다. 실제로 지난 세기 동안 서방 몇몇 나라와 구 러시아의 제국주의 침탈로 인해 언어 및 문화가 급속하게 단일화된 것이 사실이다. 퀘벡과 프랑스는 언어의 힘을 일찍이 내다보고 강력한 언어정책을 통해 자국어 수호를 위해 앞장섰고, 이는 우리에게 많은 것을 시사한다.

이와 같은 국제 사회의 변화 속에서 우리도 한국 간판의 영어 쏠림 현상에 수수방관만 할 것이 아니라, 그에 따른 위기를 인식하고 이에 대한 대책을 조속히 마련할 필요가 있다. 우리는 이건범(2014: 76)이 주장하듯이 "대한민국이라는 민주공화국에서 모든 국민이 서로 막힘없이 의사소통하는 것"이 최우선되어야 하고, 외국어는 필요나 취향에 따라 한글에 덧붙여지는 것이 바람직하다고 생각한다. 이는 세종대왕이 『훈민정음』 서문에 밝힌, 글자를 모르는 백성들을 위함이라는 한글 창제의 뜻을 기리고 따르는 것이기도 하다.

여기서 한글을 '민주문자'[17]라고 말하는 김미경의 다음 문구가 설득력 있게 다가온다.

> 그리스 알파벳이 서양의 민주문자라면, 한글은 확실한 동양의 민주문
> 자이다. 한글은 단지 24개의 음소문자로 이루어져 누구나 쉽게 배울 수
> 있는 문자이다. 한글은 알파벳처럼 배우기 쉽다는 의미에서 민주적일
> 뿐만 아니라, 한글 창제의 목적이 일반 백성을 위한 것이었다는 점에서
> 민주적인 성격이 더욱 강한 문자이다(김미경 2013: 115).

또한 영국의 언어학자인 제프리 샘슨G. Sampson(2000: 162)은 한글이 "세계에서 가장 훌륭한 알파벳"이고, "인류의 위대한 지적 유산 가운데 하나"라고 말했다. 존 맨J. Man도 한글이 세계에서 가장 과학적이고 독창적인 문자체계라고 다음처럼 찬사를 보냈다.

> 완벽한 알파벳이란 가망 없는 이상이겠지만, 서구 역사에서 알파벳이
> 밟아온 궤적보다 더 나은 결과를 얻는 것은 가능하다. 어느 알파벳보다
> 도 완벽으로 향하는 길에 오른 알파벳이 있기 때문이다. 15세기 중반에
> 한국에서 생겨난 이 문자는 많은 언어학자들로부터 고전적 예술 작품
> 으로 평가된다. 단순하고 효율적이고 세련된 이 알파벳은 가히 알파벳

---

17) 김미경(2013: 114)에 따르면, '민주문자'란 특정 집단이 특권을 유지하기 위하여 이용하는 수단이 아니라, 모든 사람들이 정보와 지식을 평등하게 공유할 수 있도록 도와주는 보조 수단이다.

의 대표적 전형이라고 할 수 있으며, 한국인들에게 국보로 간주되고 있
다(Man 2003: 163).

그런데 이들 학자들[18]은 공통적으로 한글의 문자체계의 과학성과 경
제성에 감탄하면서 동시에 한글의 진가를 제대로 활용하지 못하는 한국
인들의 무지함에 놀라고 있다. 그러한 무지함은 현재 서울 거리의 간판
에서 그대로 드러난다. 외국문자를 앞세우는 간판은 정보 기능의 측면에
서도 상징적 기능의 측면에서도 간판의 제 구실을 망각하고 있다. 이는
곧 한글의 위기를 넘어 한국문화 정체성의 위기로 치달을 수 있다는 데에
심각성 있으며, 이에 대한 진지한 고민과 대책 마련이 시급한 실정이다.

현재 우리나라는 문맹률이 가장 낮은 나라 가운데 하나이고, 고속 인
터넷과 휴대전화의 사용과 함께 전자정보문화가 성공할 수 있었던 이유
는 한글이 있기 때문이라는 점을 깊이 새길 일이다.

IV. 한글이 돋보이는 언어풍경을 위해: 통일성 속의 다양성

우리는 누리망과 정보통신의 발달로 신속하고 수월하게 다양한 언어와
문화의 접속이 가능한 지구촌시대에 살고 있다. 이러한 시대에 슬기롭고
창의적으로 참여하기 위한 진지한 고민이 필요하며, 그 고민의 중심에

---

18) 한글에 찬사를 보낸 세계적인 다른 학자들로는 제프리 샘슨과 존 맨 이외에도, 노마Noma
(2010), 다이아몬드 등이 있다(김미경 *ibid.* 참조).

언어 사용이 있다.

오늘날 세계 문화는 점점 획일화되고 있다. 이는 문화의 취향까지도 획일화에 빠져드는 것을 의미한다. 이에 지역적 특색을 살린 문화적 차별화가 중요한 관건이 된다. 세계에서 유일한 문자일 뿐만 아니라 디자인의 독창성까지 지닌 한글이 우리의 문자라는 것은 우리에게 커다란 행운이다. 한글의 지혜로운 활용만으로도 우리 문화를 독창적으로 가꿀 수 있기 때문이다.

다른 한편, 세계 역사의 흐름을 보면, 영원한 강자도 영원한 약자도 없고 세계의 경제 질서는 언제라도 변할 수 있다. 즉 13억 인구의 중국은 어느덧 세계 경제에 지대한 영향력을 행사하는 나라로 떠올랐고 특히 우리 한국 경제에 미치고 있는 영향력은 막강하다. 이에 서울 거리에 중국 문자만으로 된 간판이 슬그머니 들어서고 있는 것이다.

이제 세계 경제 질서의 변화를 역동적으로 수용하면서 우리 문화의 주체적인 발전을 꾀할 수 있는 방법을 구체적으로 모색할 때가 되었다. 간판으로 빚어지는 언어풍경도 그 가운데 하나이다. 그렇다면 세계의 다양한 언어들을 포용하면서도 한글이 돋보이는 서울의 언어풍경은 가능한 것일까?

앞서 살펴 본 퀘벡은 다른 문자보다 '프랑스어를 단연 돋보이게'하는 구체적인 규정을 두어 프랑스어의 강조 효과를 분명히 했다. 그러나 한국은 '외국문자로 표시할 경우에는 특별한 사유가 없으면 한글과 병기'할 것만을 규정하고 있다. 이제 국제적인 감각과 실리적인 측면을 고려하여 퀘벡의 경우처럼 한글 표기에 대한 규정을 강화할 필요가 있다. 옥외광고물에 한글을 외국문자와 함께 쓸 수 있으나 '한글이 단연 돋보이게' 하는 방향으로 관련 법규들을 개정해야 하며, 퀘벡의 법규처럼 외국

그림 9-7 한글을 돋보이게 만든 간판들(좌로부터 세종마을, 한글비석로, 인사동길)

문자보다 한글이 크기로든 수적으로든 두 배 이상 돋보이도록 하는 세부 규칙과 법규 위반에 대한 처벌 조항들을 추가해야 한다. 필자는 이를 강력하게 제안한다.

필자가 제안한 옥외광고물 한글 표기 개정안을 통해 기대할 수 있는 효과는 다음과 같다. 첫째, 정보 기능의 측면에서 한글을 돋보이게 함으로써 외국어 능력에 따른 차별과 배제 없이 모든 한국 국민이 막힘없이 의사소통할 수 있게 하고, 더불어 공동체 의식을 강화한다. 둘째, 한국의 가장 소중한 문화유산이자 상징인 한글이 돋보이는 거리 풍경을 조성함으로써 한국의 정체성을 강화하고 한글문화에 대한 자긍심을 고취시킨다. 셋째, 실리적으로는 외국문자를 한글과 함께 표기함으로써 외국인 방문객이 늘고 있는 국제화의 현 추세를 반영한다. 한마디로, 한글의 통일성 속에 외국 문자의 다양성이 깃든 언어풍경, 곧 세계의 다양한 문자들을 품고 동시에 한글이 빛나는 언어풍경을 기대할 수 있다. 이러한 언어풍경은 언어전쟁을 극복하고 언어들 간의 화해와 공존 나아가 상호 교류를 추동하여 평화로운 온문화의 가치를 더욱 풍부하게 할 것이다.

다행스럽게도 현재 도로 표지판은 '한글을 단연 돋보이게'를 실천하고 있으며, 한글을 멋스럽고 돋보이도록 만든 상업 간판들도 종종 눈에 띈다.

　위의 예에서 특히 눈길을 끄는 간판은 쌈지길이다. 사라져 가는 토박이말의 정감을 현대적인 디자인으로 되살린 훌륭한 간판이며 인사동길의 전통문화와도 잘 어울린다. 간판이 거리풍경에 대한 첫 인상을 각인하는 데 중요한 몫을 한다는 점을 고려해, '멋진 간판상' 제도를 만들고 본보기가 될 만한 간판을 발굴하고 장려하는 노력도 필요하다고 본다.

　위의 개정안을 한글의 역사적 상징성이 높은 종로구의 세종마을이나 노원구의 한글비석로에 먼저 시범적으로 실시하고 그 성과에 따라 전국으로 확대해 나감으로써 한글의 힘이 짙게 풍겨나는 언어풍경을 기대할 수 있다. 또한 한글 디자인 거리를 조성하는 것도 제안하고 싶다. '가장 한국적인 것이 가장 세계적인 것이다'라고 했다. 서울에 멋진 한글 디자인 길이 탄생한다면, 한글의 상징성과 도심의 미관이라는 두 마리 토끼를 잡음과 동시에 한국적인 특색을 지닌 새로운 관광 명소로 거듭날 수 있을 것이다. 다행스럽게도 간판 문화의 중요성을 새롭게 인식하고 간판 재정비 사업을 벌이고 있는 곳도 있다. 간판의 언어 사용에 대한 개정안을 적용하여 이 사업을 전개한다면 간판은 정보적 기능을 넘어 거리 문화로 자리매김할 것이다. 통일성 속에서 다양성이 숨 쉬는 한국적인 언어풍경, 상상만으로도 즐겁지 아니한가. 한글의 수호는 건강한 온문화의 패러다임을 실현하기 위해서도 필연적이다.

참고 문헌

머리글 정보혁명 시대, '온문화' 패러다임 모색

고인석 (2000), 「과학이론들 간의 환원」, 『과학철학』 3(2): 21-48.

──── (2005), 「화학은 물리학으로 환원되는가?」, 『과학철학』 8(1): 57-80.

김민수·최무영 (2013), 「복잡계 현상으로서의 생명: 정보교류의 관점」, 『과학철학』 16(2): 127-150.

김용학 (2011), 『사회 연결망 분석』, 박영사.

문병호 (2009), 「자연-인간-사회관계의 구조화된 체계로서의 기술」, 『한국사회학』 43(4): 77-106.

소흥렬 (1999), 「온생명과 온정신」, 『과학철학』 2(1): 111-129.

이기상 (2012), 「문화는 소통이다: 문화 다양성 시대의 소통과 공감」, 엄정식 외, 『문화는 소통이다』, pp. 15-75.

이정민 (2015) 「정보의 개념-섀넌과 그 이후」, 장회익 외, 『양자·정보·생명』, pp. 236-263.

윤지영 (2014), 『오가닉 미디어』, 21세기북스.

장회익 (2008), 『온생명과 환경, 공동체적 삶』, 생각의 나무.

──── (2014a), 『삶과 온생명』, 현암사.

──── (2014b), 『생명을 어떻게 이해할까』, 한울.

전경수 (2000), 『문화시대의 문화학』, 일지사.

정대현 (2016), 『한국현대철학: 그 주제적 지형도』, 이화여자대학교출판문화원.

최무영 (2008), 『최무영 교수의 물리학 강의』, 책갈피.

──── (2011), 「사회과학과 자연과학의 만남: 자연과학자의 입장에서」, 김세균 엮음, 『학문간 경계를 넘어서』, 서울대학교출판문화원, pp. 208-227.

──── (2015), 「물질과 정보」, 장회익 외, 『양자·정보·생명』, 한울, pp. 293-348.

최무영·박형규 (2007), 「복잡계의 개관」, 『물리학과 첨단기술』 16: 2-6.

최인령 (2007), 「시와 음악의 관련성을 바라보는 인지주의적 관점-말라르메의 시와 라벨의 음악 분석」, 『프랑스문화예술연구』 19: 411-435.

───── (2009), 「『한숨Soupir』를 통해서 본 시적 환기, 음악적 환기-말라르메 시와 드뷔시, 라벨 음악 분석」, 『프랑스문화예술연구』 27: 673-721.

───── (2017. 5. 발간예정), 「온-문화와 언어-파리·퀘벡·서울의 언어풍경을 중심으로」, 최무영·최 인령 외, 『정보혁명: 문화와 생명의 새로운 패러다임 모색』, 휴머니스트.

최인령·노봉수 (2012), 「발효문화의 학제간 융합연구-발효음식의 기다림의 미학을 중심으로」, 『프랑스학연구』 62: 657-676.

최인령·오정호 (2009), 「인지주의와 발효문화-인지주의의 접근방법에 의한 언어와 문화의 관련 성 연구」, 『프랑스문화예술연구』 30: 551-584.

최인령·최무영 (2013), 「복잡계와 환기시학: 복잡성, 협동현상, 떠오름」, 『프랑스학연구』 66: 321-350.

Avery, J. (2003), *Information Theory and Evolution*, World Scientific.

von Baeyer, H.C. (2003), *Information: the New Language of Science*, Weidenfeld and Nicolson [전대 호 옮김 (2007), 『과학의 새로운 언어, 정보』, 승산].

Benedict, R. (2008), *Patterns of Culture*, Mariner Books.

Choi, I.-R. (2001), *Evocation et cognition: reflets dans l'eau*, Saint-Denis, Presses Universitaires de Vincennes.

Choi, M.Y., Kim, B.J., Yoon, B.-G., and Park, H. (2005), "Scale-free dynamics emerging from information transfer", EPL 69: 503-9.

Dawkins, R. (1989), *The Selfish Gene*, Oxford [홍영남 옮김 (1993), 『이기적 유전자』, 을유문화사].

Djian, J-M (2005), *Politique culturelle: La fin d'un mythe*, Gallimard [목수정 옮김 (2011), 『문화는 정치다. 왜 프랑스는 문화정치를 발명했는가?』, 동녘].

Dretske, F.I. (1983), "Précis of knowledge and the flow of information", *Behav Brain Sci.* 6: 55-90.

Fromm, J. (2005), "Types and forms of emergence", *arXiv*: nlin/0506028.

Goh, S., Lee, K., Park, J.S., and Choi, M.Y. (2012), "Modification of the gravity model and application to the metropolitan Seoul subway system", *Phys. Rev. E* 86: 026102.

Goh, S., Lee, K., Choi, M.Y., and Fortin, J.-Y. (2014), "Emergence of criticality in the transportation passenger flow: Scaling and renormalization in the Seoul bus system", *PLoS ONE* 9: e89980.

Herskovits, M.J. (1972), *Cultural Relativism: Perspectives in Cultural Pluralism*, Random House.

Johnson, N.F. (2007), *Simply Complexity: A Clear Guide to Complexity Theory*, OneWorld [한국복잡

계학회 옮김 (2015), 『복잡한 세계 숨겨진 패턴』, 바다출판사].

Kim, M., Jeong, D., Kwon, H.W., and Choi, M.Y. (2013), "Information exchange dynamics of the two-dimensional XY model", *Phys. Rev. E* 88: 052134.

Ko, J., Kwon, H.W., Kim, H.S., Lee, K., and Choi, M.Y. (2014), "Model for Twitter dynamics: Public attention and time series of tweeting", *Physica A* 404: 142-9.

Lawhead, J. (2015), "Self-organization, emergence, and constraint in complex natural systems", *arXiv*: 1502.01476.

McLuhan, M. (1964), *Understanding Media: The Extensions of Man*, Signet Books [김성기·이한우 옮김 (2006), 『미디어의 이해-인간의 이해』, 민음사].

Nelson, P. (2008), *Biological Physics*, Freeman.

Netting, R. (1965), "Trial model of cultural ecology", *Anthropol. Quart.* 38: 81-96.

――― (1977), *Cultural Ecology*, Commings Modular Program in Anthropology.

Schrödinger, E. (1944), *What is Life?*, *Cambridge* [황상익·서인석 옮김 (1991), 『생명이란 무엇인가』, 한울].

Smith, Ph. (2001), *Cultural Theory: An Introduction*, Blackwell [한국문화사회학회 (2008), 『문화 이론: 사회학적 접근』, 이학사].

Sperber, D. (1996), *La contagion des idées*, Odile Jacob.

Sterelny, K. (2001), *Dawkins vs. Gould-Survival of the Fittest*, Icon Books.

1장 '온전한 앎'의 틀에서 본 생명과 문화

김재영 (2015), 「측정의 문제와 서울 해석」, 장회익 외, 『양자·정보·생명』, 한울, pp. 123-142.

이중원 (2015), 「서울 해석이란 무엇인가?」, 장회익 외, 『양자·정보·생명』, 한울, pp. 88-122.

장회익 (2011), 「사회과학, 인문학, 자연과학은 어떻게 만날 것인가?」, 김세균 편, 『학문간 경계를 넘어』, 서울대학교출판문화원, pp. 22-42.

――― (2012), 『과학과 메타과학』, 현암사.

――― (2014a), 「'뫼비우스의 띠'로 엮인 주체와 객체」, 이정전 외, 『인간 문명과 자연 세계』, 민음사, pp. 63-101.

――― (2014b), 『생명을 어떻게 이해할까?』, 한울.

――― (2014c), 『삶과 온생명』, 현암사.

――― (2015a), 「양자역학을 어떻게 이해할까?」, 장회익 외, 『양자·정보·생명』, 한울, pp. 23-87.

――― (2015b), 「앎이란 무엇인가?」, 장회익 외, 『양자·정보·생명』, 한울, pp. 441-473.

정대현 (2016), 『한국현대철학-그 주제적 지형도』, 이화여자대학교출판문화원, pp. 563-572.

Einstein, A. (1936), "Physics and Reality", *The Journal of the Franklin Institute*, Vol. 221, No.3.

[Reprint: *Ideas and Opinions*, Crown, p. 292 (1982).]

Monod, J. (1972), *Chance and Necessity*, [trans. Wainhaus, A.] Vintage Books. pp.172-173.

Regis, E. (2008), *What is Life?*, Oxford University Press.

Ruiz-Mirazo, K. and Moreno, A. (2001), "The Need for a Universal Definition of Life in Twenty-first-century Biology", Terzis, G. and Arp, R. (eds.) *Information and Living systems*, MIT Press.

Zhang, H.I. (1988), "The Units of Life: Global and Individual", Paper presented at Philosophy of Science in Dubrovnik. [장회익(2012)에 재수록]

———— (1989), "Humanity in the World of Life", *Zygon: Journal of Religion and Science*, 24: 447-456.

2장 생명의 이해

브록만, 존 (2017), 『궁극의 생명』, 와이즈베리.

이정민 (2015), 「정보의 개념, 섀넌과 그 이후」, 장회익 외 (2015), 『양자·정보·생명』 한울, pp. 236-263.

장회익 (2014), 『생명을 어떻게 이해할까?』, 한울.

Bedau, M. A. and Cleland, C. E. (2010) (eds.), *The Nature of Life: Classical and Contemporary Perspectives from Philosophy and Science*, Cambridge: Cambridge University Press.

Boltzmann, L. (1886) [1974], "The Second Law of Thermodynamics", in *Theoretical Physics and Philosophical Problems*, ed. by B. McGuinness, Dordrecht: Reidel Publishing, pp. 13-32.

Crick, F. (1958), "On Protein Synthesis", in *The Symposia of the Society for Experimental Biology* 12: 138-163.

De Duve, C. (2002), *Life Evolving: Molecules, Mind, and Meaning*, Oxford: Oxford University Press.

Donnan, F. G. (1928), "The Mystery of Life", *Journal of Chemical Education* 5 (12): 1558-1570.

Elsasser, W. M. (1958), *The Physical Foundation of Biology: An Analytical Study*, London: Pergamon Press.

Friedmann, H. C. (2004), "From Butyribacterium to E. coli: An Essay on Unity in Biochemistry", *Perspectives in Biology and Medicine* 47 (1): 47-66.

Griffiths, P. E. (2001), "Genetic Information: A Metaphor in Search of a Theory", *Philosophy of Science* 68: 394-412.

Kant, I. (1790) [2007], *Critique of Judgement*, trans. by J. C. Meredith, Oxford: Oxford University Press.

Machery, E. (2012), "Why I Stopped Worrying about the Definition of Life... and Why You Should as Well", *Synthese* 185: 145-164.

Mayr, E. (1961), "Cause and Effect in Biology", *Science*, 134 (3489): 1501-1506.

Monod, J. (1971), Chance and Necessity: *An Essay on the Natural Philosophy of Modern Biology*, New York: Alfred A. Knopf.

Murphy, M. P. and O'Neill, L. (1995) (eds.), *What is Life? The Next Fifty Years*, Cambridge: Cambridge University Press.

Rovelli, C. (2016), "Meaning = Information + Evolution", arXiv:1611.02420 [physics.hist-ph].

Schrödinger, E. (1944), *What is Life? The Physical Aspects of the Living Cell*, Cambridge: Cambridge University Press.

Thirring, W. (1995), "Do the Laws of Nature Evolve?", in (Murphy and O'Neill 1995: 131-6).

3장 사이버네틱스에서 바라본 생명

김재영 (2009), 「몸과 기계의 경계: 사이버네틱스, 인공생명, 온생명」, 『탈경계인문학』 2(2): 141-172.

──── (2011), 「확장된 좀비 논변과 현상학적 사유들: 자체생성성, 기연적 접근, 둘레세계, 온생명론」, 『범한철학』 62: 303-337.

김재인 (2008), 「들뢰즈의 스피노자 연구에서 윅스퀼의 위상」, 『철학논구』 36: 191-232.

윤보석 (2008), 「계산주의는 구현주의와 양립가능한가?: 인간과 환경의 경계에 대한 한 고찰」, 『철학연구』 83: 187-209.

이기흥 (2007), 「현대에서의 구현주의적 전회: "구현" 개념의 한 정의」, 『철학연구』, 79: 219-239.

이영의 (2008), 「성, 체화된 마음, 그리고 질병", 『범한철학』 50: 315-335.

이정모 (2010), 「"체화된 인지" 접근과 학문간 융합: 인지과학 새 패러다임과 철학의 연결이 주는 시사」, 『철학사상』 38: 27-66.

장회익 (2001), 「유전자와 온생명: 미시적·개체중심적 생명 연구의 한계」, 『과학과 철학』 12: 53-76.

──── (2009), 『물질, 생명, 인간: 그 통합적 이해의 가능성』, 돌베개.

──── (2012), 『과학과 메타과학』, 현암사.

———— (2014a), 『생명을 어떻게 이해할까』, 한울아카데미.

———— (2014b), 『삶과 온생명』, 현암사.

———— 외 (2015), 『양자, 정보, 생명』, 한울아카데미.

최훈 (2005), "의식, 상상가능성, 좀비", 『인지과학』 16(4): 225-242.

한우진 (2008), 「좀비는 상상가능한가?」, 『철학적 분석』 17: 37-59.

Balog, K. (1999), "Conceivability, possibility, and the mind-body problem", *Philosophical Review* 108(4): 497-528.

Barad, K. (2007), *Meeting the Universe Halfway: Quantum Physics and the Entanglement of Matter and Meaning*. Duke University Press.

Bateson, G. (1972a), *Steps to an ecology of mind*, Ballantine Books [박대식 옮김 (1992). 『마음의 생태학』. 책세상].

Bateson, M.C. (1972b), *Our own metaphor: a personal account of a conference on the effects of conscious purpose on human adaptation*, Hampton Press, 1972.

Beisecker, D. (2010), "Zombies, phenomenal concepts, and the paradox of phenomenal judgement", *Journal of Consciousness Studies* 17(3-4): 28-46.

Blake, C., Molloy, C. & hakespeare, S. eds. (2012), *Beyond human: From animality to transhumanism*. Bloomsbury Academic.

Block, N. & Stalnaker, R. (1999), "Conceptual analysis, dualism, and the explanatory gap", *Philosophical Review* 108(1): 1-46.

Boden, M.A. ed. (1996), *The philosophy of artificial life*, Oxford University Press.

Bringsjord, S. (1999), "The zombie attack on the computational conception of mind", *Philosophy and Phenomenological Research* 59(1): 41-69.

Brock, F. (1927), *Das Verhalten des Einsiedlerkrebses Pagurus arrosor Herbst während des Aufsuchens, Ablösens und Aufpflanzens einer Seerose*.

Brown, R. (2010), "Deprioritizing a priori arguments against physicalism", *Journal of Consciousness Studies* 17(3-4): 47-69.

Buchanan, A. (2011), *Better than human: The Promise and Perils of Enhancing Ourselves*. Oxford University Press.

Chalmers, D. & Jackson, F. (2001), "Conceptual analysis and reductive explanation", Philosophical Review 110(3): 315-360.

Chalmers, D. (1996), *The Conscious Mind: In Search of a Fundamental Theory*, Oxford University Press.

———— (1999), "Materialism and the metaphysics of modality," *Philosophy and Phenomenological*

Research 59(2): 473-496.

———— (2002), "Consciousness and its place in Nature", in *Philosophy of Mind: Classical and Contemporary Readings*, ed. D. Chalmers, New York: Oxford University Press.

———— (2009), 'The two-dimensional argument against materialism', in *The Oxford Handbook of Philosophy of Mind*, ed. Brian McLaughlin, Clarendon Press, pp. 313-35.

Chebanov, S.V. (2001), "*Umwelt* as life world of living being", Semiotica 134-1/4, 169-184.

Clarke, B. (2008), *Posthuman metamorphosis: Narrative and systems*, Fordham University Press.

Deely, J. (2001), "Umwelt", *Semiotica* 134-1/4: 125-135.

Dinello, D. (2006), *Technophobia!: Science fiction visions of posthuman technology*, University of Texas Press.

Dowell, J.L. (2008), "A priori entailment and conceptual analysis: Making room for type-C physicalism", *Australasian Journal of Philosphy* 86(1):93-111.

Emmeche, C. (1991), *Det Levende Spil. The garden in the machine: The emerging science of Artificial Life*, Princeton University Press [오은아 옮김 (2004), 『기계 속의 생명 - 생명의 개념을 바꾸는 새로운 생물학의 탄생』 이제이북스].

Floridi, L. (2005), "Consciousness, agents and the knowledge game", *Minds and Machines*, 15: 415-444.

Frankish, K. (2007), "The anti-zombie argument", *The Philosophical Quarterly* 57(229): 650-666.

Fukuyama, F. (2003), *Our Posthuman Future: Consequences of the Biotechnology Revolution*, Picador.

Garreau, J. (2005), *Radical evolution: The Promise and Peril of Enhancing Our Minds, Our Bodies — and What It Means to Be Human*. Doubleday [임지원 옮김 (2007), 『급진적 진화: 과학의 진보가 가져올 인류의 미래』, 지식의숲].

Goertzel, B. (2016), *AGI Revolution: An Inside View of the Rise of Artificial General Intelligence*. Humanity+ Press.

Goertzel, B. & Pennachin, C. (2007), *Artificial General Intelligence*. Springer.

Grusin, R. ed. (2015), *The Nonhuman Turn*. Univ of Minnesota Press.

Güzeldere, G. (1995), "Varieties of zombiehood", *Journal of Consciousness Studies* 2(4): 326-332.

Hanna, R. & Thompson, E. (2003), "The mind-body-body problem", *Theoria et Historia Scientiarum: International Journal of Interdisciplinary Studies* 7(1): 23-42.

Hanrahan, R.R. (2009), "Consciousness and modal empiricism", *Philosophia* 37: 281-306.

Hansell, G.R. & Grassie, W. (2011), *H+/-: Transhumanism and its critics*. Xlibris

Hansen, M.B.N. (2006), *Bodies in code: Interfaces with digital media*, Routledge.

Haraway, H. (2016), *Staying with the Trouble: Making Kin in the Chthulucene*. Duke University

Press Books.

Hayles, N.K. (1999), *How we became posthuman: Virtual bodies in cybernetics, literature, and informatics*, University of Chicago Press.

Horowitz, A. (2009), "Turning the zombie on its head", *Synthese*, 170: 191-210.

Hurley, S. & Noë (2003), "Neural plasticity and consciousness", *Biology and Philosophy* 18: 131-168.

Johnston, J. (2008), *The Allure of Machinic Life: Cybernetics, Artificial Life, and the New AI*. The MIT Press.

Kenny, V. (2007), "Distinguishing Ernst von Glasersfeld's 'Radical Constructivism' from Humberto Maturana's 'Radical Realism'", *Constructivist Foundations* 2(2-3): 58-64.

Kirk, R. & Squires, R. (1974), "Zombies v. materialists", Proc. Aristotelian Society, Suppl. 48: 135-163.

Kirk, R. (1974), "Sentience and behaviour", *Mind* 83(329): 43-60.

　　(2008), "The inconceivability of zombies", *Philos Stud* 139: 73-89.

　　(2011), "Zombies", *The Stanford Encyclopedia of Philosophy* (*Spring 2011 Edition*), E.N. Zalta (ed.), URL= ⌈http://plato.stanford.edu/archives/spr2011/entries/zombies/⌋

Kull, K. (2001), "Jakob von Uexküll: An introduction", Semiotica 134-1/4, 1-59.

Kurzweil, R. (2005), *The singularity is near: When humans transcend biology*, Penguin Books.

Landes, J.B. (2007), "The anatomy of artificial life: An eighteenth-century perspective" in Riskin (2007).

Langton, C.G. (1989/1992/1996), "Artificial life" in *Artificial Life: Proceedings of an Interdisciplinary Workshop on the Synthesis and Simulation of Living Systems* (Santa Fe Institute Studies in the Sciences of Complexity), 1989; updated in Nadel, L. & Stein, D. eds. *Lectures in Complex Systems*, Addison-Wesley, 1992. pp.189-241; reprinted in Boden (1996).

Lettvin, J.Y., Maturana, H.R., McCulloch, W.S., & Pitts, W.H. (1959), "What the frog's eye tells the frog's brain", *Proceedings of the Institute of Radio Engineering*, Vol. 47, No. 11, pp.1940-1959.

Lynch, M.P. (2006), "Zombies and the case of the phenomenal pickpocket", *Synthese* 149(1): 37-58.

Maturana, H.R. & Varela, F.J. (1980), *Autopoiesis and Cognition: The Realization of the Living*, kluwer.

　　(1987), *Der Baum der Erkenntnis. Die biologischen Wurzeln menschlichen Erkennens*; The Tree of Knowledge: The Biological Roots of Human Understanding, Shambhala [최호영 옮

김 (2007), 『앎의 나무: 인간 인지능력의 생물학적 뿌리』, 갈무리].

――― (1980), *Autopoiesis and cognition: The realization of the living*, Kluwer.

Maturana, H.R. (1988), "Ontology of observing: The biological foundations of self consciousness and the physical domain of existence", Conference Workbook: Texts in Cybernetics, 18-23 October, 1988.

――― (2002), "Autopoiesis, structural coupling and cognition: A history of these and other notions in the biology of cognition", *Cybernetics & Human Knowing*, Vol.9 No.3-4, pp.5-34.

Maturana, H.R., Lettvin, J.Y., McCulloch, W.S., & Pitts, W.H. (1960), "Anatomy and physiology of vision in the frog (Rana pipiens)", *Journal of General Physiology*, Vol. 43, No. 6 Part 2, pp. 129-175.

Merleau-Ponty, M. (1942), *La Structure du comportement*, PUF.

――― (1945), *Phénoménologie de la perception*, Gallimard.

Mindel, D.A. (2002), *Between human and machine: Feedback, control, and computing before cybernetics*, The Johns Hopkins University Press.

Moody, T.C. (1994), "Conversations with zombies", *Journal of Consciousness Studies* 1(2): 196-200.

Naam, R. (2005), *More than human : embracing the promise of biological enhancement*, Broadway [남윤호 옮김 (2007), 『인간의 미래: 생명공학이여, 질주하라』, 동아시아].

Nagel, T. (1970), "Armstrong on the mind", Philosophical Review, 79: 394-403.

Noë, A. & Thompson, E. (2004), "Are there neural correlates of consciousness?", *Journal of Consciousness Studies* 11(1): 3-98.

Noë, A. (2002), "Is the visual world a grand illusion?", *Journal of Consciousness Studies* 9(5-6): 1-12.

O'Regan, J.K. & Noë, A. (2001), "A sensorimotor account of vision and visual consciousness", *Behavioral and Brain Sciences* 24: 939-1031.

Otis, L. (2001), *Networking: Communicating with bodies and machines in the nineteenth century*, The University of Michigan Press.

Pask, G. (1961), *An Approach to Cybernetics*, Harper & Brothers.

Pickering, A. (2011), *Cybernetic Brain: Sketches of Another Future*, University Of Chicago Press

Proulx, J. (2008), "Some Differences between Maturana and Varela's Theory of Cognition and Constructivism", Complicity: An International Journal of Complexity and Education 5(1): 11-26.

R. Braidotti, R. (2013), *The posthuman*, Polity [이경란 (2015), 『포스트휴먼』, 아카넷].

Rees, D. & Rose, S. (2004), *The New Brain Sciences: Perils and Prospects*, Cambridge University Press [김재영·박재흥 옮김 (2010), 『새로운 뇌과학, 위험성과 전망』, 한울].

Riskin, J. ed. (2007), *Genesis Redux: Essays in the history and philosophy of Artificial Life*, The University of Chicago Press.

Seedhouse, E. (2014), *Beyond human: Engineering our future evolution*. Springer.

Skokowski, P. (2002), "I, zombie", *Consciousness and Cognition* 11: 1-9.

Smith, M. & Morra, J. (2007), *The Prosthetic impulse: from a posthuman present to a biocultural future*, The MIT Press.

Tanney, J. (2004), "On the conceptual, psychological, and moral status of zombies, swamp-beings, and other 'behaviourally indistinguishable' creatures", *Philosophy and Phenomenological Research* 69(1): 173-186.

Thompson, E. & Varela, F.J. (2001), "Radical embodiement: neural dynamics and consciousness", *Trends in Cognitive Sciences* 5(10): 418-425.

Thompson, E. (2004), "Life and mind: From autopoiesis to neurophenomenology. A tribute to Francisco Varela", *Phenomenology and the Cognitive Sciences* 3: 381-398.

———— (2005), "Sensorimotor subjectivity and the enactive approach to experience", *Phenomenology and the Cognitive Sciences* 4(4): 407-427.

———— (2007), *Mind in Life: Biology, Phenomology, and the Sciences of Mind*, Harvard University Press.

Uexküll, J. (1909), *Umwelt und Innenwelt der Tiere*. Springer.

———— (1920/28), *Theoretische Biologie*. Springer.

———— (1937), "Die neue Umweltlehre: Ein Bindeglied zwischen Natur-und Kulturwissenschaften". *Die Erziehung* 13(5), 185-191.

Uexküll, J. & Kriszat, G. (1934), *Streifzüge durch die Umwelten von Tieren und Menschen*. Springer [정지은 옮김 (2012), 『동물들의 세계와 인간의 세계』, 도서출판b].

Varela, F., E. Thompson, and E. Rosch. (1991), *The Embodied Mind: Cognitive Science and Human Experience*, MIT Press [석봉래 옮김 (1997), 『인지과학의 철학적 이해』, 도서출판 옥토].

Varela, F.J. (1999), *Ethical Know-How: Action, Wisdom, and Cognition*, Stanford University Press [유권종·박충식 (2009), 『윤리적 노하우: 윤리의 본질에 관한 인지과학적 성찰』, 갈무리].

Webster, W.R. (2006), "Human zombies are metaphysically impossible", *Synthese* 151: 297-310.

Wiener, N. (1948/1961), *Cybernetics: or control and communication in the animal and the machine*, MIT Press.

———— (1962), *Human Use of Human Being: Cybernetics And Society*. Da Capo Press [이희은·김재영

(2011), 『인간의 인간적 활용: 사이버네틱스와 사회』. 텍스트].

Wills. D. (1995), *Prosthesis*, Stanford University Press.

Wolfe, C. (2009), *What is posthumanism*. Univ Of Minnesota Press.

4장 인공지능 시대, 철학은 무엇을 할 것인가

김재현 외 (2014), 「인격개념에 대한 고찰 : 피터 싱어와 화이트헤드의 대화를 중심으로」, 『화이트헤드연구 29집』, 7-29.

이영의 (2009), 「로봇존재론」, 로봇과 인간 6(3), 12-15.

이중원·김형찬 (2016), 「로봇의 존재론적 지위에 관한 동·서 철학적 고찰: 비인간적 인격체로서의 가능성을 중심으로」, 『동서의 학문과 창조 창의성이란 무엇인가?』, (고등과학원 초학제 연구총서 4). 이학사.

정재현 (2006), 「동아시아 자연관의 몇 가지 특징들」, 『동서철학연구』 41호.

――― (2012), 『묵가사상의 철학적 탐구』, 서울: 서강대출판부 .

――― (2015), 「墨家 兼愛思想의 의미와 의의―儒家 仁思想과의 비교―」, 『유교사상문화연구』 57호, 한국유교학회.

페이스 달루이시오Faith D'aluisio, 피터 멘젤Peter Menzel (2002), 『새로운 종의 진화, 로보사피엔스』, 김영사.

Aleksander, I., Lanhnstein, M., & Rabinder, L. (2005), "Will and Emotions: A Machine Model That Shuns Illusions." Paper presented at the Symposium on Next Generation Approaches to Machine Consciousness, Hatfield, UK.

Allen, C. (2002), "Calculated Morality: Ethical Computing in the Limit." Paper presented at the 14th International Conference on Systems Research, Informatics and Cybernetics, Baden-Baden, Germany.

Allen, C., Smit, I., & Wallach, W. (2006), "Artificial Morality: Top-Down, Bottom-Up and Hybrid Approaches." *Ethics and New Information Technology* 7.

Bartneck, C. (2002), "Integrating the Ortony/Clore/Collins Model of Emotion in Embodied Characters." Paper presented at the workshop Virtual Conversational Characters: Applications, Methods, and Research Challenges, Melbourne.

Bates, J. (1994), "The Role of Emotion in Believable Agents." Communications of the ACM 37.

Bechtel, W., & Abrahamsen, A. (2007), "Mental Mechanisms, Autonomous Systems, and Moral Agency." Paper presented at the annual meeting of the Cognitive Science

Society, Nashville, TN.

Bostrom, Nick. (2014), *Superintelligence: Paths, Dangers, Strategies*. Oxford: Oxford University Press.

Bryson, J. J. and Kime, P. P. (2011), "Just an artifact: Why machines are perceived as moral agents." In Proceedings of the 22nd International Joint Conference on Artificial Intelligence, 1641-1646, Barcelona. Morgan Kaufmann.

Chalmers, David John. (2010), "The Singularity: A Philosophical Analysis." *Journal of Consciousness Studies* 17 (9-10): 7-65.

Clark. A. (2003), *Minds, Technologies, and the Future of Human Intelligence*. oxford university press.

David Leech Anderson (2012), *Machine Intentionality, the Moral Status of Machines, and the Composition Problem, The Philosophy & Theory of Artificial Intelligence* (Ed.) Vincent C. Müller, New York: Springer, 2012, pp. 312-333.

Kurzweil, R. (2006), The Singularity is Near: When Humans Transcend Biology. Penguin.

Locke, J. (1975), *An Essay concerning Human Understanding*, Oxford, Clarendon Press, vol 2.

Minsky, M. (2010), The Emotion Machine. Book review & textbook buyback site BlueRectangle.com.

Muller, V. C. (2012), "Autonomous cognitive systems in real-world environments: Less control, more flexibility and better interaction." *Cognitive Computation*, 4, 212-215.

5장 인공지능과 창의성

김세균 엮음 (2011), 『학문간 경계를 넘어서』, 서울대학교출판문화원.
───── (2015), 『다윈과 함께』, 사이언스북스.
김익중 외 (2014), 『탈핵 학교』, 반비.
이정민 (2015) 「정보의 개념 - 섀넌과 그 이후」, 장회익 외, 『양자·정보·생명』, pp. 236-263.
장회익 (2012), 『과학과 메타과학』, 현암사.
───── (2014), 『삶과 온생명』, 현암사.
최무영 (2008), 『최무영 교수의 물리학 강의』, 책갈피.
───── (2011), 「사회과학과 자연과학의 만남: 자연과학자의 입장에서」, 김세균 엮음, 『학문간 경계를 넘어서』, 서울대학교출판문화원, pp. 208-227.
───── (2015), 「물질과 정보」, 장회익 외, 『양자·정보·생명』, 한울, pp. 293-348.
최무영·박형규 (2007), 「복잡계의 개관」, 『물리학과 첨단기술』 16: 2-6.

Anderson, P.W. (1972), "More is different", *Science* 177: 393-396.

Bak, P. (1999), *How Nature Works, Copernicus* [정형채·이재우 옮김 (2012), 『자연은 어떻게 움직이는가』, 한승].

Bear, M.F. and Connors, B.W. (2015), *Neuroscience: Exploring the Brain*, Wolters Kluwer.

Bohm, D. (2002), *Wholeness and Implicated Order*, Routledge [이정민 옮김 (2010), 『전체와 접힌 질서』, 시스테마].

Dyson, F. (2006), *The Scientist as Rebel*, New York Review Books [김학영 옮김 (2015), 『과학은 반역이다』, 반니].

Gödel, K. (1931), "Über formal unentscheidbare Sätze der Principia Mathematica und verwandter Systeme I [On formally undecidable propositions of Principia Mathematica and related systems I]", *Monatshefte für Mathematik und Physik* 38: 173-198.

Johnson, N.F. (2007), *Simply Complexity: A Clear Guide to Complexity Theory*, OneWorld [한국복잡계학회 옮김 (2015), 『복잡한 세계 숨겨진 패턴』, 바다출판사].

Kuhn, T.S. (1962), *The Structure of Scientific Revolutions*, Univ. Chicago [김명자 옮김 (1999), 『과학혁명의 구조』, 까치].

Latour, B. (2010), *Cogitamus, Découverte* [이세진 옮김 (2012), 『과학인문학 편지』, 사월의 책].

Laughlin, R.B. (2006), *A Different Universe*, Basic Books.

Le Doux, J. (2003), *Synaptic Self*, Penguin [강봉균 옮김 (2005), 『시냅스와 자아』, 소소].

Lewens, T. (2016), *The Meaning of Science*, Basic Books.

Müller, B., Reinhardt, J. and Strickland, M.T. (2013), *Neural Networks: An Introduction*, Springer.

Nicolis, G. and Nicolis, C. (2012), *Foundations of Complex Systems*, World Scientific.

Popper, K. (1959), *The Logic of Scientific Discovery*, Basic Books.

Schwab, K. (2016), *The Fourth Industrial Revolution*, Crown Business [송경진 옮김 (2016), 『제4차 산업혁명』, 새로운현재].

Searle, J. (1980), "Minds, Brains and Programs", *Behav. Brain Sci.* 3: 417-457.

Silver, D. et al. (2016), "Mastering the gane of Go with deep neural networks and tree search", *Nature* 529: 484-489.

Smolin, L. (2007), *The Trouble with Physics*, Mariner Books.

Staley, K.W. (2014), *An Introduction to the Philosophy of Science*, Cambridge Univ.

Turing, A. (1950), "Computing machinery and intelligence", *Mind* 59: 433-460.

Wilson, E.O. (1999), *Consilience*, Vintage Books [최재천·장대익 옮김 (2005), 『통섭』, 사이언스북스].

6장 잘못된 전체에서 참된 전체로

김만수 (2004), 『실업사회』, 갈무리.

김승수 (2007), 『정보자본주의와 대중문화산업』, 한울.

문병호 (2015), 「사회화·사회적 조직화의 질의 향상을 통한 사회정의의 실현을 위해」,
——— 김일수 외, 『한국사회 정의 바로 세우기』, 세창, pp.121-150.

베버, 막스 (2015), 『프로테스탄티즘의 윤리와 자본주의 정신』, 김덕영 옮김, 길.

최무영 (2015), 「물질과 정보」, 장회익 외, 『양자·정보·생명』, 한울, pp.293-348.

Adorno, Theodor W. (2003), Soziologische Schriften I, Suhrkamp, Frankfurt/M, 1. Auf.

Adorno, Theodor W. (1980a), Minima Moralia. Reflexionen aus dem beschädigten Leben,
Suhrkamp, Frankfurt/M.

Agamben, Giorgio (2002), Homo sacer. Die Souveränität der Macht und das nackte Leben.
Ausdem Italienischen von Hubert Thüring, Suhrkamp, Frankfurt/M. 1. Aufl.

Benjamin, Walter (1980), Ursprung des deutschen Trauerspiels, in: ders., Gesammelte
Schriften,ccBand I·1, hrsg. von R. Tiedemann, Suhrkamp, Frankfurt/M.

Foucault, Michel (2005), Analytik der Macht, Hrsg. von Daniel Defert und François Ewald
unter Mitarbeit von Jacques Lagrange, Übersetzt von Reiner Ansén u. a., Auswahl
und Nachwort von Thomas Lemke, Suhhrkamp, Frankfurt a. M. 1. Aufl.

Hegel, G. W. F. (1980), Phänomenologie des Geistes, Suhhrkamp, Frankfurt/M, 4. Aufl.

Hobbes, Thomas (1980), Leviathan. Erster und zweiter Teil. Übersetzt von Jakob Mayer,
Nachwort von Malte Disselhorst, Reklam, Stuttgart.

Horkheimer, Max/Adorno, Theodor W.(1971), Dialektik der Aufklärung, Philosophische
Fragmente, Fischer, Frankfurt/M.

Lukács, Georg (1974), Die Theorie des Romans, Ein geschichtsphilosophischer Versuch über
die Formen der großen Epik, Luchterhand, Neuwied und Berlin.

Schmitt, Carl (2004), Politische Theologie. Vier Kapitel zur Lehre von der Souveränität.
Dunker & Humbolt, Berlin, 8. Aufl.

7장 근대적 사회의 '떠오름emergence'에 대하여

김용학 (2010), 『사회 연결망 이론』, 박영사.

김용학·김영진 (2016), 『사회 연결망 분석』, 박영사.

홍찬숙 (2015), 「위험과 성찰성: 벡, 기든스, 루만의 사회이론 비교」, 『사회와 이론』 26: 105-142.

——— (2016a), 『울리히 벡』, 커뮤니케이션북스.

——— (2016b), 『울리히 벡 읽기』, 세창출판사.

Barad, K. (2003), "Posthumanist Performativity: Toward an Understanding of How Matter Comes to Matter", Signs 28(3): 801-831.

——— (2007), *Meeting the Universe Halfway. Quantum Physics and the Entanglement of Matter and Meaning*, London: Duke University Press.

——— (2012), *What Is the Measure of Nothingness? Infinity, Virtuality, Justice*, Ostfildern: Hatje Cantz Verlag.

Bauman, Z. (2000), *Liquid Modernity*, Cambridge [이일수 옮김, 『액체근대』, 강].

Buchanan, M. (2007), *The Social Atom*, New York [김희봉 옮김 (2010), 『사회적 원자』, 사이언스북스].

Beck, U. (1986), *Risikogesellschaft*, Frankfurt am Main: Suhrkamp.

——— (1993), *Die Erfindung des Politischen*, Frankfurt am Main: Surhkamp.

——— (1999), *World Risk Society*, Cambridge: Polity Press.

——— (2002), *Macht und Gegenmacht im globalen Zeitalter*, Frankfurt am Main [홍찬숙 옮김 (2011), 『세계화 시대의 권력과 대항권력』, 길].

——— (2015), Emancipatory Catastrophism: What Does It Mean to Climate Change and Risk Society?, *Current Sociology* 63: 75-88.

——— (2016), *The Metamorphosis of the World*, Cambridge: Polity.

———, A, Giddens, and S. Lash (1994), *Reflexive Modernization*, Cambridge [임현진·정일준 옮김 (2010), 『성찰적 근대화』, 한울].

——— and E. Beck-Gernsheim (1990), *Das ganz normale Chaos der Liebe*, Frankfurt am Main [배은경·권기돈·강수영 옮김 (1997), 『사랑은 지독한, 그러나 너무나 정상적인 혼란』, 새물결].

——— (1994), *Riskante Freiheiten*, Frankfurt am Main: Surhkamp.

——— (2012[2002]), *Individualization*, London: Sage.

Berghaus, M. (2011), *Luhmann leich gemacht* [이철 옮김 (2012), 『쉽게 읽는 루만』, 한울].

Luhmann, N. (1990[1986]), *Ökologische Kommunikation*, Opladen: Westdeutscher Verlag.

——— (1997), *Die Gesellschaft der Gesellschaft*, Frankfurt am Main: Surhkamp.

——— (2009[1975]), *Soziologische Aufklärung 2*, Wiesbaden: VS.

Rosa, H., D. Strecker, and A. Kottmann (2013), *Soziologische Theorien*, 2. überarbeitete Auflage [최영돈 외 옮김 (2016), 『사회학 이론. 시대와 관점으로 본 근현대 이야기』, 한울].

Touraine, A. (1971), *The Post-industrial Society*, New York [조형 옮김 (1994), 『탈산업 사회의 사회이론』, 이화여자대학교 출판부].

8장 초기 온라인 커뮤니티 형성과 통신문화

강경수·권순선·류한석·박용우 (2005), 「IT 커뮤니티 변천사, 그 열정의 순간들」, 『마이크로 소프트웨어』, 소프트뱅크 미디어.

강명구·유선영·박용구·이상길 (2007), 『한국의 미디어 사회문화사』, 커뮤니케이션북스.

김강호 (1997), 『해커의 사회학: 해커를 해킹한다』, 개마고원.

김은미·나은경 (2008), 「커뮤니케이션학 분야의 인터넷 관련 연구 10년-PC통신에서 웹2.0까지.」, 『사이버커뮤니케이션 학보』25(1); 243~288.

김재학·정은주 (2005), 「대한민국 소프트웨어 개발자들의 역사와 명암」, 『마이크로 소프트웨어』, pp. 192~203.

김중태 (2009), 『대한민국 IT사 100-파콤 222에서 미네르바까지』, e비즈북스.

묵현상 (1991), 『(재미있는)PC통신』, 영진출판사.

문정식 (1994), 『네트워크 오디세이: 인터넷과 PC통신의 놀라운 정보세계』, 오름.

송은영 (2009), 『문화 생산으로서의 자기현시-인터넷 문화의 기원, PC통신과 하이텔의 마니아들』, 작가세계.

스털링, 부루스 (1993), 『해커와의 전쟁』, 김면구 옮김, 영진출판사.

안정배 (2014), 『한국 인터넷의 역사』, 블로터앤미디어.

윤호영 (2011), 「한국 인터넷의 특징: 소통기반 정보축적 및 유통 문화」, 『한국사회학』 45(5); 61~104.

이기성 (1992), 『(소설)컴퓨터: 소설로 배우는 컴퓨터 통신』, 성안당.

이기열 (2006), 『편지에서 인터넷까지 IT 강국 한국의 정보통신 역사기행』, 북스토리.

이언 F. 맥닐리, 리사 울버턴 (2009), 『지식의 재탄생: 공간으로 보는 지식의 역사』, 채세진 옮김, 살림.

전길남 (2011), 「초기 한국 인터넷 略史(1982년~2004년)」, 『The e-Bridge』, 한국정보처리학회, 12; 10~33

정지훈 (2014), 『거의 모든 인터넷의 역사』, 메디치미디어.

조한혜정 (2007), 「인터넷 시대의 문화연구: 주체, 현장, 그리고 새로운 '사회'에 대하여」, 조한혜정 외, 『인터넷과 아시아의 문화연구』, 연세대학교 출판부, pp. 5~55.

토머스 J. 미시 (2015), 『다빈치에서 인터넷까지』, 소하영 옮김, 글램북스.

PC월드출판부 (1994), 『(개정판) PC통신 하나에서 열까지』, 하이테크정보.

Abbate, Janet (2000), *Inventing the Internet*, MIT Press.

Rheingold, Howard (2000), *The Virtual Community: Homesteading on the Electronic Frontier*, MIT Press, pp. 255~392.

자료집

조동원 (2012.03.17), 「이용자 관점의 초기 인터넷 역사」, 『제1회 인터넷 역사 워크샵 프로그램 자료집』. (https://sites.google.com/site/koreainternethistory/lib/han-docs)

조동원 (2012.03.31.), 『초기 인터넷 이용자의 형성: 비비에스와 PC통신을 중심으로』. (https://sites.google.com/site/koreainternethistory/lib/han-docs)

Pernick, Don (1995), A Timeline of the First Ten Years of The WELL.(http://www.well.com/conf/welltales/timeline.html)

신문과 방송

『경향신문』 (1999.12.01.), 「O양 신드롬, CHI바이러스, 해킹, 포르노, 도메인, 코스닥, 피부로 느낀 '사이버 신세계' 열기」.

『동아일보』 (1995.09.18.), 「음란정보 범람 청소년 멍든다 컴퓨터통신 비상(非常)」.

『한국경제』 (2001.02.19.), 「동호회」엠팔(EMPAL)초이스 .. 국내 첫 PC동호회」.

『경향신문』 (1982.12.28.), 「전자상가 피씨 조립 짭짤한 재미, 청계천서 개화하는 마이컴시대」.

『동아일보』 (1995.09.18.), 「음란정보 범람 청소년 멍든다 컴퓨터통신 비상(非常)』.

KBS1 (1989.08.24.), 〈컴퓨터로 맺어진 '엠팔' 친구들 〉, 『현장기록 요즘사람들』.

Hafner, Katie (1997.01.05.), "The epic saga of the Well", *Weired*, (검색일. 2017.03.03.)(http://www.wired.com/1997/05/ff-well)

The New York Times (2012.06.29.), "The Well, a Pioneering Online Community, Is for Sale Again".

웹 자료

웰 홈페이지(http://www.well.com), (검색일. 2017.03.03.)

킴좀비(2012. 09. 22.), 추억의 pc통신망, (검색일. 2017.03.03.)
(http://cafe.naver.com/sukzo/964).

파몽(2007.04.17.), 초창기 통신세계와 지금의 통신문화(퍼옴), (검색일. 2017.03.03)
(http://blog.naver.com/pamong?Redirect=Log&logNo=120036921936)

9장 온문화와 언어

강순경 (2003), 『지구촌 언어여행』, 명지출판사.

김미경 (2013) 『대한민국 대표 브랜드 한글』, ㈜한글파크.

김정수 (1997),『한글의 역사와 미래』, 열화당.

김종명 (2000),「세계화 시대의 한국어-퀘벡의 프랑스어 수호역사를 보면서」,『진정한 세계화의
  모색: 불어권의 경우』, 원윤수 편, 서울대학교출판부, pp. 139-158.

김진수 (2009),「프랑스어 사용관련법("투봉법)의 시행, 회고와 전망」,『인문논총』, 제 62집, 서울
  대학교 인문학연구원, pp. 43-70.

김진우 (1996),『언어와 문화』, 중앙대학교출판부.

김홍식 (2014),『한글 전쟁: 우리말 우리글 5천년 쟁투사』, 서해문집.

안근종 (2000),「프랑스의 국어 수호 정책-법제화와 그 이면」,『진정한 세계화의 모색: 불어권의
  경우』, 원윤수 편, 서울대학교출판부, pp. 45-66.

이건범 (2014),「영어 쏠림 환경은 '공동체'를 무너뜨린다」,『언어문화개선 범국민연합 제1차 토
  론회 자료집』, pp. 73-76.

이대로 (2014),「언어문화개선, 어떻게 할 것인가?」,『언어문화개선 범국민연합 제1차 토론회 자
  료집』, pp. 15-31.

최인령 (2005),「광고 메모리, 시적 메모리: 인지적 환기시학의 접근방법에 의한 시와 광고 슬로
  건의 관련성 연구」,『불어불문학연구』, 제64집, pp. 613-646.

───── (2009),「인지주의와 발효문화-인지주의의 접근방법에 의한 언어와 문화의 관련성 연
  구」,『프랑스문화예술연구』, 제30집, pp. 551-584.

───── (2014),「퀘벡, 프랑스, 한국의 언어정책 비교 연구: 옥외광고물의 언어 사용을 중심으로」,
  『불어불문학연구』, 제99집, pp. 535-566.

한글문화연대 (2014),「간판 및 상호 언어에 나타난 외국어·외래어 사용 실태 조사」.

한석환 (2005),『존재와 언어: 아리스토텔레스의 존재론』, 도서출판 길.

Bourhis, Richard Y. & Landry, Rodrigue (2002), "La loi 101 et l'aménagement du paysage
  linguistique au Québec", Revue d'aménagement linguistique, hors série, pp. 107-131.

Calvet, Jean-Louis (1999), *La guerre des langues et les politiques linguistiques*, Hachette litteratures
  [김윤경·김영지 역 (2001),『언어 전쟁』, 한국문화사].

Madinier, Bénédict (2013), "Politique de la langue et enrichissement de la langue française",『쉬
  운 언어 정책과 자국어 보호 정책의 만남』, 피어나, pp. 231-290.

Man, John (2000), *Alpha beta: how 26 letters shaped the Western world*, Wiley [남경태 옮김 (2003),『세
  상을 바꾼 문자, 알파벳』, 예지].

Noma, Hideki (2010), ハングルの誕生 : 音から文字を創る, 平凡社 [김진아·김기연·박수진 옮
  김 (2011),『한글의 탄생:「문자」라는 기적』, 돌베개.

Sampson, Geoffrey (1985), *Writing systems: a linguistic introduction*, Stanford University Press [신
  상순 역 (2000),『세계의 문자체계』, 한국문화사].

Whorf, Benjamin Lee (1956), *Language, Thought, and Reality*, The Massachusetts Institute of Technology [신현정 옮김 (2010), 『언어, 사고 그리고 실제』, 나남].

국가법령정보센터 http://www.law.go.kr/main.html
퀘벡 프랑스어청 http://www.oqlf.gouv.qc.ca/
프랑스어 헌장(101호법) http://www.oqlf.gouv.qc.ca/charte/charte/index.html

그림 출처

3-1 CoEvolutionary Quarterly, June 1976, Issue no. 10, pp. 32-44

3-2 Uexküll 1909

3-3 Uexküll & Kriszat 1934

8-1 www.well.com

8-2 출처: KBS1(1989.08.24.), 〈컴퓨터로 맺어진 '엠팔' 친구들 〉,『현장기록 요즘사람들』.

8-3 『한겨레』1989년 8월 17일자

8-4 http://blog.daum.net/sualchi/13720182

8-5 http://www.hani.co.kr/arti/culture/culture_general/647545.html

8-6 『동아일보』1995년 9월 18일자,『경향신문』1999년 12월 21일자

9-1 Google.fr,「loi 101 affichage」

찾아보기

정보혁명

지은이 | 최무영, 최인령, 장회익, 이정민, 김재영, 이중원, 문병호, 홍찬숙, 조관연, 김민옥

1판 1쇄 발행일 2017년 5월 19일
1판 2쇄 발행일 2018년 10월 19일

발행인 | 김학원
편집주간 | 김민기 황서현
기획 | 문성환 박상경 임은선 김보희 최윤영 전두현 최인영 이보람 정민애 이문경 임재희 이효온
디자인 | 김태형 유주현 구현석 박인규 한예슬
마케팅 | 이한주 김창규 김한밀 윤민영 김규빈 송희진
저자·독자서비스 | 조다영 윤경희 이현주 이령은(humanist@humanistbooks.com)
조판 | 홍영사
제작 | 이팩피앤피

발행처 | (주)휴머니스트 출판그룹
출판등록 | 제313-2007-000007호(2007년 1월 5일)
주소 | (03991) 서울시 마포구 동교로23길 76(연남동)
전화 | 02-335-4422 팩스 | 02-334-3427
홈페이지 | www.humanistbooks.com

ⓒ 최무영 외, 2017

ISBN 979-11-6080-040-1 93400

• 이 도서의 국립중앙도서관 출판예정도서목록(CIP)은 서지정보유통지원시스템 홈페이지(http://seoji.nl.go.kr)와
  국가자료공동목록시스템(http://www.nl.go.kr/kolisnet)에서 이용하실 수 있습니다.
  (CIP제어번호: CIP2017011858)

만든 사람들
편집주간 | 황서현
기획 | 임은선(yes2001@humanistbooks.com), 임재희
디자인 | 유주현

• 이 책은 2016년 대한민국 교육부와 한국연구재단의 지원을 받아 수행된 연구입니다(NRF-2016S1A5B6913538).
  This work was supported by the Ministry of Education of the Republic of Korea and the National Research
  Foudation of Korea(NRF-2016S1A5B6913538).